SAME
The Same Planet
同一颗星球
PLANET

在山海之间

在星球之上

THE
MEAT
QUESTION

Animals, Humans,
and the Deep History
of Food

肉食之谜

动物、人类以及食物的
深度历史

[美] 乔希·贝尔森 Josh Berson — 著　张向阳　冯辉 — 译

江苏人民出版社

图书在版编目(CIP)数据

肉食之谜：动物、人类以及食物的深度历史／(美)乔希·贝尔森著；张向阳，冯辉译.－－南京：江苏人民出版社，2025.7.－－("同一颗星球"丛书／刘东主编).－－ISBN 978-7-214-30254-0

Ⅰ.Q98;S879.2

中国国家版本馆 CIP 数据核字第 2025WV3257 号

The Meat Question: Animals, Humans, and the Deep History of Food by Josh Berson
Originally published by the MIT Press
© 2019 Massachusetts Institute of Technology
Simplified Chinese edition published by arrangement with the MIT Press
Simplified Chinese edition copyrights © 2025 by Jiangsu People's Publishing House
江苏省版权局著作权合同登记　图字:10-2020-136 号

书　　名	肉食之谜:动物、人类以及食物的深度历史
著　　者	[美]乔希·贝尔森
译　　者	张向阳　冯辉
责任编辑	李　旭
装帧设计	潇　枫
责任监制	王　娟
出版发行	江苏人民出版社
地　　址	南京市湖南路 1 号 A 楼,邮编:210009
照　　排	江苏凤凰制版有限公司
印　　刷	苏州工业园区美柯乐制版印务有限责任公司
开　　本	652 毫米×960 毫米　1/16
印　　张	20.25　插页 4
字　　数	254 千字
版　　次	2025 年 7 月第 1 版
印　　次	2025 年 7 月第 1 次印刷
标准书号	ISBN 978-7-214-30254-0
定　　价	78.00 元

(江苏人民出版社图书凡印装错误可向承印厂调换)

总　序

这套书的选题,我已经默默准备很多年了,就连眼下的这篇总序,也是早在六年前就已起草了。

无论从什么角度讲,当代中国遭遇的环境危机,都绝对是最让自己长期忧心的问题,甚至可以说,这种人与自然的尖锐矛盾,由于更涉及长时段的阴影,就比任何单纯人世的腐恶,更让自己愁肠百结、夜不成寐,因为它注定会带来更为深重的,甚至根本无法再挽回的影响。换句话说,如果政治哲学所能关心的,还只是在一代人中间的公平问题,那么生态哲学所要关切的,则属于更加长远的代际公平问题。从这个角度看,如果偏是在我们这一代手中,只因为日益膨胀的消费物欲,就把原应递相授受、永续共享的家园,糟蹋成了永远无法修复的、连物种也已大都灭绝的环境,那么,我们还有何脸面去见列祖列宗?我们又让子孙后代去哪里安身?

正因为这样,早在尚且不管不顾的 20 世纪末,我就大声疾呼这方面的"观念转变"了:"……作为一个鲜明而典型的案例,剥夺了起码生趣的大气污染,挥之不去地刺痛着我们:其实现代性的种种负面效应,并不是离我们还远,而是构成了身边的基本事实——不管我们是否承认,它都早已被大多数国民所体认,被陡然上升的死亡率所证实。准此,它就不可能再被轻轻放过,而必须被投以全力的警觉,就像当年全力捍卫'改革'时一样。"①

的确,面对这铺天盖地的有毒雾霾,乃至危如累卵的整个生态,作为长期惯于书斋生活的学者,除了去束手或搓手之外,要是觉得还能做点什么的话,也无非是去推动新一轮的阅读,以增强全体国民,首先是知识群体的环境意识,唤醒他们对于自身行为的责任伦理,激活他们对于文明规则的从头反思。无论如何,正是中外心智的下述反差,增强了这种阅读的紧迫性:几乎全世界的环境主义者,都属于人文类型的学者,而唯独中国本身的环保专家,却基本都属于科学主义者。正由于这样,这些人总是误以为,只要能用上更先进的科技手段,就准能改变当前的被动局面,殊不知这种局面本身就是由科技"进步"造成的。而问题的真正解决,却要从生活方式的改变入手,可那方面又谈不上什么"进步",只有思想观念的幡然改变。

幸而,在熙熙攘攘、利来利往的红尘中,还总有几位谈得来的出版家,能跟自己结成良好的工作关系,而且我们借助于这样的合作,也已经打造过不少的丛书品牌,包括那套同样由江苏人民出版社出版的、卷帙浩繁的"海外中国研究丛书";事实上,也正是在那套丛书中,我们已经推出了聚焦中国环境的子系列,包括那本触目惊心的《一江黑水》,也包括那本广受好评的《大象的退却》……不过,我和出版社的同事都觉得,光是这样还远远不够,必须另做一套更加专门的丛书,来译介国际上研究环境历史与生态危机的主流著作。也就是说,正是迫在眉睫的环境与生态问题,促使我们更要去超越民族国家的疆域,以便从"全球史"的宏大视野,来看待当代中国由发展所带来的问题。

这种高瞻远瞩的"全球史"立场,足以提升我们自己的眼光,去把地表上的每个典型的环境案例都看成整个地球家园的有机脉

---

① 刘东:《别以为那离我们还远》,载《理论与心智》,杭州:浙江大学出版社,2015年,第89页。

动。那不单意味着,我们可以从其他国家的环境案例中找到一些珍贵的教训与手段,更意味着,我们与生活在那些国家的人们,根本就是在共享着"同一个"家园,从而也就必须共担起沉重的责任。从这个角度讲,当代中国的尖锐环境危机,就远不止是严重的中国问题,还属于更加深远的世界性难题。一方面,正如我曾经指出过的:"那些非西方社会其实只是在受到西方冲击并且纷纷效法西方以后,其生存环境才变得如此恶劣。因此,在迄今为止的文明进程中,最不公正的历史事实之一是,原本产自某一文明内部的恶果,竟要由所有其他文明来痛苦地承受……"①而另一方面,也同样无可讳言的是,当代中国所造成的严重生态失衡,转而又加剧了世界性的环境危机。甚至,从任何有限国度来认定的高速发展,只要再换从全球史的视野来观察,就有可能意味着整个世界的生态灾难。

正因为这样,只去强调"全球意识"都还嫌不够,因为那样的地球表象跟我们太过贴近,使人们往往会鼠目寸光地看到,那个球体不过就是更加新颖的商机,或者更加开阔的商战市场。所以,必须更上一层地去提倡"星球意识",让全人类都能从更高的视点上看到,我们都是居住在"同一颗星球"上的。由此一来,我们就热切地期盼着,被选择到这套译丛里的著作,不光能增进有关自然史的丰富知识,更能唤起对于大自然的责任感,以及拯救这个唯一家园的危机感。的确,思想意识的改变是再重要不过了,否则即使耳边充满了危急的报道,人们也仍然有可能对之充耳不闻。甚至,还有人专门喜欢到电影院里,去欣赏刻意编造这些祸殃的灾难片,而且其中的毁灭场面越是惨不忍睹,他们就越是愿意乐呵呵地为之掏钱。这到底是麻木还是疯狂呢?抑或是两者兼而有之?

不管怎么说,从更加开阔的"星球意识"出发,我们还是要借这套书去尖锐地提醒,整个人类正搭乘着这颗星球,或曰正驾驶着这

---

① 刘东:《别以为那离我们还远》,载《理论与心智》,第85页。

颗星球,来到了那个至关重要的,或已是最后的"十字路口"！我们当然也有可能由于心念一转而做出生活方式的转变,那或许就将是最后的转机与生机了。不过,我们同样也有可能——依我看恐怕是更有可能——不管不顾地懵懵懂懂下去,沿着心理的惯性而"一条道走到黑",一直走到人类自身的万劫不复。而无论选择了什么,我们都必须在事先就意识到,在我们将要做出的历史性选择中,总是凝聚着对于后世的重大责任,也就是说,只要我们继续像"击鼓传花"一般地,把手中的危机像烫手山芋一样传递下去,那么,我们的子孙后代就有可能再无容身之地了。而在这样的意义上,在我们将要做出的历史性选择中,也同样凝聚着对于整个人类的重大责任,也就是说,只要我们继续执迷与沉湎其中,现代智人(homo sapiens)这个曾因智能而骄傲的物种,到了归零之后的、重新开始的地质年代中,就完全有可能因为自身的缺乏远见,而沦为一种遥远和虚缈的传说,就像如今流传的恐龙灭绝的故事一样……

2004年,正是怀着这种挥之不去的忧患,我在受命为《世界文化报告》之"中国部分"所写的提纲中,强烈发出了"重估发展蓝图"的呼吁——"现在,面对由于短视的和缺乏社会蓝图的发展所带来的、同样是积重难返的问题,中国肯定已经走到了这样一个关口:必须以当年讨论'真理标准'的热情和规模,在全体公民中间展开一场有关'发展模式'的民主讨论。这场讨论理应关照到存在于人口与资源、眼前与未来、保护与发展等一系列尖锐矛盾。从而,这场讨论也理应为今后的国策制订和资源配置,提供更多的合理性与合法性支持"①。2014年,还是沿着这样的问题意识,我又在清华园里特别开设的课堂上,继续提出了"寻找发展模式"的呼吁:"如果我们不能寻找到适合自己独特国情的'发展模式',而只是在

---

① 刘东:《中国文化与全球化》,载《中国学术》,第19—20期合辑。

盲目追随当今这种传自西方的、对于大自然的掠夺式开发,那么,人们也许会在很近的将来就发现,这种有史以来最大规模的超高速发展,终将演变成一次波及全世界的灾难性盲动。"①

所以我们无论如何,都要在对于这颗"星球"的自觉意识中,首先把胸次和襟抱高高地提升起来。正像面对一幅需要凝神观赏的画作那样,我们在当下这个很可能会迷失的瞬间,也必须从忙忙碌碌、浑浑噩噩的日常营生中,大大地后退一步,并默默地驻足一刻,以便用更富距离感和更加陌生化的眼光来重新回顾人类与自然的共生历史,也从头来检讨已把我们带到了"此时此地"的文明规则。而这样的一种眼光,也就迥然不同于以往匍匐于地面的观看,它很有可能会把我们的眼界带往太空,像那些有幸腾空而起的宇航员一样,惊喜地回望这颗被蔚蓝大海所覆盖的美丽星球,从而对我们的家园产生新颖的宇宙意识,并且从这种宽阔的宇宙意识中,油然地升腾起对于环境的珍惜与挚爱。是啊,正因为这种由后退一步所看到的壮阔景观,对于全体人类来说,甚至对于世上的所有物种来说,都必须更加学会分享与共享、珍惜与挚爱、高远与开阔,而且,不管未来文明的规则将是怎样的,它都首先必须是这样的。

我们就只有这样一个家园,让我们救救这颗"唯一的星球"吧!

刘东
2018 年 3 月 15 日改定

---

① 刘东:《再造传统:带着警觉加入全球》,上海:上海人民出版社,2014 年,第 237 页。

献给我的父母亲

目　录

致谢　001

序曲　帝国末日的早餐　001

第一部分　肉食成就了人类？　027

  第一章　人类　029

  第二章　狩猎　049

  第三章　现代性　074

  第四章　驯化　099

桥　历史的拓扑　129

第二部分　富裕一定意味着肉食吗？　133

  第五章　圈地　135

  第六章　同化　165

间奏曲　种族与饥饿科学　196

  第七章　耦合　201

  第八章　街道　224

终曲　肉食的终结？　251

参考文献　260

中文版后记　298

致谢

这本书我花了7年写成,也因此欠了很多人情债。写作过程中,我得到马克斯·普朗克科学史研究所(Max Planck Institute for the History of Science)、雷切尔·卡森环境与社会研究中心(Rachel Carson Center for Environment and Society)、马克斯·普朗克人类认知与脑科学研究所[Max Planck Institute for Human Cognitive and Brain Sciences (CBS)]、哈勃基金研究项目(Hubbub initiative)、博古睿研究院(Berggruen Institute)的员工与同事们的支持。在认知与脑科学研究所,丹尼尔·马古利斯(Daniel Margulies)与娜达伽·门德斯(Natacha Mendes)竭尽所能,为我营造了宾至如归的感觉。卡佳·霍耶尔(Katja Heuer)、维罗尼卡·克里格霍夫(Veronika Krieghof)以及阿尔诺·维尔灵格(Arno Villringer)也都鼎力帮忙。在哈勃基金研究项目团队,也有一众人,特别是琳恩·菲利德利(Lynne Friedli)对本书的初稿提供了反馈意见。在博古睿研究院,尼尔斯·吉尔曼(Nils Gilman)、珍妮·伯恩(Jenny Bourne)、托比亚斯·里斯(Tobias Rees)以及道恩·中川茂(Dawn Nakagawa)为本书的完成创造了条件。安迪·莱考夫(Andy Lakoff)让我在该研究院与南加州大学同时任职成为可能。

2010年5月,我在澳大利亚的黑德兰港旺加·玛雅皮尔巴拉(Wangka Maya Pilbara)地区原住民语言中心进行短期田野考察,这对此书影响很大,出乎我和我的对谈者的预想。非常感谢该中心的员工和理事会成员,其中格蕾丝·科赫(Grace Koch)为我与中心牵线搭桥,埃利诺拉·迪克(Eleanora Deak)为我的访问提供了便利。

　　本研究还得益于2015年我参与组织的"魅力物质"工作坊。我要感谢我的共同组织者史蒂芬妮·甘杰(Stefanie Gänger)以及与会者。在研究后期,希拉里·史密斯(Hilary Smith)与本·沃加夫特(Ben Wurgaft)成了重要对谈者。希拉里挤出时间阅读了大部分手稿,并分享了她自己在中国所做的营养学研究工作。沃加夫特通读了本书手稿,并提供了详尽的反馈。他还分享了他正在写作的一本探讨人造肉专著的部分章节。

　　对本书有过帮助的人,还有阿西夫·阿加(Asif Agha)、约翰·特雷奇(John Tresch)、费尔南多·比达尔(Fernando Vidal)。此外,谢恩·安德森(Shane Anderson)、杰夫·鲍克(Geof Bowker)、马克·杜波依斯(Marc DuBois)、汉娜·兰德克(Hannah Landecker)、海伦·米亚莱(Hélène Mialet)、若昂·兰格尔·德·阿尔梅达(João Rangel de Almeida)、大卫·洛克斯(David Rocks)以及约翰·斯蒂尔戈(John Stilgoe)也都提供过反馈意见。阿曼达·尤(Amanda Yiu)和丽塔·蒂舒克(Rita Tishuk)为我提供过住所。苏雷什·阿里亚拉特南(Suresh Ariaratnam)鼓励我从战略上思考本书的接受程度。贝丝·克莱文杰(Beth Clevenger)、弗吉尼亚·克罗斯曼(Virginia Crossman)和苏珊·克拉克(Susan Clark)让我与麻省理工学院出版社的合作变成一件愉快的事。

　　2014年9月的一个傍晚,我和杰西·莱恩·塔德纳姆(Jessy Layne Tuddenham)坐在希腊塞萨洛尼基城海滨,眺望着爱琴海,谈论着肉食。从那以后的数年里,我一直在探究杰西那晚提出的有关进化与行为可塑性的问题:倘若我们人类非常适合食用肉类,这是不是说,我们若是吃肉,岂不变得更好?在本书的写作过程中,杰西不知不觉中成了我的目标读者。当本书初稿告成、有待润色时，她花了大把时间通读全稿，督促我澄清论点、简化语言。好在，她最终还是忍受了我在这本书中坦率的疯狂。我非常感谢她的帮助，更重要的是，我很感激与她共同度过的美好生活。

序曲　帝国末日的早餐*

2015年12月,我与一老友在美国费城相约午餐。我们去了家供应街头素食小吃的店,菜单上有泡菜炸玉米饼、塞了豆腐而不是鸡蛋的三明治、用香菇替代猪肉调味的担担面。店里人满为患。价格不用说,肯定不如墨西哥图斯特拉-古铁雷斯、伊拉克巴格达或者中国成都的便宜。餐后,我们走进异常温暖的深秋艳阳中,浑身散发着炭火味,辣椒让心跳加速,脸颊泛红。

十天前,我顺手捡起一本扔在候机室座位上的财经杂志。上面有篇报道,说10月份标志着澳大利亚畜牧业新世代的到来:空运出口活牛。试航航班由一架波音747执飞,10月20日从墨尔本起飞,满载150头肉牛飞往重庆。此时,刚刚签署的中澳自由贸易协定为澳大利亚家畜出口的强劲增长铺平了道路。[①] 从2012年到2015年,澳大利亚肉牛对中国的出口增长了6倍,中国对牛肉和其他畜牧产品的需求为贸易协定的签署提供了关键动力。澳大利亚牲畜出口商长期以来一直是活畜运输的先驱。[②] 2015年10月的墨尔本—重庆试航代表着牲畜出口商对中国卫生条例的创造性回

---

* "帝国末日的早餐"(Breakfast at the End of Empire)指向1948年澳大利亚阿纳姆地雍古人(Yolngu)的饮食场景。"帝国末日"一语双关:既指地理上的"天涯海角",亦隐喻澳大利亚脱离大英帝国的历史进程。作者以这一微观切片,串联起营养人类学、殖民遗产与边缘社群日常生活的三重叙事主线。——译者注

① Sedgman 2015; Heath and Petrie 2016.
② Wright and Muzzatti 2003; Phillips and Santurtun 2013; Ferguson 2011; Thomas, Robinson, and Armitage 2016.

应。① 该条例要求进口牲畜必须在入境口岸 90 公里以内宰杀。安排这次航班的公司是这样描述的：

> 安格斯牛和赫里福德牛拥挤在飞机的主甲板上，也就是经济舱位置，四头或五头装在一个木板栅格箱中……出发前，只给牛喂了少量的食物和水，以减少它们在运输中的排泄问题。在长达 13 小时的飞行中，牛群的排泄物由吸水垫来吸收，到达目的地后，吸水垫连同运输的木板箱一起销毁。

街头素食小吃店的午餐以及墨尔本—重庆的活牛运输，这两个情景截然相反的点，划定了本书主题。肉食是一个很大的话题，大到其性质取决于你所处的立场。对大多数人来说，肉食代表着特权，是一种满足自己对肉类需求的权力——让牛禁食、装箱、飞行 4600 海里，这纯粹就是经济权力。对少部分人来说，拒绝肉食、将基于肉类的菜肴重塑为纯素菜肴的饮食方式，也体现了经济特权。为食用而饲养的动物曾是一种重要的货币形式，时至今日，它们依然是全球资本主义的象征。

本书的目的在于尽全力解开我所称的**肉食之谜**（Meat Question）——人类是否应该食用肉类？如果是，食用者是谁？食用哪些品种？食用多少量？我在本书中采取了广阔的视角，正如把街头素食和空运牲畜放在一起考察那样。本书的深度在于，涵盖了人类食肉的历史，以及人类与其他群居脊椎动物之间长达 200 万年的关系。

这些关系从根本上说就是经济关系，同时也是政治关系、生态关系、情感关系以及精神关系。人类学家马歇尔·萨林斯

---

① Whitley 2015.

(Marshall Sahlins)在他那篇具有里程碑意义的论文《原始富裕社会》(1972)中指出,归根结底,所有的经济关系都落脚在了解决人们吃什么以及如何获得这些食物的问题上。正如人类学家大卫·格雷伯(David Graeber)在其《债务》(2011)一书中所言,你不需要现金乃至精确定义的信用单位,就能拥有经济。从历史上来看,大多数经济不是建立在货币基础上,而是建立在债务之上,通常与人类生活相关。在出现货币的地方,不同债务的衡量标准往往是不固定的、可协商的。不同的交易使用不同的代币进行:武器、金属条、布匹、成串的贝类首饰、人、牲畜等。① 但是,格雷伯在《债务》一书中描述的5000年仅代表了人类在地球上出现、驻扎、哺育以及觅食的200万年漫长历史的末期。这就是人类经济开始的地方,也是人类与肉食关系的故事发端。

肉食星球

人类食用肉类的需求日益增长。2010年到2050年,全球肉类需求预计翻番,达到历史新高。② 1960年到2010年,发展中国家人均肉类消费量倍增,而在中国,肉类的整体消费量增长了9倍。截至2015年,仅仅5年光景,中国的牛肉进口量增长了10倍,随着消费者口味的改变,历史上备受青睐、价格便宜的猪肉风光不再。

中国绝大多数的进口牛肉来自澳大利亚。坦诚地说,澳大利亚的牲畜生产者对进入中国市场的增长前景垂涎三尺。但事情的发展还不仅仅于此。2010年,正当澳大利亚的活牛出口开始井喷之时,澳政府宣布困扰了17年之久的大旱结束了。这场干旱摧毁了昆士兰以及东南部业已贫瘠的草场。然而,世纪大旱"终结"后

---

① Guyer 2004; Graeber 2011.
② Foley et al. 2011; Herrero and Thornton 2013; Pelletier and Tyedmers 2013; Thornton 2010; Kearney 2010; Steinfeld et al. 2006.

的几年间,昆士兰广大地区的降雨量竟创下历史新低,甚至低于百年大旱后期的降雨量。牛是食草动物,依赖地上的草生存。但在草地匮乏的情况下,牧场主只能采取措施,逼迫牲口食用树叶。他们拉低无脉相思树的树枝,以便牛群可以吃到树叶。2014年,由于适宜牧场的匮乏,澳大利亚的牧场主不得不宰杀超过900万头牲畜。① 在这一背景下,牲畜出口市场的扩张看起来不像是长期增长策略,而更像是解决供过于求的一锤子买卖。

在世界各地,满足当前及预测需求的规模性肉类生产需要具备一定的资源。我们先从土地谈起。粮食生产约占地球无冰陆地表面积的38%,其中12%用于种植作物,26%用于牧场。但是,全球农作物产量的35%用于生产浓缩饲料。地球上高达75%的农业用地贡献给了饲养食用动物以及生产奶制品与蛋类。

这一比例还会增加,因为,利用浓缩饲料进行圈养或"不占土地"生产已成为牲畜生产的典型形式。根据2006年的估计,纯放牧系统仅占全球肉类生产的8%,圈养饲养系统占45%,后者包括牧场与圈养混合方式。未来20年,绝大部分的家畜生产将采用圈养形式。目前,在欧洲与北美,仅有40%的农作物产量直接用来满足人类需求;相较之下,在非洲,这一比例要占到80%。因此,在世界最具产能、最集约化管理的农业地区,绝大部分农耕土地被用于家畜生产。与使用同样的土地生产直接用于满足人类需求的粮食相比,无论畜牧系统的管理多么细致,都意味着粮食生产的净损耗。将饲料、肥料和燃料加在一起,畜牧业每年消耗的生物量占人类从生物圈中汲取的生物量的58%。

那水如何呢?畜牧业占了人类淡水足迹的近三分之一。② 牲畜生产中98%的水用于饲料生产。所以水成本取决于**饲料转换率**,也就是动物的增重效率。当然,这与物种、种质、生活条件相

---

① Weise 2015.
② Mekonnen and Hoekstra 2012.

关。但是，如果只考虑蛋白质转换（你可能会认为动物优于植物），就水成本而言，种植豆类作物也会好于养鸡所得。饲料生产的水成本还取决于如何给动物提供营养，也就是说，有多少牧场，就会有多少浓缩饲料。生产浓缩饲料要比保持牧草生长消耗的水多得多。所以我们再次看到，**利用耕地饲养牲畜会导致粮食生产的净损耗**。

到目前为止，我都在谈论水足迹，仿佛各种水源利用都是等价的。事实上，水足迹涵盖了三类水的利用：生产过程中消耗的地表水和地下水（"蓝水"）；同样在生产过程中消耗的雨水；以及"灰水"或称径流，即流进含水层的含有生产副产品（污染物）的水。超过87%的牲畜用水是雨水，因此，像昆士兰地区的世纪旱情就给含水层造成了巨大的边际压力。

再来考虑一下温室气体排放。联合国粮农组织近期的估计数据整合了国家层面截至2005年的数据。基于这些数据所建立的模型，粮农组织估计牲畜生产每年会排放7.1千兆吨二氧化碳当量的气体（即相当于7.1千兆吨二氧化碳对气候变化影响的气体量）。造成这种负担的原因主要有两个：45%来自饲料生产，39%来自反刍动物在肠道发酵过程中排出的甲烷。牲畜排放的甲烷占全球人为排放的近一半，而一氧化二氮占一半以上。这7.1千兆吨二氧化碳当量的气体占全球人为温室气体排放量的14.5%，远超包括汽车、海运轮船和飞机在内的所有运输方式产生的温室气体排放总量。[①] 如果考虑到土地用途的变化——例如，当土地转作农田和牧场时，森林砍伐造成的碳汇损失——这个数字将上升到18%。这是不是匪夷所思？参考一下，整个粮食系统——不仅包括农业，也包括运输、加工、营销以及消费终端的准备工作——产生的排放量不超过全球排放量的29%。所以，牲畜生产的排放量占

[①] Gerber et al. 2013; Vermeulen Campbell, and Ingram 2012.

所有食品相关生产排放量的一半以上。

牲畜生产还有其他不常提及的成本。主要一点,它是人为排放**活性氮物质**的主要来源。活性氮包括氨、氮氧化物等,是植物生长必需的物质,但若其排放量超出了维持生物量所需水平,就会造成富营养化,导致生物群落的恢复力下降。① 我还可以继续例举,但你或许已经明白这一点:在土地、生物质、水源和有害副产品方面,动物源性食品的生产成本都很昂贵。

这些成本不会像你可能认为的那样会迅速变得便宜。从 1985 年到 2005 年的 20 年间,全球农作物亩产增长了约 20%。这背后还涉及生产面积的扩大,单一年份在同一地表上多种作物种植的增长,以及农业面积从温带到热带的净转移。20% 听上去进步颇大,但从 1965 年到 1985 年的 20 年间,农业产量增加了 56%(这些数据不包括实现增长所需的农业集约化技术的长期成本,比如土壤耗竭、蓄水层耗竭以及活性氮迁移转化等)。鉴于农业生产的边际收益急剧下降,连"可持续集约化耕作"的支持者也认为,仅靠缩小产量差距已无法满足人类的营养需求。② 所谓差距,就是利用精心挑选的栽培品种,在使用最精细的土地管理技术的地区所获得的高产量与这些技术并不普及的地区所获产量之间的差距。**需求侧缓解**(Demand-side mitigation)——改变饮食习惯——是保证人类营养需求能够跟得上的关键举措。这也就意味着,减少肉类和其他动物源性食品的需求。然而,需求侧缓解这一举措实际上并未引起政策层的关注。

目前情况是,在未来 30 年,全球肉类需求增长要高出对大米和谷物需求的两倍。当我们提出应该如何养活未来世界上 96 亿人口的问题时,我们其实是在问将如何喂养这 96 亿个肉食动物,以及如何处理他们的排泄物。

---

① Pelletier and Tyedmers 2013.
② Foley et al. 2011; Bajželj et al. 2014; Bailey, Froggat, and Wellesley 2014.

收入与进化

通常情况下,当你滔滔不绝地说出一串关于全球肉类消费增长趋势的数字时,大家的反应只是耸耸肩。我举这个例子并不是说人们没有认识到这些趋势背后的问题,只是强调他们并不感到惊讶。这种漠然以对的态度表露出两个相关的观念。

你会听到有人说:相比其他任何一种食物,肉类食物都更具**收入弹性**(income elastic)。具体而言,当人们赚得更多的钱,就会食用更多的肉;收入的增加,对肉类的需求也随之增加。虽然贫穷与饥饿依然是迫在眉睫的问题,但在过去两代人的时间里,发展中国家的收入大幅增加。在同一个地方,收入急剧增长的同时也出现了迅猛的城市化,城市人口的收入往往高于农村人口。[1] 鉴于这些事实,我们怎么能不期待肉类消费量飙升呢?从历史上看,北大西洋地区出现过这种现象,中国、巴西以及其他任何地方也会出现这种现象,越来越多的人有足够的钱定期买肉。

地理学家瓦茨拉夫·斯米尔(Vaclav Smil)是研究肉类经济中能量流动的专家,他观察得更为长远:

> 毫无疑问,人类的进化是与屠杀动物、食用其肉紧密相连……我们人类无疑是更加偏好肉食的杂食性动物。只是前工业社会的环境限制和文化结构才导致了肉类消费量下降,而现代富裕社会中的肉类消费则发生了逆转。[2]

斯米尔诉诸进化公式,体现了另一种对肉类消费趋势无动于衷的

---

[1] Samman 2013; Ravallion, Chen, and Sangraula 2007.
[2] Smil 2014, p.67.

形式:**肉食成就了人类**。肉食成就了我们现在的样子,这意味着肉在现今繁荣的人类社会中仍然不可或缺。我们不能轻易忽视人类长达200万年的进化历程。

富裕意味着吃肉,肉食成就了人类,这两种说法乍一看似乎没有争议。在某种层面上,肉食问题可等同于经济学家阿马蒂亚·森(Amartya Sen)在他的《贫困与饥荒》一书中所说的"食物权利"问题:谁可以获得什么,通过什么手段获得(例如现金收入、农业资本的家庭所有权)。当我们谈论一个城市世界,一个人们依赖收入获取食物权利的世界,其权利通常归结为购买力。在一个总购买力不断增长的世界中,随着人们对高品质食品的总权利的增加,肉类消费似乎也不可避免地会增长。

然而我要说的是,这种观点既歪曲了肉食在人类历史中所扮演的角色,也歪曲了肉类在当今全球经济中所扮演的角色。肉食不仅没有使我们成为人类,没有以某种方式决定我们未来的饮食方式,我们甚至不能确信,收入弹性正在促成当前日益增长的肉类需求。

撇开我们自认为对进化和收入的了解,不难看出收入弹性论的吸引力:它让我们能够用不同水平的国家或地区的收入和饮食趋势的数据来建模家庭水平。不幸的是,从方法学上来说,当问及人们的收入和食物选择时,并不总能看出收入弹性的证据。事实上,伦敦的政策研究机构查塔姆研究所(Chatham House)委托进行的一项调查显示,相较新兴经济体,高收入国家的家庭收入与肉类消费之间的正相关关系则显得更为普遍。①

在第八章中,我们将更仔细地研究收入弹性。现在,我首先要问:既然能相对简单地获得数据来质疑关于肉类需求驱动因素的零假设,那么为什么我们继续把这个假设视为理所当然?

---

① Wellesley, Harper, and Froggat 2015.

为了回答这个问题,我们需要更进一步地问个问题:我们怎么知道"屠杀动物、食用其肉"(斯米尔原话)在人类进化中所起的作用?

狩猎的人类

狩猎是人类的主要行为模式。它是一种有组织的活动,整合了人类个体和种群的形态、生理、遗传和智力。狩猎不仅仅是一种"生存技术",也是一种生活方式,它所涉及的承诺、关联和后果,贯穿个体及其所属的整个物种生物行为的统一体。①

这是威廉·劳克林(William Laughlin)在《狩猎的人类》(1968)一书中的论述,该书为1966年在芝加哥大学举行的同名研讨会的论文集。《狩猎的人类》的出版有着重要意义,标志着人类行为生态学的出现。从此,研究觅食者——通过狩猎和采集满足营养需求的人类——成了一个独特的学术领域。当我读到像斯米尔这样的评论时,常想起劳克林的观点。但研讨会的召集人理查德·李(Richard Lee)和欧文·德沃尔(Irven DeVore)并不完全认同劳克林的观点。他们写道,会议参与者"同意使用'狩猎者'(hunters)一词作为一种方便的速记方式,尽管事实上,大多数人类被认为主要依靠(哺乳动物)肉类以外的食物生存,主要是野生植物和鱼类"。②

这可不是随便说说。李和德沃尔在该论文集导言的前半部分,解释他们为什么将研究对象定性为"狩猎者"时,语气却越来越"不自信":

---

① Laughlin 1968, p. 304.
② Lee and DeVore 1968, p. 4.

捕猎哺乳动物被认为是早期人类生存的特征……然而，现代猎人的生存大部分依赖于肉类以外的食物来源，主要是蔬菜、鱼类和贝类。只有在没有蔬菜食物的北极和亚北极地区，我们才能找到狩猎哺乳动物的典型例子。在世界其他地区，狩猎似乎仅提供了 20% 至 40% 的饮食。①

他们接着说，虽然一些考古学家认为，捕鱼和使用植物种子代表了人类历史上较晚的创新行为，但"我们自己的观点是，坚果、浆果和根茎形式的蔬菜食物可为早期人类食用，甚至容易用最简单的方式获取"。他们认为，这些食物可能是由"早期的女性"负责。尽管如此，"狩猎如此普遍，而且始终是一项由男性实践的活动，即使狩猎只提供了食物的很少一部分，也一定是早期文化适应的根本部分"。

李和德沃尔的描述是一幅比我们预期的更为模棱两可的画面。随着更多人类学证据的出现，"狩猎的人类"之说更加站不住脚。下面是考古学家理查德·古尔德（Richard Gould）描述他与妻子在澳大利亚西部沙漠，于 1966—1967 年和 1969—1970 年的雨季期间，观察到的恩加雅加拉人（Ngatjatjara）的情况：

> 饮食以素食为主。妇女和女孩采集的主要植物种类共有 7 个……因此大部分饮食也就这些……至少 90% 的时间里，女性为整个群体提供了大约 95% 的食物……从某种意义上说，正是女性在采集方面所做的可靠努力，让男性得以从事更冒险的狩猎活动。就所获得食物的数量而言，我们可以很容易地将西部沙漠人称为采集者和猎

---

① Lee and DeVore 1968, p.7.

人,因为在大多数情况下,他们的饮食主要是植物性食物。然而,从所花费的时间角度来看,狩猎是一项主要的生存活动。①

其他人类学学者则有着截然不同的经历。安妮特·汉密尔顿(Annette Hamilton)在西部沙漠更南边的一个觅食部落待了3个月,她写道:

> 在一年中的某些时候,人们在牧场地区的狩猎活动往往不成功,特别是雨后,猎物分散到相距较远的临时水域。如果人们在这些时候完全依赖蔬菜,就会陷入一种极其糟糕的状态,因为蔬菜并不能随时获取,而是季节性收获。如果妇女只采集蔬菜,而忽视动物性食物,人们只能靠一到两种蔬菜生活数周。处在西部沙漠东边的妇女认为自己外出主要是为了获取肉类。所采集的植物性食物是动物性食物的重要补充,而不是替代品。②

但汉密尔顿指出,她所观察到的情况非同寻常,"欧洲引入的因素"打乱了土著人每天觅食的节奏。

汉密尔顿的限定语提醒我们,行为生态学家今天观察到的部落中,没有一个能直接代表5万年前的人类是如何获取食物的,更不用说超过200万年的人类演化轨迹了。李和德沃尔承认,《狩猎的人类》一书起步就不顺利,因为他们为"狩猎者"制定的"进化"标准——"具有严格的更新世经济特征的种群:没有金属、武器、狗或与非狩猎文化的接触"——最终把世界上所有经人类学证实的觅食群体排除在外。

---

① Gould 1980, p. 62.
② Hamilton 1980, p. 11.

关于人类学类比的有效性和局限性的问题在本书中始终困扰着我们。这个问题既具技术性,也具政治性。技术性指的是难以解释当代觅食者和过去觅食者在环境与文化上的差异。总的来说,今天的觅食者代表的是因放牧、农业和工业社会的扩张而被推到先前分布范围边缘的孑遗部落。工业社会往往蔑视觅食者的领地要求,以咄咄逼人的态势向那些曾支持觅食经济的环境扩张,该环境人口密度大大低于农业和城市社会所认为的适当密度。殖民者和他们的牲畜占据了最肥沃的土地,控制了最好的地下水源,这往往给整个生物群落带来前所未有的压力,使觅食者的生存基础大打折扣。无奈之下,觅食者迁徙到分散的新定居点,在那里他们扮演着下层阶级的角色,从事体力劳动,信仰新来者的神灵,并服从于"文明方式"的监护,以换取面粉、糖、肉、烟草和武器。这种模式随处可见——工业性生产食物的社会占据了以前觅食者居住的地方。通常,殖民者在殖民和掠夺的同时,都会积极地在文化上甚至血缘上消灭他们的前辈——这片土地上的土著人。[1] 方法是规训与惩罚。在澳大利亚,迟至 1970 年代,还有土著儿童从原生家庭被带走,交给移民定居者家庭收养。在加拿大和美国,土著儿童被强制送入寄宿学校,在那里他们受到系统性的虐待,不能使用自己的语言,否则会受到惩罚。[2]

在许多情况下,觅食者群体获得了一种有限的自主权,由此,他们以改良的方式回迁到自己的土地,采纳了从殖民者那里借用的经济策略,这证明了他们勉强保存的勇气和智慧。[3] 但这些部落或群体仍然遭受着世界上可预防疾病、药物滥用和自杀等频发事件的困扰。[4]

---

[1] White 1983; Rowse 1998.
[2] Attwood 2005; Niezen 2017.
[3] Austin-Broos 2009.
[4] Smith 2016; Webster 2016.

古尔德和汉密尔顿描述的觅食者群体代表了殖民历史的产物，一年当中，他们部分时间在灌木丛中生活，部分时间在殖民者的传教团和牧场生活。《狩猎的人类》以及后来的文献描述的大多数部落都很类似。这些人在按照他们自己的标准或他们祖父母的标准来看处于边缘地带的土地上觅食。关于什么东西好吃以及如何获取食物的知识，其代际传递已经受到了干扰，有些情况下这种传递被打断，人们在年纪较大时才学到相关知识；还有些情况下，这些知识是基于口头叙述重构出来的，得不到一手指导。同时，这些现代觅食者还充分利用了李和德沃尔想要从狩猎者群体中排除的所有东西：金属工具、面粉配给等。如果是这样的话，我们能把他们的行为当作生活在15万或20万年前的人类的模式吗？

　　这是人类学类比的技术问题。政治问题是，仅仅提议把当代觅食者作为万用模式，你就有可能陷入殖民时期对觅食者的认知窠臼，即抹杀他们具有特定历史、特定主张的个人和部落身份；他们需要得到更广泛的政治团体的认可，但在这个政治团体中，他们发现自己被边缘化。在把当代觅食者当作古人类模型时，我们可能忘记了他们也是人，他们的内驱力和愿望不能简单地理解成吃饭这种基本需求。

富裕

　　《狩猎的人类》一书的评论者中有人类学家马歇尔·萨林斯。我前面提到过他那篇具有里程碑意义的文章《原始富裕社会》。该文是萨林斯在1972年出版的著作《石器时代经济学》的开篇章节，其中有他对《狩猎的人类》的详尽评论。

　　萨林斯写这篇文章反对一种普遍假设，这种假设认为在农业和畜牧业出现之前，人类一直处于饥饿边缘。事实上，从我们掌握的有限证据来看，包括对当代觅食者所有不利因素的观察，采集和狩猎其实是一种相当不错的生活方式。我们往往将萨林斯所称的"加尔布雷斯式"(Galbraithean)致富之路视为理所当然:"人类的需求是巨大的,甚至可以说是无限的,而满足需求的手段是有限的,尽管可以改进。"①相反,《狩猎的人类》一书所讨论的核心人类群体则采用了一条追求美好生活的"禅道"(Zen road):"人类的物质需求有限,甚至极少,而技术手段一成不变,但也够用。"只要你愿意接受一种相对简朴的生活方式,那么"禅道"就能提供一条更可靠的免于匮乏之路。

当然,"接受"(accept)这个词并不完全准确,因为更新世的人类并未面临多种生存策略的选择。相比之下,在今天加拿大和澳大利亚的偏远地区,选择住在丛林中并靠觅食为生显然已成为一种政治挑衅行为。萨林斯毫不掩饰其观点的论战性。他认为这是对当时文献中占主导地位的、对觅食经济进行诽谤性描述的必要纠正。而通过引入先前我们提到的需求侧缓解的可能性,萨林斯扩展了富裕的设计空间,从而颠覆了斯米尔在上述引文中概述的历史轨迹。萨林斯认为,富裕并不是现代社会所取得的成就,而是在资本主义市场下逐渐失去的东西。

这一观点颇具冲击力,让我们把它推向逻辑的终点:**肉类远非代表着富裕的典型食物,而是不稳定时期的典型食物**。为了证明这不仅仅是论战,而是有实证依据支持将肉类消费的增加视为经济不稳定加剧的症状,本书其他章节将展开详细论述。在此,我将从萨林斯用于支持其观点的田野数据开始分析。

这些数据来自澳大利亚阿纳姆地(Arnhem Land)雍古人(Yolngu)的食物供应和营养研究,阿纳姆地半岛从北领地(Northern Territory)的北端延伸到帝汶海。这项研究于 1948 年由美国-澳大利亚科学考察队在阿纳姆地开展,在有些情况下其被称

---

① Sahlins [1972] 2000, p.95.

为最后一次大规模的殖民野外科学考察。萨林斯所依赖的部分研究包括对两个雍古觅食营地的时间使用和能量产量的短期（一到两周）观察。结果表明，被调查者每天平均花费 4-5 小时来获取食物，每天人均产量超过 2100 千卡，包含大量的蛋白质和钙，一个营地里可获取足够的铁元素和维生素 C。在田野工作者观察到的每一轮觅食"回合"中，他们得到的印象是，受访者并没有让自己过于劳累：当他们采集到足够的食物时，这一天就结束了。① 这项工作似乎并不十分繁重。

这些数据具有启发性。我们再来关注研究的另一个方面，探险队的营养学家玛格丽特·麦克阿瑟（Margaret McArthur）记录了阿纳姆地东部海岸和邻近岛屿上的一系列新定居点的饮食行为。在这些新定居点，正如麦克阿瑟所说，雍古人受到了"鼓励"，"在不违背他们意愿的前提下，放弃了以前的游牧生活"，转而耕种公共菜园，并由传教团和州政府提供面粉配给的补充。1948 年 8 月，也就是干冷季节的后半段，麦克阿瑟调查了格鲁特岛（Groote Eylandt）和阿纳姆地附近的定居点。我们感受一下那里的生活：

> 在所有定居点，口粮每天分三次在饭点前发放。在安巴坎巴（Umbakumba），当地人每周有五个半工作日可以得到食物，如果供应量充足，周末也分发口粮。在安戈鲁科（Angoroko）和昂佩利（Oenpelli），五个工作日都有口粮，星期天去教堂的人也会得到食物。星期六，他们被鼓励从周边地区采集食物。在伊尔卡拉（Yirrkala），工作的土著人在整个就业期间都会得到食物；其余人可以留在传教团，但他们必须自己寻找食物。②

---

① Sahlins [1972] 2000, pp. 109-114, 引自 McCarthy and McArthur 1960。
② McArthur 1960, pp. 14-17。

大多数情况下，公共菜园都种植了高热量作物，特别是木薯和红薯。在安巴坎巴，水果和蔬菜的产量占总产量的25%，主要是西瓜，而"香蕉、生菜、卷心菜、西红柿、豆类、萝卜、洋葱、胡萝卜和木瓜"数量较少。蛋白质来自捕获的鱼、海龟和海龟蛋，在一年中的某些时候，也有本地的鸡蛋。麦克阿瑟写道，在安戈鲁科，一年中的大部分时间都遵循以下饮食模式：

早餐：现磨麦粒粥，加黄金糖浆或蜂蜜；硬饼［在篝火中烘烤的小麦粉苏打面包］；茶和糖。

正餐：麦粥或米饭；新鲜蔬菜；黄金糖浆或蜂蜜；硬饼；茶和糖。

晚餐：硬饼；鱼；茶和糖。

"如果没有足够的鱼分给每个人，定居点的男人和女孩是优先考虑对象"，而成年女子和幼童则靠吃淀粉类食物凑合。事实上，在考察队访问安戈鲁科之前，捕鱼权已近乎取消，当时人们认为从定居点开着卡车到6.4公里外的海滩去取回当天的渔获太过昂贵，所以定居点的土著渔民只能拖着部分渔获步行回家。

其他地方也上演着类似的模式。在伊尔卡拉，飓风导致菜园的产量大减，因此除了木薯，没有足够的水果和蔬菜可供食用，土著居民只能依靠政府分发的硬面包和肉食维生。在昂佩利，麦克阿瑟没有找到季节性公共菜园以及类似的基本口粮：面粉、大米、牛肉。有的牛肉来自牧场，有的来自周边沼泽地区。人均每日肉类消费量超过500克，这远远高于20年后古尔德在西部更远地区观察到的消费量。

"所有的定居点，"麦克阿瑟指出，"都有羊群可供挤奶。在满足了欧洲人的需求后，剩余部分发给了土著儿童。安戈鲁科和伊尔卡拉则没有多余的羊奶。"

一周的工作就这么多。在周末,土著民众只能自谋生路。他们的成功与否部分取决于这些新定居点的位置。当地人告诉麦克阿瑟,安巴坎巴和伊尔卡拉从来没有过丰富的食物环境——人们不会在生产效率较低的旱季来此安家。相反,在安戈鲁科和昂佩利,麦克阿瑟观察到,将如此多的人永久地集中在一个地方,给本来富裕的觅食环境造成了无法维系的压力。她写道,"随着时间推移,土著人每周能获得的本地食物越来越少",以至于有的家庭不得不把他们每周分到的部分面粉留存出来,熬过周末。人们外出觅食的目标多种多样:鱼、贝类、沙袋鼠、袋鼠,以及最重要的"蔬菜食品"。麦克阿瑟没有提供太多关于觅食植物食物的细节,不过成熟的茄属植物果实可能很常见,而且在昂佩利,女性每天都去附近水源挖掘百合根茎。

这是旱季的情况,但阿纳姆地不是沙漠。从历史上看,阿纳姆地全年的人口密度比南部和西部干旱地区的平均人口密度要高得多,可能要高出100倍。[①] 这是一个富足的地区。

相比之下,新定居点中尽管有母鸡、山羊、牛、卡车和武器,生活却捉襟见肘,人们不得不囤积口粮以应对未知的饥馑。在这种生活中,觅食者的终极备选策略——转移营地——却无法实现。

远方之人的早餐内容总有一种独特的吸引力。当一顿饭被简化为食物清单时,你会突然意识到饮食是多么私密而亲切。而当人类学家手持笔记本,记录当地人每一口食物时,这往往使研究对象产生被观察的脆弱感。麦克阿瑟并不是唯一列出这种清单的人。考察队在阿纳姆地探险的时候,澳大利亚政府委托其对澳大利亚和新几内亚的土著部落进行一系列家庭食物预算调查。结果很精彩(见第六章),值得一读。报告也为我们提供了一些线索,让我们知道当我们试图获取超越国家层面的数据,了解当今新兴世

---

① Keen 2006.

界城市化地区的人们如何饮食时,我们应该寻找什么。

旧石器时代饮食

但是,但是,但是!旧石器时代饮食(Paleo diet)会是什么样?若当代原始部族——这些群体至今仍生活在近似史前人类的生态环境中——民族志研究表明,在农业诞生前肉类并非人类饮食的主导,那么所谓"人类演化出以肉食为主的饮食习性"这一假说,其立论基础何在?

1985年,《新英格兰医学杂志》刊登了一篇题为《旧石器时代的营养:对其性质和当前影响的思考》的文章。作者是放射学家 S. 博伊德·伊顿(S. Boyd Eaton)和人类学家梅尔文·康纳(Melvin Konner),他们均为亚特兰大埃默里大学的教授。《旧石器时代的营养》代表了历史学家所说的索引文本(index text),[①]这种文本成为某一话语或相互关联的文本和主题网络的原点,至少是隐含的参照点。就《旧石器时代的营养》而言,其话语早已超出了同行评审技术期刊的封闭平台,但那就是它的发源地。有时候我们可以通过回溯源头来了解一些东西。

首先是术语问题。前面我们看到李和德沃尔提到了更新世的狩猎者。在《旧石器时代的营养》中,伊顿和康纳提到了旧石器时代的人类。更新世是一个地层学术语,指的是地球气候史上在全新世之前的一段时期,全新世是末次冰期极盛期结束之后的一段较温暖的时期,大约从11700年前开始。旧石器时代是一个技术语域,大约从260万年前到1.5万年前,在非洲和欧亚大陆的考古遗址中,种类繁多的石器制品与人类遗骸同时出现。在一些地方,包

---

① Eaton and Konner 1985; Eaton, and Konner 1997; Cordain et al. 2000.

括澳大利亚,旧石器时代的器物组合甚至在全新世也出现过。器物层位转变的时间对制造者认知能力的重要性一直存在争议,因为从考古学角度来讲,我们观察到的一个部落使用什么样的技术,往往取决于该部落居住地有什么样的材料。**有机材料的保存不像矿物材料那么长久**。这一事实的影响将在第一至第三章中详细阐述。这里的问题是:当我们谈论很久以前人们的食物以及获取方式时,我们在谈论什么?是他们的环境特征(更新世)——气候、地貌、动植物?还是他们用来开发环境的工具(旧石器时代)?这些是不相同的。同样,考古记录中可见的工具在 200 万年前、20 万年前和 2 万年提供的开发模式也不相同。严格从系统发育意义上讲,人类至少在 20 万年就出现了,但这些早期智人的饮食和生活方式与那些在全新世开始之前经历过干冷时期的人类截然不同。

话虽如此,我们不难确定伊顿和康纳将哪些人视为人类营养进化巅峰状态的范本群体:大约 4 万年前出现在欧洲的人类,他们为欧亚考古学家想象的行为意义上的"现代"人类提供了模板。正如我们将在第三章中看到的,今天的故事看起来不同了,不再以欧洲为中心。尽管如此,伊顿和康纳的工作基本前提——为当代营养及其健康含义寻找一条比较基准——听起来似乎仍是合情合理的。作者承认,历史上观察到的觅食者的饮食中,肉类比例存在巨大差异,并确定了 35% 这一参考值。在更新世冰期的亚北极条件下,人类以每天 3000 千卡的热量维持其活跃的生活方式,这意味着他们每天需要接近 800 克的瘦肉和 200 克的动物蛋白。

《旧石器时代的营养》包含了许多毫无根据的假设,尤其是认为在农业出现之前人类的饮食基本固定不变。尽管当代觅食者与他们的更新世先辈之间存在差异,伊顿和康纳写道:"他们摄入的食物范围和内容与我们祖先在长达 400 万年的时间里所吃的食物相似。"①在第一部分,我们将看到这个假设是多么站不住脚。但值得注意的是,与之后的研究相比,《旧石器时代的营养》一文的主张尚且比较温和,特别是在肉类方面。例如,可以比较《世界范围内猎人-采集者饮食中的动植物自给比例和宏量营养能量估算》(2000)一文,其主要作者劳伦·科丹(Loren Cordain)的研究领域比其他任何营养科学家都更多地涉及旧石器时代人类的运动方式。科丹及其同事得出结论,在全世界近四分之三的觅食社会中,至少一半的饮食质量和近三分之二的能量来自动物产品;而蛋白质比例的上升,可能会导致高氨基酸血症和"兔子饥饿"(在能量充足的饮食下,当身体达到了将氨基酸转化为葡萄糖的能力极限时,器官发生衰竭)。

这些结论的数据从何而来?科丹和他的同事依据的是人类学家乔治·默多克(George Murdock,《民族学》杂志主编)编制的《民族志地图集》,该地图集于1967年在《民族学》杂志上分期发表,并以表格形式进行打孔卡分类。在1967年汇总的862个社会形态中,有229个被标记在"自给经济"(Subsistence Economy)栏中,因为它们的生计都不是靠农业或畜牧业。这些就构成了"动植物自给比例"和许多其他对觅食者饮食比例估计的基础。②

任何研究民族志地图集历史的人都知道,这些地图集的数据往往品质不良。③ 它们通常基于对有限数量的地点进行的短期观察,而观察者几乎不会当地语言。所有这些局限都适用于默多克的《民族志地图集》。还有一个事实是,这些报告绝大多数是由男性编撰的。正如我们所看到的,觅食行为具有性别特征,在某种程度上,就需要一个混合性别的田野工作团队才能理解。除此之外,不仅人类学家传统上认为(或误解)狩猎是男性的活动,而且长期

---

① Eaton and Konner 1985, pp. 283 – 285.
② Ströhle and Hahn 2011.
③ Hardy 2010; Berson 2017.

以来肉类也被视为男性的阳刚之气。① 默多克的地图集中收录的报告(主要是 1860 年至 1910 年编写),情况确实如此。科丹引用的那些人类学数据,对于这些数据的观察—编写者来说,肉类比植物性食物更重要。

那旧石器时代饮食是胡说八道吗? 也不尽然,回到伊顿和康纳 1985 年的文章,其主要发现是古人类摄入的精制碳水化合物较少,而且他们摄入的肉类总体上更为精瘦。如果把这些营养建议称为"旧石器时代饮食"——"少吃加工食品,少吃肥肉"②——对你来说更有吸引力,那就随你吧。但是,我们也有充分的理由不过量摄入动物蛋白,尤其是动物蛋白会对肠道微生物群造成压力,进而影响远端肠道的完整性(见第二章)。这些在旧石器饮食圈子里往往没有得到太多关注,他们更注重短期的活力,而忽视了长期的健康。

环境承载能力

另一个不应过量摄入动物蛋白的原因是,为满足预期需求而进行的肉类生产会给地球生物圈造成不可持续的压力。这就引出了人口承载能力的话题,正如人口生物学家乔尔·科恩(Joel Cohen)在他关于该主题的重要著作的标题中提到:"地球能养活多少人?"

科恩的这个标题有误导性,因为他不想给出地球的人类承载能力的数字。相反,他的目的是展示任何特定估值所包含的权衡和假设:什么是总生育率? 出生率和死亡率是多少? 我们究竟想要一个寿命更长但人口更少的世界,还是一个以牺牲个体寿命为代价、尽可能让更多人存活的世界? 最重要的是,我们希望人们有什

---

① Adams [1990] 2015.
② Katz and Meller 2014.

么样的生活品质,特别是什么样的饮食?

科恩将他提出的生育与寿命、种群与生活品质之间的权衡问题描述为价值问题。但还可以从另一个角度来看:人类是"r-选择"物种还是"K-选择"物种?"r-选择"和"K-选择"术语源自**逻辑斯蒂方程**(logistic equation)的一个版本,这是一个微分方程,模拟了繁殖速率(r)和环境承载能力(K)在某些物种(细菌或人类)的数量变化中所起的作用。逻辑斯蒂方程描述了一条大家都熟悉的 S 形曲线。在早期,种群的增长主要取决于它的繁殖速率,它很快达到一个拐点,即 S 的第一个弯,并迅速增长。随着时间推移,达到了 S 的第二个拐点并趋于平缓——就是这里,种群已被环境承载能力而不是繁殖速率所支配。一般来说,r-选择和 K-选择不是经由讨论制定的价值表达"选择";它们只是对不同环境情况的适应。在不稳定的环境中,个体在达到繁殖成熟之前存在死亡高风险,这就需要 r-选择——高繁殖率,低亲本投资。在稳定的环境中,个体往往能存活至成熟阶段,这就需要低繁殖率、高亲本投资的 K-选择。

在人类案例中,有趣的是,我们的生殖策略和生命史具有高度可塑性。人类是否能够真正设计其人口生态位,这是一个悬而未决的问题。但在《平衡星球》(读起来就像是《地球能养活多少人?》的续集)一书中,人类学家大卫·克利夫兰(David Cleveland)认为,事实上,人类若要其子孙后代兴旺,就必须有意识地从 r-选择转向 K-选择。

更有趣的是,在某种意义上,人类已经同时具有 r-选择和 K-选择的特征,相对于其他灵长类动物,人类的总生育率很高,对后代的投资也很高。事实上,这是人类生命史上的关键创新,早在智人出现之前,就在古生物记录中有迹可循,这一创新既需要也促成了饮食的多样化,我们将在第一章和第二章回顾这一点。从本质上讲,正是**他者导向性**(other-directedness),包括愿意为非亲生孩子提供食物和抚养,推动了人类向杂食性转变,旧石器时代饮食的支持者很喜欢强调这一点。

讽刺的是,如今以"他者导向性"为理论框架来论证食品系统改革已经行不通了。迈克尔·波伦(Michael Pollan)提出了一种共识性观点,将环境危机称为"生活方式的危机",即日常消费选择的危机。[①] 然而,通过改变个人生活方式来解决环境危机,波伦可能过于理想化了,忽视了人类天性中的自我关注(自私)倾向,单纯依赖个人改变可能效果有限。实际上,波伦的观点反映了对自由社会的一种相当近期的理解。我们只需回溯到1950年,就能看到一种截然不同的食品系统改革论点。在《生命的营养改善》一书中,营养生物学家亨利·谢尔曼(Henry Sherman)在联合国粮农组织成立后撰文,试图说服美国人少吃肉。根据食物对人类营养的贡献,他将食物分为十类:谷物制品;豆类和坚果;土豆和红薯;绿色和黄色蔬菜;柑橘类水果和西红柿;其他水果和蔬菜;牛奶及其制品(除了黄油);肉、鱼、禽、蛋;脂肪;糖。他认为,我们可以抛弃最后三类,仍然实现"最佳蛋白质摄入"——事实上,我们会更健康。

但狭义上的健康只是谢尔曼目标的一部分。他更关心的是人类"对肉、鱼、禽、蛋类食物的竞争"对人类自身造成的心理影响,特别是当这些食物在不同阶级和国家之间分配不公平的时候。[②]

谢尔曼的写作对象是那些在第二次世界大战期间已习惯于中央计划[③]的读者,而他的技术官僚式乐观主义在今天看来显得天真。但事实上,大规模的需求侧缓解——为远方他人的利益而改变人们消费行为的努力——在当今似乎几乎不可能实现,这反映了我们在食品问题上的公共对话正在收缩。[④]

[①] Pollan 2009, p.171.
[②] Sherman 1950, p.138.
[③] 中央计划(Central Planning)指的是第二次世界大战期间及战后初期,许多国家为应对战争和经济危机而采取的集中化经济管理模式。谢尔曼在二战后撰写《生命的营养改善》,其读者群体已习惯于政府对食品系统的集中管理。——译者注
[④] Bailey et al. 2014.

暴力

最重要的是,这种收缩与我们对待政治暴力的态度有关。

到目前为止,我一直谈论人类的利益,好像这才是我们唯一需要考虑的。对有些读者来说,这似乎合理。然而其他人可能会问:动物的视角呢?

的确如此。只要简单回顾人类使用动物源性食品趋势的文献,就会发现自己卷入了一场奇怪的"去生命化"(deanimation)游戏。动物被视为"生产单位",其价值根据抗病性、气候适应性和耐拥挤性来评估。在对比不同形式和程度的圈养下动物生产系统的生产力时,相关动物的福利从未被计入成本,除非它可以用因疾病和拥挤而损失的生产单位来量化。在关于牲畜集约化技术的讨论中,动物的痛苦根本不被考虑——字面意思是,它没有被量化。

政治学家蒂莫西·帕奇拉特(Timothy Pachirat)在谈到美国屠宰场的生活时,提出了"视觉政治"(politics of sight)的概念。[①] 当我们不再与动物有日常接触时,它们就不再作为道德行为者出现在我们意识中。然后,就可以将它们装入铺有吸水材料的板条箱中,再将板条箱装入加压管,将管子送到地球的另一端,在那里动物将被卸载和屠宰。想象一下飞机上的场景,我们不寒而栗——闻起来是什么味道,听上去如何。但事实上,我们想象的是如果我们出现在机舱的一端,看着成箱的牛从视野中消失,会是什么样子。我们不太可能尝试从动物的角度想象它们的感受,因为我们现在很少有人近距离观察过非人类动物(也许除了猫和狗)的痛苦、疼痛甚至快乐的经历。

大多数关于动物解放的论点都始于这样一个命题,即思考非

---

① Pachirat 2011; compare Bulliet 2007.

人类动物与人类之间的政治关系的正确方法,是类比不同人类群体之间存在的支配与服从关系。如同在过去的 200 年间,自由社会逐渐承认妇女、无产者和被殖民者是拥有自身利益和观点的主体,同样,自由社会也必须承认动物的利益和观点,它们的劳动和身体让我们的经济赖以生存。

这些观点在强调我们与其他动物的亲缘关系(在感知力、体验痛苦的能力、生存动力等方面)时,忽略了动物与人类关系的其他维度。如果像我提出的那样,肉类已经成为一种不稳定时期的食物,那么因环境所迫而依赖肉类生存的人类和那些为了食用而饲养的动物,其实都被困在一个单一的暴力体系中,彼此的角色是绑在一起的。如果说这两者都经历了痛苦,那么我们就无法了解使他们都处于从属地位的经济和政治关系。如果我们希望牲畜获得解放,那么所有没有从富裕世界中获益的人类也应获得解放。反过来说,人类的正义是否意味着我们食用的动物的正义?我们将在本书最后讨论这个问题。

第一部分"肉食成就了人类?"讨论了肉食在人类进化中的作用,包括生物和文化方面:从 280 万年前人属的首次出现,到 3000 年前铁器时代欧亚大陆东部以牲畜为基础的国家的兴起。第一章和第二章涵盖了上新世和更新世,当时气候波动加大,人类的饮食和生活史上呈现出前所未有的多样性。第三章将人类学证据纳入与考古证据的对话中,探讨在 7 万年前后,是否发生了某些事件,从而产生了独特的人类合作生存模式,这种模式强烈依赖于我们推断他人意图的能力,并能够为反复出现的社会关系构建抽象的关系模板。第四章探讨了这些能力在某些条件下,如气候、人口压力和对动物的思考方式,是如何导致动物驯化的。第一部分和第二部分之间的桥(Bridge),讨论了历史阐述的挑战在本书两部分所涵盖的时期有何不同,并概述了第二部分的写作策略。

第二部分"富裕一定意味着肉食吗?"讲述了现代的故事。第五章讨论了肉食在殖民化中的作用,并依据澳大利亚和美洲的案例展开了研究。第六章我们回到之前提到的饮食调查。饮食调查资料连同其他形式的证据,如定量配给表、紧急食品补充的规格,这些都为我们提供了一个近距离的视角,让我们了解在全球富裕时代来临之际,肉类如何改变边缘化人群的生活。间奏曲(Intermezzo)提供了营养科学史的背景,与第六章及第七、八章的讨论密切相关。第七章将故事推向现代。在一个复杂的基础设施网络中,活体牲畜出口只是其中一个要素。在这个网络中,世界上部分地区的生物量和能源浓度的循环变化(比如澳大利亚的牧场),与其他地方(比如中国的新兴城市)生物量和能源的变化相关联。第八章继续讲述今天的故事。我们再次回到收入弹性的问题,讨论何种原因造成难以获得有关收入和肉类消费之间供应策略的信息。聚焦于城市贫民的供给策略,我们自然而然地将目光转向街头小吃,从而使本书的话题首尾呼应。终曲的主题涉及肉类经济中隐含的促成暴力的原因,以及我们可以做些什么。在这个资源虽可改善但终究有限的星球上,我们所有生命——人类与动物——以不同却相互关联的方式,都与"肉食之谜"息息相关。

第一部分

肉食成就了人类?

第一章

人类

海滩一日

想象一下海滩上的一天。你一大早就到了,太阳从地平线上缓缓升起,水面上的天空薄雾笼罩。你不是孤身一人,跟你一起的有你的伴侣、朋友或兄弟姐妹;有孩子、父母和祖父母;或许还有一两条狗。当你到达时,海滩空荡荡的——不见人影,也没有狗等动物。目前,这是一个非常干净的海滩:没有烟头,没有啤酒罐,没有丢弃的沙滩椅或被遗忘的小桶和铲子。人类最近来到这里的唯一迹象是一辆宽轮式沙滩车留下的两行车轮印。头顶上,一群海鸥盘旋,水边湿漉漉的沙子上散落着贻贝和蛤蜊的壳,那是海鸥的早餐碎片。一夜之间,潮水把褐藻冲了上来,在海滩上形成长长的垫子,这些垫子在清晨的阳光下晒干后,散发出淡淡的咸味,并不难闻。海水刚刚过了退潮期,当你登上沙丘向下看时,只见一片闪闪发光的湿沙延伸,一直延展到一片玻璃般海洋的地方,其边界只能从脚踝高的浪花中分辨出来。

除了海鸥的叫声,唯有来自远处海浪的拍击声和微风中沙丘草的沙沙声——现在,沙丘面海的坡上翻滚着孩子们发出的嬉闹声,追逐孩子们的狗吠声,还有你穿着高强度尼龙沙滩鞋,背着满满的各种补给,小心翼翼往下走的摩擦声。

你在家中有个名声,就是宁愿每天晚上在水槽里洗衣服,也不愿多带一件备用衬衫。但现在,重要的是要让孩子们兴奋起来,让你年迈的父母感到舒适。因此你就为各种不时之需做好了准备,包括毛巾、浴巾、换洗的衣服、咸甜的零食、水、凌晨3点起床煮的咖啡、手边容器里冷泡的三种茶、一个便携式太阳能烧烤架、一个装满东西的冷藏箱、一把雨伞、为那些不愿直接坐在沙滩上的人准备的海草垫或沙滩毛巾或毯子、防晒霜、驱虫剂、杀菌凝胶、几个飞盘、孩子们要学习使用的冲浪板、用来建造沙堡的小桶、铲子、一堆清理狗便用的可降解聚乙烯袋、几本平装书、笔记本和铅笔,当然还有数码产品。除了冷藏箱、雨伞和冲浪板,其他东西装进几个尼龙背包。这些背包用了多次,你也非常爱用,边缘都已磨损,但足以把你的物料从汽车拖到海滩。

你建立了一个滩头营地,让孩子们去海滩玩耍,你给父母准备好咖啡和早餐,然后惬意地坐着,开始了这一天。很快,薄雾消散,太阳高悬于天空,其他人群也陆续出现在海滩上。从人口学角度上看,有些人与你相似,都是拖家带口;另一些人只是一对夫妇或一对大孩子。你开始聊天,分享零食。孩子们与来自其他人群的孩子一起玩耍。在海滩上,你看到一个年轻的女子坐在水边,双手抱住膝盖,凝视着大海;显然她是一个人来这里。一支海滩巡逻队开车经过,留下了一组新的车轮轨迹,一直延伸到沙丘上。海鸥盘旋得更近了,眼睛锐利地看着丢弃的食物。大约10点的时候,你叫孩子们来吃点东西,你的营地变成一个欢快的垃圾堆——水果、坚果、饼干和肉块堆积在一起。到了11点,平静的海浪和寂静的风中夹杂着海鸥叫声和孩子们的嬉戏声。此时,宁静被打破了,附近一群人大声播放着音乐。中午,青少年们成群结队地经过,兴奋地观察周围是否有认识的人,而没有注意到他们的冰激凌包装纸从临时当作垃圾桶的油桶边缘飘起,轻轻地滑过海滩。

下午的某个时候,一天的炎热正在消退,冲浪者再次出现,认领各自的冲浪板。你现在注意到,在你到达之前,冲浪板就被小心翼翼地放置在沙丘边上。16 点左右,你就可以打开太阳能烤架。其他人也是同样想法。到了 17 点,空气中弥漫着烤肉和烤鱼的味道,更不用说啤酒了。太阳悠闲地走向地平线,气氛也发生了变化。剧烈的活动和白天睿智的谈话转换成一种更柔和的语调,由于日晒和海水的持续影响以及对食物的期待,人们变得懒洋洋的。谈话也变得慢吞吞了,话题更抽象,不太涉及人人有饭吃、周边环境保护的严肃话题,更倾向于回忆、幻想以及评价不在场人的行为。①

到了 18 点,孩子们大都疲惫,你也准备离开,收拾好东西,打点好行李,有点懊恼不能待到晚上——望着海滩上点缀的大小不一、形式多样的营地,你想象着篝火、站在黑暗的海浪边缘的惊悚以及令人不安的浩瀚大海。你扣好背包上的收紧带,注意到一个张力器已经脱落,绳上的铁锁也不见了。当你扛着背包,登上沙丘,走向汽车时,你回头望,看到涨潮了,孩子们制作的沙滩迷宫变成了峡谷网络,被海水冲走、淹没。

现在想象一下你第二天早上再来海滩的情景。同样,海滩上空无一人。不过这一次,你有 3 小时的独处时间,让你了解眼前的场景。条件是,你对前一天事件的记忆已经被抹除。你牢牢把握了人们在海滩上的行为,包括人们玩的游戏和吃的食物,还有各种工具——但你不知道前一天到底发生了什么。这一次,从沙丘上面望去,你会看到大量痕迹,都是人们才留下的:倾斜的雨伞和食物包装纸,被灰烬淹没的火坑,废弃的玩具和容器。除了这些,还有你前一天看到的:沙滩车轮印,海鸥留下的双壳贝,退潮后沙滩上仍然潮湿的海草垫。

你的任务是要讲述昨天这里发生了什么——不仅仅是"人们

---

① Wiessner 2014.

在这里吃、玩、悠闲、放松",而是**谁**在这里,他们的年龄、性别、地位和社会关系,他们的身体状况,他们的活动状态(随意还是刻意、轻松还是剧烈、世俗还是仪式化、生产性还是娱乐性),不同派对的规模,他们互动、合作和竞争营地或其他稀缺资源的程度,孰先孰后的递进顺序,当然还有他们的食物。现在让我们把任务变得更加困难些:你不是在一天后回来,而是在一年后回来。在此期间,太阳、风、盐和海洋一直在对物质碎片发生作用。铝罐和塑料铲子仍然或多或少地保存良好,尽管海草垫可能会回归于土。蚂蚁和海鸥早已带走了任何可食用的东西,但通过仔细检查剩下的包装纸、容器和烹饪场所,以及你对人们在海滩上吃的食物的了解,你可以对人们那天的饮食以及如何备餐提出假设。

现在提高难度:时间跨度不是一年而是 100 年。你知道,在那个时候,海滩周期性地被占据很多次,但你的任务是具体地重建 100 年前的那一天,区分当时的占据与随后的占据,以及区分动物与人类的占据。你不太了解当时人们海滩休闲的习惯,你知道,地形、气候、动植物都已经发生了巨大变化。但是,这一次你有足足一整天的时间进行调查,你带来了一个深究细节的助手团队,系统地将海滩发掘到一米深的地方,以及使用复杂的遥感设备来探测更深的地方。记住,你在这里不仅仅是想分辨出 100 年前人们和他们的动物伙伴留下的物质碎片。你还想谈论他们的**行为**,即他们是如何运动、做了什么、如何相处、吃了什么;他们的**认知**,即他们是如何思考的,他们是如何看到、听到、闻到、品味和理解周围世界的,他们对未来做了什么样的规划,他们如何根据可观察的行为推断出他人的内在状态;最后,他们的**生理学特征**:他们有什么生理能力?哪些营养素对他们的生存抑或他们的繁荣至关重要?太阳下山的时候,他们会不会打寒战?会不会同你一样,觉得打寒战会不舒适?你真正的目标是将 100 年前那一天在这个海滩上坐着、站着、玩耍和吃饭的人作为样本,作为当时每个活着的人的行为、认知和生理的典范。

如果这听起来很荒谬，不妨想象一下时间间隔不是100年，而是200万年——这是古人类学的任务。

这种比较有点不合理，因为在我们的思想实验中，我把你们限制在两种证据上：**器物组合**（artifact assemblages），即由人类制造或假设由人类制造的耐用物品组成的残片模式；**贝丘**（middens），即从食物的准备和食用中产生的碎片。人类存在的其他迹象——脚印和车轮轨迹、场地改造（如用铲子辟出来的可供坐着的位置和沙堡），以及人类活动产生的声音和气味——即使一天也很难保存。动物排泄物保存得相当好，而且正如你可能想象的那样，它们提供了一个独特的视角来研究这些动物吃了什么，包括关于膳食组成、食物储存（如果粪便中含有非同季食物）和性别（通过性类固醇痕迹）的证据。粪化石甚至可以用来检测动物的DNA。[①] 但事实证明，要验证粪便的来源是人类而不是其他动物，无论是同一地点的同期或随后的居住者，都很棘手。即使在我们挖掘海滩的情况下，你还是需要采用其他方法来了解人类是否带着狗去海滩，并且是狗而非人类在户外排便，这对你发掘的粪化石进行研究是有益的。

所以，器物组合和贝丘也是如此。这些是古人类学中的关键证据类型。但对于早期人类——广义进化中的人类——还有两种证据：沉积物岩芯和骨骼遗骸。

先看看沉积物岩芯。地球的大气和生物圈主要由氮、氧、碳等元素构成，这些元素以多种稳定同位素的形式存在，差异在于是否存在额外的中子，例如氮-14和氮-15，氧-16、氧-17和氧-18，碳-12和碳-13。这些稳定同位素的大气本底比值变化非常缓慢。植物和动物的代谢活动会使稳定同位素浓度与本底比值发生更快的

[①] Ungar and Sponheimer 2013.

局部变化。我们可以利用这些变化的差异来推断生物圈的局地历史。

就大气氧而言,有孔虫(即海底沉积层保存的海底微生物)中出现了氧-18与氧-16比值的细微差异。由于氧-18更重,其在海洋表面蒸发较慢,随着空气的冷却而沉淀得更快。通过检测有孔虫化石中氧-18浓度的变化,我们可以观察到过去500万年来地表冷暖变化的趋势以及气候变化的趋势。深海沉积物岩芯为跨度4.1万至10万年间的大陆和全球气候变化提供了有用的证据。这些标号1(1.4万年前)到104(约260万年前)的**深海氧同位素阶段**(Marine Isotope Stages, MIS),为将考古数据与气候长期趋势联系起来提供了有用的解释。海底沉积物也保留了空气中的粉尘,其可用于衡量干燥程度,因为当空气和地表干燥时,表层土壤中的尘埃更有可能进入大气。

古土壤是远古保存的表层土壤标本,其中碳-13与碳-12比值可用于考察植物生物量组成的变化。在碳四植物中,碳-13浓度往往更高,这些植物适应炎热、干旱、没有森林冠层的环境。(碳四植物之所以被如此命名,是因为它们通过光合作用固定二氧化碳,其第一个中间产物具有四个碳原子,而绝大多数陆地植物,通过光合作用产生的是具有三个碳原子的分子。)连续的古土壤沉积中碳-13浓度的不断上升,可视作该处从森林向稀树草原过渡的证据。①

接下来是骨骼残骸。残骸提供了关于体形的证据,也一定程度上提供了例如步行和跑步等运动模式的证据。一些研究人员将女性古人类骨盆尺寸的变大视为人类大脑体积增加的标志,因为这允许女性骨盆孕育头颅较大的婴儿。在古人类的骨胶原中,稳定同位素比值为研究他们的饮食提供了线索(碳-13升高表明食

---

① Potts 2012b.

用了碳四植物或食用了以碳四植物为食的食草动物,氮-15升高表明食用了动物性食物)。① 动物的骨骼遗骸也可能保留了其死后被有意改造的痕迹——咬、割、刮——这些迹象反过来可视为一种证据,即古人类在食用这些动物的肉,或者是在清理食肉动物吃剩的动物骨头以获取骨髓。②

人类学类比

在我们开始使用所有证据研究人类饮食的原型之前,我再介绍两种间接证据。之所以间接,是因为这些证据不是从人类早期居住的遗址中发现的,而是一种类比,即比较我们今天所观察到的人类和其他灵长类动物的行为。我们再回到海滩模拟场景。现在海滩已经被分割成网格,每个网格1平方米。你站在沙丘上,看着你的团队有条不紊地筛选那些网格中的东西,不知道你会怎样理解所发现的东西。任何特定的残骸结构都可以被用于百年前事件的各种假设,而且你没有足够的证据来指导你选择这个假设而不是另一个假设。突然,你的眼睛被地平线上的运动所吸引:一个冲浪者划着冲浪板迎向巨浪。你的眼光追随着她,当她滑进浪中,你突然意识到海滩其实并非空无一人:一群冲浪者在此安营扎寨,冲浪板在他们破旧的露营车周围形成一道防线,不起眼的白色煤气炉升起袅袅炊烟。你观察着他们,油然感到钦佩和惊奇,并夹杂着嫉妒:这些人生活简单,用最低限度的努力满足他们的需要,其余时间用在玩耍。他们体格健壮、薄衣轻体,证明了与大自然的直接接触。为什么你自己的生活不是这样的?看着他们吃午饭、嬉戏打闹,你会恍然大悟,他们生活在相对简单的技术和社会结构下,节奏缓慢,这可能是你一直在挖掘的遗址背后人们的生活模式。当

---

① Ungar and Sponheimer 2013.
② Braun 2013.

世界其他地区变得日趋复杂时,冲浪者难道不能代表一个海滩避难所(一个安全栖息地)的幸存人群吗?当然,当代冲浪者和100年前人们的生活不完全一样。首先,今天的冲浪者与非冲浪者互动,他们的生活方式不可避免地受到非冲浪世界的浸染。但是观察他们肯定有助于解释你正在挖掘出来的东西。

这个模拟的意义在于启发我们思考**人类学类比**(ethnographic analogy)的局限性,即把今天的觅食者作为更新世人类和原始人类的模型具有局限性。当然,这种模拟并不完全合理,但如果你从我的描述中发现了一些特别之处,那就对了:人类学类比带有猜测的色彩——不可能不猜测——以及不可名状的混合情感反应。古老的生活方式是有魅力的,从农业和工业社会的角度来看,没有什么比一个人们不生产食物而只是寻找食物的世界更古老了。事实上,这里的"寻找"一词并不能公正地描述觅食者的资源管理策略,但它暗示了觅食者和观察者之间世界观上的感知鸿沟。这并不是说人类学类比在人类生活史的推理中没有价值——恰恰相反,正如我们将看到的那样,它确实占有一席之地。

接下来,考虑第二种类比证据:灵长类动物模型。长期以来,人们一直把人类以外的其他灵长类动物,尤其是黑猩猩,当作生活在大约800万年前的最后共同祖先的替身。将黑猩猩作为最后共同祖先的替身,预设了黑猩猩支系在进化方面非常保守,然而这个预设没有任何证据支持。根据最近对始祖地猿的研究,黑猩猩模型似乎站不住脚。[①] 始祖地猿是一种生活在440万至400万年前的早期人族,其骨骼特征与现在的黑猩猩迥然不同。这一点很重要,因为"肉食成就了人类"的论点经常将人类杂食性和其他灵长类动物的食草性进行对比,尽管众所周知,黑猩猩会捕食疣猴。同样,灵长类动物的数据也解释了人类行为的进化。但就目的性而

[①] Sayers, Raghanti, and Lovejoy 2012.

言,这些数据在大多数情况下是一种干扰。我们将在下一章看到例外:下章讨论的人类生理学可能告诉我们人类进化的自然选择压力。

把这两种类比证据区分开来是很重要的,因为它们服务于不同的目的。人类学类比尽管存在着这样或那样的问题,但它并不是一种将觅食者贬低为"次等人类"的隐晦手段。我也不想让人觉得我在淡化行为生态学的种族主义历史——这段历史的粗鄙和丑陋令人深感不安。[①] 但是,对当代觅食者的研究若能处理得当、谨慎进行,也可以帮助那些因依赖觅食而被边缘化的群体争取政治承认。[②] 来自当代觅食者的证据与过去 5 万到 10 万年间人类特有的生理和文化适应特征的讨论密切相关。相比之下,灵长类动物的类比则与灵长类动物(包括人类)200 万到 300 万年的历史讨论密切相关。正如我们将在下文看到的,这些是完全不同的讨论。

我们如何知道事物有多古老?

我们停下来想想 200 万年意味着什么。如果我们保守地说,一个人从出生到完全参与人类社会的生产与生殖活动需要 25 年的时间(如果把 25 年称为一代),那么其间有 8 万到 10 万代人把我们与最早的人族区分开来。在这 10 万代人中,有记载的历史不会超过 200 代。因此,我们应该问的第一个问题是,**当我们从遥远的过去发现古人类居住的证据时,我们如何知道它有多古老?**

答案是,我们有很多方法,但哪些方法适用,取决于我们处理的残骸是什么类型,以及对它们年龄的粗略数量级估计。其中一类方法是放射性同位素定年。碳年代测定法最长可达 5.5 万年,其他放射性衰变方法可以对人类遗骸和矿物进行更深度的年代测

[①] Berson 2014.
[②] Bliege Bird and Bird 2008.

定。铀系法测年使用铀衰变系列来测定从水中析出的矿物的年代,时间可达 20 万至 50 万年,具体取决于采样的铀种类。在某些情况下,如果铀及其衰变产物的吸收和淋滤能够得到适当的解释,铀系法测年可以直接应用于骨骼和牙齿。光释光测年法包含了一系列技术,这些技术依赖于一个事实:矿物晶体的晶格中存在缺陷,这些缺陷可以捕获环境辐射的电子。当电子从晶格缺陷中释放出来时,矿物样品便发光。加热和暴露在阳光下会重置晶格缺陷。用激光照射石英或长石样本并测量其发射的光,我们可以知道自上次暴露于重置事件以来样本中积累了多少辐射量,但这只适用于 20 万年内的沉积物。

对于更早的时期,确定残片年代的关键是确定其所在地层的年代,例如,可以通过测量氩衰变,或在沉积环境中,将沉积过程与沉积时期地球磁场的极性对齐来实现。然而,沉积过程会受到多种混杂因素的影响,我将在下面章节有所涉及。

古人类编年史

是什么使他们/我们成为人类?他们吃什么?若问这样的问题,首先需要清楚地确定"他们"是谁。在此,我们列出几个定义。

上新世—更新世是一个地质时代跨度,包括上新世和更新世这两个连续的地层时期,前者大约从距今 530 万年开始,距今 260 万年结束,后者结束于 11700 年前开始的全新世。更新世和全新世合称为第四纪,属于新生代的最后一个纪元。上新世是古人类作为一种独特的生命形式出现的时期。这也是出现明显气候变化的时期,我们一会再来讨论。

人族(hominins)是灵长类中的一个独特分支,包括现代人、智人以及已灭绝的人属物种、南方古猿和傍人。① 依据与同时期南方古猿不同的头盖骨和颌骨遗骸，人属（homo）本身的年代最早可追溯到280万年前。即使在280万至260万年前的年代，人属的脑容量至少比同龄的南方古猿的脑容量大30%，而体重和每日能量消耗估计仅高了10%。应该指出的是，除了在最粗糙的分辨率下，脑容量与脑质量甚至脑体积都不相同；就像一个遍布许多小入海口的海岸线一样，大脑皮质具有分形维数的特征，高度的盘曲折叠使其表面积、质量和膨胀体积（想象将氢气泵入皮层形状的气球中）远大于脑容量所能记录的。随着系统发育时间的推移，这种分形维数往往会随着脑容量的增加而增加，因此颅骨形态对中枢神经系统的复杂性仅有微弱的影响。

这个编年史的证据来自从坦桑尼亚的奥杜韦峡谷（Olduvai Gorge）和其他几个遗址中发掘的少量骨骼遗骸，这些遗址向西延伸到今天的肯尼亚，向北延伸到埃塞俄比亚。这里我要特别强调"少量"一词。从统计学的角度来看，关于人类早期成员的生理、生命史甚至身体结构的论断都严重缺乏证据，也就是说，由于样本太少，我们无法就某个特殊尺寸（例如，30%的脑容量差异）来形成有效的判断、统计意义上的显著差异，因此我们对效应规模不是非常有把握。曾几何时，古生物学家倾向对人属内部的不同物种进行精细的编年。近来人们对骨骼证据的解释变得更加谨慎，认为甚至在属一级的层面上分类学的界限都是不确定的，比如南方古猿属和人属之间的分类界限也是不确定的。

然而，多处发掘的骨骼和器物组合表明，180万年前就出现了具有新的生命史的人族成员。这些被统称为直立人的标本所代表的种群，与其说是生命史上的一场革命，不如说是100万至50万年前这一期间观察到的古人类化石特征的合并与强化。具有青少年

---

① Villmoare et al. 2015; Antón and Snodgrass 2012; Schwartz 2012; Neubauer and Hublin 2012.

特征的骨骼和牙齿遗骸使我们能够初步重建这一新的生命史。如何辨识孩子的骨骼？看大小和身材。还可以看看长骨的骺端，包括肱骨和胫骨，是否已经融合，这可判定肢体生长情况；也可以看臼齿的萌发情况。在这些证据的基础上，古人类学家认为直立人是人类生命史的发端。① 这段成为人类独有的生命史的原因在于，它如何将本书序曲中所描述的 r-选择和 K-选择模式的要素结合起来：较高的出生率和终身生育率，加上在婴儿期和青春期缓慢的发育过程，以及对后代个体发育影响更大的元亲本（metaparental）投资。我使用"元亲本"这个词，是因为生殖策略的关键部分——更高的投资、更短的生育间隔——促进了异亲养育（alloparenting）的出现，即抚养他人的孩子，特别是隔代抚养（grandmothering）。与其他灵长类动物和更广泛的有胎盘哺乳动物相比，人类在出生时是晚成性的（altricial），也就是说，在生物学上，人类出生时发育是不成熟的。年轻的人类经历了漫长的婴儿期，一切都依赖他人，从进食、运动到防寒和抵御凶猛食肉动物。人类对文化依赖的程度也是惊人的——这些累积的、通过社会传播的行为模式，必须由部落的每个新成员重新学习。对人类而言，依赖性会延伸到漫长的青春期。这不仅是骨骼重新生长的时期，也是一个获得和完善社会传播的感知运动技能的时期，这些技能是生存和繁衍所必需的。

　　漫长婴儿期和青春期的必然结果是**发育表型可塑性**（developmental phenotypic plasticity），即个体根据选择性压力以不同方式生长的潜力，选择性压力通常是在成熟期内出现的食物匮乏或其他类型的环境风险。② 在不同时期和不同地点的成年直立人骨骼中，可以发现发育可塑性在体型大小上的差异高达 24%。表型可塑性不仅仅是形态和生理上的，也表现在行为上。这可能意味着行为上的终生差异取决于早期经验（例如对冷热的忍耐

---

① Dean 2016; Schwartz 2012.
② Antón and Snodgrass 2012.

度)。但通常,当我们谈论行为可塑性时,我们通常想到**灵活性**(versatility):个人或部落根据环境在一系列不同行为模式中进行选择的能力,例如,根据季节或年份调整饮食。

总体来说,在直立人的残骸中可以观察到的模式是缓慢的生命史:漫长的发育和漫长的生殖后生活,这种模式既得益于也促进了新颖的合作繁育和合作供应形式。① 根据存活到成年的个体比例来衡量,合作和饮食的改善是人类在 180 万年后取得更大繁育成功的关键。脑化(即脑部发展)在更早的时候就很明显,直立人颅骨体积较早期的人属物种进一步扩大了约 25%。在这一时期,更为复杂的中枢神经系统带来了更强的认知能力,这不仅表现在工具的使用、饮食范围的扩大和合作繁育(有些推测性的)的证据上,而且也表现在物种的迁移范围扩大和迁移能力增强上。到了 160 万年前,直立人已广泛分布在非洲和亚洲。在人属接下来的历史中,脑化进一步急剧加大的特征以及下文将描述的一系列生理和行为适应能力,都是通过生产和合作繁育过程而成为可能。

等效性

我在关于海滩的思想实验中曾暗示过,残片遗迹受制于**等效性**(equifinality)。也就是说,一个给定的器物组合可能代表在沉积时出现了各种现象的残片遗迹。如果我们在沙滩上观察到两条平行的波形凹痕,我们可能会自信地说"昨天一辆卡车经过";但一周后,我们就只会观察到一对模糊的凹痕;一年后,全消失得无影无踪——在沉积时间一周甚至一年后,有卡车经过和没有卡车经过的场景是等效的。

因此,沉积时的器物组合与我们后来观察到的物体之间的关

---
① Hrdy 2012;Hawkes 2012;Rosenberg 2012.

系是不稳定的。我们可以进一步说：不仅经久耐用的人工制品、生物遗骸或居住痕迹（如灶火）受制于等效性，而且**产生残片组合的整个事件群也受制于此**。事实上，甚至说"沉积时"的遗物和我们后来观察到的东西之间存在不稳定关系，也是错误的。在200万年的时间跨度中，沉积本身的时间界线是模糊的。沉积不是一次性发生的，它受制于一系列光怪陆离的混乱状况，这使得我们在逐步深入的挖掘中，试图从组合序列中重建清晰居住历史的努力显得徒劳无功。以前来过的人，无论是海滩游客还是早期的人族，都不会刻意按照有利于解读的模式留下他们的物质和足迹，也不会选择时间来丢弃物品或死亡以阐明他们行为的某些特征。他们也没有刻意不去干扰先前居住者遗弃的残留物。

因此，等效性意味着残片组合在时域上较为粗糙，也就是说，相对于我们要求它们所能代表的事件，其时间分辨率乃至空间分辨率都不够准确。再来看看海滩上的人们。比如说，我们可以肯定的是那些在100年前使用过这个海滩的人代表了一个充满活力的部落。什么是部落？就我们的目的而言，部落是一个种群在人口统计意义上的时间切片。根据我们提出的问题类别，可能是三代人，也可能是十代人。部落由某种**社会结构**联系在一起，一系列类型的社会关系管理着诸如食物共享、照料儿童、解决争端、保护部落免受外来威胁等事情。在人类中，社会结构还涉及更为专门的知识运用，包括制造复杂工具、解释气象和宇宙现象以及治疗疾病。即使社会结构有着自己的生命力，所有这些东西——日常生活——都需要一种重复的互动模式。这又意味着部落必须具有某种空间一致性。问题是：**某一遗迹组合的空间一致性与它所代表的部落的空间一致性之间的关系是什么？**

当遇到一个集中的工具和其他碎片的组合体时，我们很容易想象到，无论碎片本身能告诉我们什么，其沉积的空间集中特征表明了曾生活于此的生物在生存习惯上出现了新变化：一种以**家园**

基地(home base)为中心来组织生活的趋势,即始终在同一地点获取食物和制作工具的原材料。家园基地模型的吸引力部分来自这样一个事实,即在证据密集分布的地方收集证据会更容易;而另一个事实是,我们倾向于将他人特别是那些在时间和生活方式上与我们相距甚远的人作为"屏幕",来投射我们自己的习惯,在这个例子中就是投射家庭生活。① 但回想一下海滩:如果我们想当然地认为海滩代表着我们正挖掘其残留物的人们的基地,我们会错过多少关于海滩远足的仪式化性质的信息?一个器物组合是否代表家园基地、工具储藏处、仪式场地或其他某种土地使用场景,需要谨慎地从遗址本身解读。这要求我们用更广阔的视野来考察古人类如何在其居住地塑造自己的活动**生态位**(niche)。②

石器工具

等效性概念也适用于各种器物。考古记录偏重于保存良好的材料,比如石头,而不是有机材料,如骨头、鹿角、贝壳、草和动物的皮毛。

古人类使用石器的最早证据来自肯尼亚西图尔卡纳(West Turkana)的一个遗址,该遗址的年代为 330 万年前,比最早证实的人属骨骼遗骸早 50 万年。③ 下一个证据来自埃塞俄比亚戈纳(Gona),年代为 260 万年前。此后 10 万年,石器证据才开始在考古记录中有规律地出现,已经证实的例子分布在东非:埃塞俄比亚的阿法尔洼地(Afar Depression),肯尼亚的图尔卡纳盆地(Turkana Basin)和坦桑尼亚的奥杜韦峡谷。在南非和阿尔及利亚的遗址中发现了稍晚一点的石制品群,其年代为 200 万至 180

---

① Wilson 1988.
② Braun 2013; Fuentes 2016.
③ Lewis and Harmand 2016; Potts 2012a; Braun 2013; Dennell and Roebroeks 2005; Liu, Hu, and Wei 2013.

万年前;在格鲁吉亚的德马尼西(Dmanisi)发现的遗址,年代为 180 万年前;在中国的泥河湾盆地发现的遗址,年代为 166 万年前;在爪哇也发现了两个遗址。

请注意,尚不清楚最早的石器是否全部归于人属,我们也不能肯定地说,在东非首次观察到的日益广泛分布的石制品代表了人口的迁移,而不是**技术**的转移,即将技术转移给已经存在的种群的社会传播行为。任何一种假设都预示着在 200 万年前,制造者的认知和社交能力不断提高。

再请注意,考古记录中石器工具的出现与制造它们所需的具体技能的出现之间的关系并不简单。当然,技能肯定先于石器工具出现,但早多久很难说。

还请注意,**我们今天发现的石制品可能不是工具,而是工具制造的副产品**。这一时期刻意制造工具的最明显证据是石核和石片,这些石片实际上与附近发现的石核相吻合,或这些石片显示出反复切割的迹象,即将较小碎片的边缘切割锋利,便于切割肌腱或刮骨。[1] 石片制造的一个含义是,给定的石核可以多次作为石片生产的基础,当然,我们只能看到它们被丢弃时的外形。有一些方法可以绕过这个"最终的制品误区",比如重复制造石器工具的实验和对石片损伤的显微观察。我们将看到其他一些例子,在这些例子中,沉积过程中的意外事件会影响到残片分析。

在这些最早的石制品群中观察到的石片类型是著名的奥杜韦文化(Oldowan)的例证,这一名称来自坦桑尼亚的奥杜韦峡谷。[2] 从 170 万年前开始,一个更为复杂的石器工具群出现了,即阿舍利文化(Acheulean),因最早发现于法国亚眠(Amiens)市郊的圣阿舍尔(Saint-Acheul)而得名,其以更精确地控制碎屑石片为特征。阿舍利文化一直延续到 30 万年前。但即使是由石器和动物

---

[1] Pelegrin 2009; Braun 2013.
[2] 关于石器技术年表的注意事项,见 Shea 2011。

骨骼遗骸组成的奥杜韦文化,也提供了古人类生存策略显著创新的证据。还是老问题,关键是如何解读这些证据。

动物群

在东非和南非的一些奥杜韦文化遗址中,非人类动物的骨骼遗骸表明,古人类正在使用石片——刮刀和砍斧——从动物尸体和骨骼中获取食物。这不是狩猎,甚至不是屠杀。在大多数情况下,这更有可能是一种食腐形式,古人类获得了被虎、狮扑杀和吃掉的动物的骨骼遗骸。在这里,等效性概念再一次有了用武之地。骨头不仅不能像石头那样保存,也不是所有的骨头都能以同样的速度保存。骨沉积——分解和降解——依照骨骼密度和直径不同而变化。如果动物骨骼的消费者,无论是古人类还是其他动物,正在粉碎骨骼以提取骨髓,那么由此产生的碎片会更快降解,更有可能从骨骼记录中消失。[①] 在与古人类相关的动物群沉积物中,四肢占多数,这表明古人类收集了大型猫科动物吃掉大部分肌肉后剩下的东西,折断骨头以获取骨髓。

一些肢体骨骼不仅有食肉动物的牙齿痕迹以及石器刮伤和压碎的迹象,而且还有切割痕迹,这表明古人类获取了食肉动物没办法吃到的肉。一些研究人员将这些切痕解释为从一开始就出现了"肉食成就了人类"的迹象。[②] 但证据来自一小部分动物堆积,它们大多位于奥杜韦峡谷的一个地方,但我们没有理由认为这些遗址比其他遗址更具代表性。

也没有证据表明制造石器主要是为了便于获取骨髓和肉类,而不是便于食用碳四植物或根茎植物。显然,在 200 万年前,古人类已经出现,他们可以依靠更广泛的食物生存,也许根据季节或年

---

① Braun 2013.
② Bunn 2007.

度的食物可获性,依据不同的生存基础而交替选择生存策略。显然,这种新兴的饮食多样性涵盖动物身体,包括骨髓、骨膜、肌肉和结缔组织。饮食的多样性似乎不仅是由气候的不断变化所驱动,更是由身体对能量需求的增加和以合作为导向的生命史所驱动。也就是说,到了直立人时期,古人类的饮食不仅非常多样化,而且有了明显的改善。

肉是这种饮食改善的一部分。它是不是一个必不可少的部分取决于你所说的"必不可少"的含义。如果你所说的"必不可少"是在问"部落的生存是否暂时取决于其成员获取和消化动物身体的能力",那么答案是肯定的。如果你所说的"必不可少"是在问"饮食中缺乏肉类是否会损害个人的生长和健康,包括神经功能的发育和维持",那么答案是否定的,在这一阶段可能不会。如果是这样的话,我们就能从工具和牙齿证据中看到更清晰的信号(见下一节)。当我们进一步详细讨论饮食多样性所涉及的生理适应时,要牢牢记住"在环境压力下必不可少的后备食物(部落层面上的必要条件)"和"对正常发育和健康必不可少的食物(个人层面上的必要条件)"两者间的这种区分。

牙齿与多功能性

在我们讨论饮食改善之前,还有一个证据需要考虑:牙齿。

与骨骼一样,牙齿也会受到沉积过程的影响,但由于它们往往比骨骼的矿化程度更高,所以保存得更好。饮食的牙齿证据可分为两类:适应性的和使用相关性的。[①] 适应性证据包括异速生长(大小比较)和形态学分析(形状比较)——通过研究牙齿的遗传编码特征(如大小、形状)及其时空变化,可以推测不同的种群的食物

---

① Ungar, Grine, and Teaford 2006.

类型差异。简而言之,牙齿形态**具有功能适应性**,反映了种群对特定饮食的适应能力。功能形态学为行为提供了一个大致框架。**它告诉我们个体或种群能够吃什么,或者有时吃过什么,或者必须吃什么**,而不是个体或种群经常吃什么。如果不出意外,功能形态学能够使我们对人们在食物稀缺时期所依赖的后备食物有更合理的推测。臼齿至门齿的大小关系以及臼齿牙尖和门齿咬合表面的形状,表明了牙齿可能对食物造成的创伤类型,进而反映食物的断裂特性。有些食物,例如坚果、种子、骨头和根茎植物(块茎、鳞茎、根茎),都很坚硬但很脆——最初不易咬碎,而一旦有了一个支点,其断裂往往会迅速蔓延。这些食物需要一种研钵式咀嚼。其他的食物,包括草和肉,都是纤维性的,具有延展性:表面撕裂可能很快发生,但实际上需要一种重复的锯切类型的咀嚼。

与功能形态学相反,**牙齿微磨痕告诉我们的不是动物能吃什么,而是它在死亡前几周吃了什么。**[①] 不同的咀嚼方式会在牙釉质表面留下不同的磨损特征:碾碎会产生形状复杂的凹坑表面,而剪切会沿着剪切力的方向产生单向简单的细条纹。每次动物进食时,新的微磨痕都会取代现有的微磨痕,因此给定的微磨痕特征可以以天为单位测量。这就是短暂性对我们有帮助的一个例子,因为如果饮食每天或每季都在变化,你可能会看到牙齿微磨痕特征会随着不同时间食用的食物特征而发生相应变化。当然,死亡率总是与饮食或季节相关,尤其是如果观察到的饮食模式之一代表了对备用食物的高度依赖。不管怎么样,牙齿微磨痕样本偏向于后备食物或应急饮食,因为环境压力往往会导致死亡率升高。

这些数据告诉我们什么?古人类牙齿学专家彼得·昂加(Peter Ungar)直言不讳:"对非洲早期人属饮食的化石证据进行回顾,我们能得出的最明显结论是,证据不多,而且我们所拥有的证

---

① Ungar and Sponheimer 2011, 2013.

据也并不很有说服力。"[1]这种说法令人沮丧,但我们不必止步于此。实际上,直立人比其祖先和同时代人能够靠更广泛的食物种类而生存。在上新世到更新世的过渡期间,这种更广泛的饮食包括有蹄类动物和其他动物的组织,这些动物栖息在非洲东部和南部日益干燥、未成林的环境中;当然,食物中还包括蹄肢长骨的骨髓、肌肉和结缔组织,可能还有其他组织(脂肪、器官等)。[2]

食物中也可能包括耐旱(干燥气候)植物。许多研究人员都着迷于这样一种观点:隐芽植物的地下存储器官在提供额外能量方面起着关键作用,而额外能量支撑着早期人族在200万年之后扩大的中枢神经系统以及更多合作、更多迁徙的生活方式。如果直立人大量使用由木头和骨头做的挖掘工具以及用草编的筐,这些工具可能不会像石器那样出现在考古记录中。但就像所有的单一解释因素假设一样,在这一时期,人类似乎不太可能只食用地下存储器官,也就是说,不可能在所有季节和气候中都靠它们存活。一方面,即使考古记录中挖掘和收集工具消失了,你仍可能在遗址中找到臼或杵,因为在这个阶段,人类吃的所有食物都是生的,而未加工的根茎对强壮的下颚构成了挑战。另一方面,牙齿形态和微磨痕无法提供一致的粉碎咀嚼的证据。

我们只能说,在距今190万年之后,肉食开始在直立人的饮食中发挥更突出的循环作用,但绝不是主导作用。到目前为止,我们所讨论的直立人在生理和行为上的创新并不是肉食所能实现的,但这些创新确实促进了他们对肉类的机会主义依赖。这反过来又改善了直立人的生存能力,就像任何多功能性的所为一样。直立人部分依赖肉类而生存的能力也赋予了他们更具体的优势,这将导致肉食进入一个进化的反馈循环,我们下一章将会讨论。

---

[1] Ungar 2012, S325.
[2] Walker, Zimmerman, and Leakey 1982.

第二章

狩猎

改善饮食

我在第一章提到了饮食的改善,现在就来更精确地解释"改善"这个词语。

论及饮食的品质,我们可能会想到各个方面。在某些情况下,"高品质"的含义在古人类学语境和当代语境中截然不同。第一章讨论营养品质时使用了古人类学标准,那么今天的营养品质含义是什么?我们接着讨论。

从最基本的层面上讲,高品质的饮食能够提供更多的食物能量——卡路里,食物能量会以较低的成本被吸收、融入人类身体。这里所说的"成本"是指能量成本,即消化过程中每消耗一卡路里所消耗的热量,或者换一种说法,是指为了获得特定的净能量效益而需要摄入的物质量。营养品质在这里指的是**生物利用率**(bioavailability)。[①] 生物利用率是从摄入点开始衡量的,它不包括获取食物、吃下肚中所花的成本、精力。因此,如果一种更高品质的饮食需要更剧烈的觅食方式或更精细的烹饪方法,包括反复捶打和研磨,那么这种饮食的总体能量成本可能会更高。烹饪是提

---

① Leonard, Zimmerman, and Leakey 2007.

高食品生物利用率的一种方法。对人类来说，肉类的生物利用率往往高于植物性食物。我们在这里要解决的一个问题是：**在人类生理演化的历史中，肉类是在哪个时期成为一种实用的优质食物？**

我们已经注意到营养品质一词在古人类学意义和当代意义上的差异。今天，谈论高品质饮食时，我们通常想到的是一种生物利用率较低的食物，即没有预先加工、血糖负荷较低、我们的身体需要花费更多的能量来消化的食物。生物利用率与营养品质之间的极性逆转是最近出现的现象，这是本书序曲中提到的全球营养转变（nutrition transition）的产物。① 当营养生理学家提及当代的营养转变时，他们实际上是指人类历史上第三次此类转变。第一次转变发生在 150 万年前，这是向高品质饮食发展的一次更加徐缓以及不平衡的转变。第二次转变是在大约 1.2 万年前随着农业的出现而发生的。

除了能量供应，饮食在满足个人或群落需求的程度上也存在差异。这些需求包括足够数量的不同种类的常量营养元素——碳水化合物、蛋白质和脂肪——以支持身体组织和信号系统的生长与维持。常量营养元素比例能够反映现代人类的超强生理适应性，因为人类可以在各种常量营养元素比例的饮食下茁壮成长，既包括那些主要由水果中的碳水化合物组成的饮食，也包括几乎完全由动物来源的蛋白质和脂肪组成的饮食。有人认为存在一套最佳营养元素比例，事实上这种观点是错误的。因何最佳？在什么环境和行为机制下支持人类健康成长？在人生的哪个阶段？常量营养元素的需求因生长（幼年和青春期）或维持（成年期）的新陈代谢程度不同而有异，而且在人类幼年和青春期，常量营养元素的需求也会因当时哪些器官系统正在经历快速生长而有所不同。当我

---

① 相对于 2009 年的全球平均饮食状况，2050 年全球人均依赖型饮食的总卡路里将增加 15%，蛋白质总量增加 11%，膳食构成转变为增加 61% 的空卡路里（来自精制脂肪、精制糖、酒精和油的卡路里），水果和蔬菜的分量减少 18%，植物蛋白减少 2.7%，猪肉和家禽增加 23%，反刍肉类增加 31%，奶制品和鸡蛋增加 58%，鱼和海鲜增加 82%。

们谈论最佳饮食时,我们还需要明确衡量健康成长的时间范围。如果一种饮食在今天能够提供较高的代谢通量和能量水平,但会使你在 20 年后患有炎症性疾病,那么这种饮食在某个时间范围内能支持你的健康成长,在另一个时间范围内则不能。某种给环境带来沉重负担的饮食对你来说可能是最佳的,但对后代来说可能很糟。

如果没有行为上的适应性,生理上的适应性就无从谈起。这就意味着饮食的多样性和广泛口味。广泛的口味当然是个人可以培养的,但适口性确实面临着诸多限制。特别是,适口性与对食物质地和口味的反复对比、组合有关,这种组合使食物在生物力学上易于处理,即更容易吞咽,并表明食物中含有互补的常量营养元素和关键的微量营养元素。即使在食物供给压力很大的情况下,人们也很难在没有佐料的情况下吃下一碗淀粉。[1] 我们经常在佐料中看到肉类和其他高价值的动物源食品成分。

人类的繁衍兴盛不仅依赖于适应性,还依赖于对特定环境下可用资源组合的适应。这种现象(代谢生态位构建)的例子包括:若一个人群的饮食结构中长期存在新鲜乳制品,那么该群体的成人乳糖酶也会持续存在;在以稻米和谷物为生的人群中,他们的基因组中存在较多唾液淀粉酶基因;以及最近描述的东因纽特人对摄入大量 Omega - 3 多不饱和脂肪酸的适应。[2] 然后,我们考虑了一个新的显著事实:对代谢适应有影响的,不仅仅是严格意义上的人类基因组——人类体细胞中存在的常染色体和线粒体基因组,而且还有我们肠道中定居的微生物群的元基因组。

关于营养品质,我们还有很多内容可以讨论。并不是所有给定的营养素类别在营养和代谢上都是等效的——不同的氨基酸在组织结构、内分泌和神经信号中发挥着不同的作用,短链和长链脂

---

[1] Mintz 1985.
[2] O'Brien and Laland 2012;Ungar and Sponheimer 2013;Fumagalli et al. 2015.

肪酸遵循不同的催化与储存途径。① 在某种程度上,我们熟悉的宏量营养素类别是营养科学历史发展的人工产物,而不是身体生长和维持要素的功能性分类。但起码我们有了继续讨论的基础。

在距今 190 万年之后的某个时候,人类的原始祖先出现了,他们在骨骼大小和生活史上与我们非常相似。他们与我们相似之处还在于,他们似乎很好地适应了各种各样的饮食,能够利用社会学习传递的累积知识来提高获取食物的能力,以及肉类在他们的饮食中越来越突出。又过了 20 万到 40 万年,一个新的工具文化即阿舍利文化出现了,其需要更强的交流能力、合作能力、解读他人意图的能力、精细运动控制能力、工作记忆能力、偶发记忆能力和想象力。② 阿舍利人的工具还表明他们的生活方式更加活跃,包括大量的行走和奔跑。所有这些都需要消耗大量能量,因此需要改善饮食。

这是基于肉类的改善饮食吗?

狩猎

将不同地点之间的差异叠加起来,我们发现在大约 150 万到 50 万年前的 100 万年时间里,人类的生活模式具有广泛的共性。在物种层面上,我们可以把人类——在这一时期的末期,把他们称为人类当然是可以的——视为一个由密切相关的物种组成的海绵网络。③ 在这一时期,我们看到的只是人类的骨骼形态和技术随着时间的推移发生了适度的长期趋势性或方向性变化。

150 万年前的阿舍利文化在许多方面与奥杜韦文化不同。④ 首先,经过加工的石片上的纹路显示出制造者有意识地对动作进行

---

① Layman et al. 2015.
② Nowell 2010.
③ Foley et al. 2016.
④ Gamble, Gowlett, and Dunbar 2011; Kuhn 2013.

排序，以达到不同效果——先击打 A 点再击打邻近的 B 点，与先击打 B 点再击打 A 点，两者顺序不同将会产生不同的结果。这反过来表明了一种新生的**句法操控力**（syntactic facility），其不仅是语言也是工具制造的关键要素。双面手斧这种新的石器类型在石器组合中大量出现，其特点是有一根长轴和两个独立的双边对称横截面。制作这种手斧不仅需要提高手动精细控制能力和手眼协调能力，还需要同时处理多个不同维度的差异，也就是两个横截面维度的宽度和对称性以及长轴的不对称性。此外，还需要一种想象能力，即工作时脑海中能够维持所构建的成品的模样。这些新的身体能力和认知能力在石器时代建立起来，但在之后近 100 万年的时间里似乎没有多少累积发展。

食腐一直延续到这个时期。随着人类的合作能力和协调能力的发展，以及更适于屠宰的精细工具的出现，在某些季节，人类有可能从食肉动物吃剩的有蹄类动物尸体中获取更多食物。其中一些人分解尸体，一些人防御周围徘徊的食肉动物，还有些人负责把肉和其他资源运送回营地。这是狩猎吗？如果我们想象人类（作为食腐动物）跟踪食肉动物，等待它们捕食，然后再猛扑过去将它们赶走，那么食腐和狩猎之间的界限就变得十分模糊了。食肉是此阶段人类生存的基础吗？这取决于我们观察的地点和时间，比如什么季节、过去一年的天气如何。后来的直立人可能是习惯性的食腐动物，但在一年中的大部分时间里，他们的饮食还是依赖植物性食物。植物饮食的直接物证，比如**植硅体**（phytoliths），即粘在牙齿和工具上矿化的植物残骸，在 100 万年前时很少存在，但在之后的时期很明显。

在距今 80 万年之后的某个时候，情况开始发生变化。在 60 万到 50 万年前之间，非洲东部和南部的人类记录中出现了一个新物种——海德堡人。通常，人们认为海德堡人是尼安德特人和智人最后的共同祖先，这两个物种被认为达到了"现代"的认知和社会行为水平。但"最后的共同祖先"这个词具有误导性。DNA 的相关证据表明,在距今 43 万年的时候,居住在欧洲伊比利亚半岛的人类属于一个从智人分离的谱系,其存在要早 10 万年。然而,在近 40 万年后,尼安德特人和智人仍能在欧洲短暂的重叠期间杂交。同样,我们在这里讨论的不是一个树状谱系结构,而是一个海绵状的网络或**集合种群**(metapopulation),它的各种亚种群在其饮食和行为的基本生理局限中多有相似。①

脑容量数据表明,海德堡人的脑容量继续增加,比晚期直立人多了 40%,甚至更多。到 30 万年前,海德堡人的后代已经广泛地分布在非洲和欧亚大陆,我们至少可以在两个时段观察到不同的社会技术层面的融合:欧亚大陆西部的旧石器时代中期,非洲的中石器时代。② 在非洲和欧亚大陆,距今 30 万年之后的人类正在进行某种形式的觅食,我们不妨将此理解为狩猎。

旧石器时代中期的欧亚大陆

有些文献将旧石器时代中期开始的时间定为 24 万年前,但实际上,其特征在之前的某段时间里就已显现。③ 除了健壮的尼安德特人骨骼形态,这些特征还包括火的广泛、持续使用,复合器物(如带柄长矛)的制造,以及一系列新的石器制造技术。其中最引人注目的是勒瓦娄哇技术(Levallois),大致是通过适当的敲击剥离石片,将石头打制成石核。④ 勒瓦娄哇技术似乎在非洲和欧亚大陆西部多次出现。⑤

树皮树脂和粘合剂出现在大约 20 万年前的欧亚考古记录中,

---

① Roebroeks and Soressi 2016.
② 但参见 Gao 等人,2013。
③ Stiner 2013.
④ Pelegrin 2009; Kuhn 2013; Roebroeks and Soressi 2016.
⑤ Stiner 2013; Conard et al. 2015.

这不仅反映出人们对放火目的有了更广泛的理解,而且还表明人们有了一定程度的想象规划能力,不再局限于将特定材料或器物与固定的功能和用途联系起来。① 至少在某些情况下,石器制造意味着需要组装来自不同地方的各种原材料,并按规定的打制顺序将它们组合在一起,这就创造了一种高度顺序化的制造形式——对不同石器部分进行组装整合。为制造石器而精心设计的顺序化**运作链**清楚地表明,这一时期的人类在**规划**方面达到了新高度。② 这种认知—社会视野的拓展也塑造了他们的生存习惯。

基于对旧石器时代中期的研究,许多观察者认为,该时期人类的主要生存方式是合作捕猎大型有蹄类动物。考古学家玛丽·施泰纳(Mary Stiner)的观点很有代表性:"可以肯定地说,旧石器时代中期的人类是专注于大型猎物的狩猎者"③,否则他们在自己居住的地方就无法继续满足自己的能量需求。欧亚大陆的人类在一些终年没有丰富植被的地方幸存下来,在某些情况下,他们的后代最终也有上百辈。

旧石器时代中期狩猎的证据,包括骨胶原中稳定的氮同位素比值以及广泛发现的**动物遗骸组合**,这些遗址遍布在从伊比利亚半岛东部穿过地中海北部而到黎凡特一带,再到北端的不列颠群岛。动物遗骸组合提供了动物尸体从杀戮地点运输到营地的明确证据。哈特穆特·蒂姆(Hartmut Thieme)及其同事在德国舍宁根(Schöningen)发掘了一系列扩展序列堆积,他们在报告中将之称为"屠马场遗址"(Horse Butchery Site),该遗址的发掘对研究尼安德特人的生存性质有重大影响。在一个数据稀缺的学科中,很容易理解屠马场遗址的吸引力,因为在这里已经发掘了多达 1.5 万个哺乳动物的遗骸和 1500 个石器,以及少量木材和骨器物。"这些

---

① Roebroeks and Soressi 2016.
② Haidle 2010.
③ Stiner 2013,S290.

来自屠马场遗址的发现,"蒂姆的研究小组骄傲地说,"让近期关于古人类是狩猎还是食腐的争论戛然而止。"①

上文我以直接引语的方式表述,是因为我想传达近期有关旧石器时代生存状况之争论的精髓。曾几何时,对旧石器时代中期的考古一直痴迷于建立考古对象的**营养级**(trophic status)——考古对象在能量转换的层级体系中所处的位置,这个层级的一端是初级(光合自养和化能自养)碳和氮的固定,另一端是假设的顶级捕食者。他们从光合作用方法中省略了多少步骤?他们所处的层级有多高,离食物网的顶端有多近?

因此,让我们考虑一下对动物遗骸组合进行分析的难度。动物考古学家除了简单记录动物遗骸组合中明显的剔骨和燃烧痕迹,还会建立**杀戮档案**(kill profiles)——动物的数量、种类、类型和年龄。② 这些数据会反映一些关于捕食者身份和策略的信息——专性食肉动物往往挑选老、幼者,而人类倾向于壮年时期的动物。动物遗骸组合的分析比较复杂。为了获得标本的总量,可能需要从一个动物身上识别出下颌骨,从另一个动物身上识别出股骨,同时还要辨别它们是否属于同一种动物。在某些情况下,标本计数取决于统计者。但几乎在所有情况下,小型动物的数量更有可能被低估——不仅仅是因为它们的骨头碎片易被忽视,更是由于腐烂,它们可能一开始就不存在。这往往会导致人们忽视了尼安德特人也是大型猎物专家。在低纬度地区,确实可以看到更广泛的饮食策略证据,包括捕食鸟类、海龟和小型哺乳动物。持续食用贝类和其他海洋资源的证据直到距今15万年之后才出现,但话说回来,这些证据可能保存得不那么完好,一些关键遗址今天可能还在水下。

氮同位素分析呢?精细的同位素研究表明,即使在较冷的环

---

① Conard et al. 2015, p.14.
② Clark and Kandel 2013; Fiorenza et al. 2015.

境中,尼安德特人也广泛依赖植物性食物来满足他们的蛋白质和热量需求。① 此外,还有两种新的证据形式:在旧石器时代中期人的牙结石和工具中观察到的植硅体,以及从植硅体和口腔微生物中提取的 DNA。这表明,在某些时间和地点,尼安德特人的饮食富含真菌、松子和苔藓,几乎没有肉。② 从生理学的角度看,广泛的食谱对生物是有意义的。完全依赖哺乳动物的瘦肉会有蛋白质中毒③的风险,特别对孕妇和幼儿。对因纽特人饮食的人类学研究表明,相比食用肉类,环北极狩猎者更偏好脂肪和可获得的碳水化合物,包括有蹄类动物肠道中的内容物。④

旧石器时代中期的非洲

同时代的非洲早期智人的证据是否更加清晰?如果我们所说的"更清晰"是指人类生存策略的广度、多样性和长期变化性的证据没有像旧石器时代中期欧亚大陆的那样较多地受到取样偏差的影响,那么答案是肯定的。需要强调的是,广度、多样性和长期变化性代表不同内容。所谓**广度**(breadth),指的是对特定部落内广泛资源的依赖,而不是某种已知好吃的东西每天都能吃到。资源的可获得性随季节、年份和个体生命周期的延长而变化。所谓**多样性**(diversity),指的是人们所依赖的满足能量和营养需求的食物种类因地而异,这取决于当地环境所能提供的食物。所谓**长期变化性**(secular variability),指的是生存策略在较长的时间跨度内发生变化。这种变化性尤其是由地球在 300 万年的降温—升温周期中不稳定性的增强所驱动的。广度、多样性和长期变化性体现了 3 个不同维度的灵活性。

---

① Naito et al. 2016; Hardy 2010.
② Henry et al. 2014; Weyrich et al. 2017.
③ 又名"兔子饥饿症",见 Layman et al. 2015。
④ Fiorenza et al. 2015.

正是在旧石器时代中期的非洲，我们第一次见到智人，也是"我们自己"。在更新世结束之前的 20 万到 25 万年间，智人如何生活的最清晰证据来自南非的一组遗址，这些遗址显示了多代人持续或反复在此居住过。与欧亚大陆的情况一样，考古文献对狩猎情况十分关注。早在 28 万年前，就出现了以制备的石核、石片和细叶片为主的石器组合，但没有大型手斧。两个不同年代顺序的文化群都展现了工具设计和制造技术的创新，它们分布在欧洲大陆南端 30 个或更多的地点，在露天、岩石掩体和洞穴环境下。① 有些就在今天的海岸上，有些在距离海岸 100 余公里的内陆。第一个文化群以斯蒂尔湾（Still Bay）的一处遗址命名，历史最早可以追溯到 8 万年前，一些遗址还显示出其在 8000 年内被持续或反复占用过。斯蒂尔湾文化展现了其他创新形式，如在生产投镖或矛尖等小型工具的过程中使用热处理技术。第二个关键的文化群以豪威森波特（Howiesons Poort）命名，大致时间是 6.5 万年前。豪威森波特文化的特点是其制造者喜欢使用赭石、植物胶等各种粘合剂。他们将这些粘合剂与多种锤制技术相结合，制造出了高精准度的弹射武器，其中可能包括最早的箭。

就像在欧亚大陆一样，这些创新的累积性是有限的，即明显有用的技术有时会从石器时代的记录中消失，也许在一个断代后再次出现于其他地方。这些重新出现的技术究竟是代表了因某种原因在考古记录中消失了的传统技术的延续，还是代表了同质性技术，即趋同的独立创新，这很难评估。当我们转向动物群落证据时，我们看到了类似情况：一些证据表明，随着时间推移，饮食的广度在不断扩大，同时多样性和变化性的信号更为强烈，但没有方向性。

问题是如何衡量广度。稍后我们将看到，猎人并不总是根据

---

① Wurz 2013; Clark and Kandel 2013.

捕获的难易程度来决定该捕猎什么。但是,如果我们假定降低风险的需要在某种程度上影响了狩猎行为,那么从捕猎温顺的大型有蹄类动物转向更小、更具流动性的猎物,以及增加对贝类和其他水生资源的依赖,这可能看起来更是人类对环境压力的适应性反应,也就是说,在之前容易捕获的猎物不再可用的情况下。从16.4万年前开始,贝类就在非洲南部海岸的器物组合中经常出现,但量化其在饮食中的作用很棘手:它们在贝冢中经过数代人的积聚,是否会导致我们高估古人类对它们的依赖程度?或者因为它们容易被压实,从而导致我们低估了它们的用途?或者因为贝类只是即食食物,不像最终要带回营地的肉类或根茎类那样需要加工与分配?很容易想象这样一个场景,当你沿着海滩散步时,见到贝类和其他水生食物就立刻吃掉,或者可能带回临时歇脚点处理。特别是在人类使用火,而且可以随时随地点燃火的情况下,这种临时歇脚点一定随处可见:外出觅食时,想休息一下,或者需要取暖、擦干身体,且采集到的大量食物并非想要带回营地的那种。这种情况在今天的觅食者中依然很常见。延迟食用的迹象——带回营地后再吃——是古人类合作觅食的标志。但是,即使在很久以后的年代,也并非所有食物都被延迟食用。如果我们能找到那些古人类永远无法带回到营地的食物,如可能包括的贝类、枣子、浆果,这也许会在很大程度上扩展我们对古人类饮食的认识,以及了解他们的关键微量营养素和脂肪酸的来源。事实上,通过对牙齿和工具的重新核查,大量证据表明非洲南部的植物性食物中包括各种草,同欧洲和黎凡特地区一样,但有趣的是,没有发现根茎类食物的存在。

最后要讨论的是我们一直提及的群落:**它们非常小**。有效种群规模的基因组估计(一个群落一代人中繁殖的个体数量的近似值)表明,欧洲尼安德特人种群在温暖时期平均不超过5000人,在冰期平均不超过2500人,峰值为1万人。到了2万年前,欧洲和东亚的有效智人种群规模下降到1200人。① 局部的物种灭绝一定很普遍,尼安德特人在4.1万到3.9万年前之间最终消失,更可能是因为异种繁殖和被新到达的智人"基因淹没",而不是因为竞争或固守一种已经不再有效的供应策略。② 最近,有一种理论在文化进化论专家中引发了热议,该理论认为低人口密度本身就是不适应的,因为它限制了创新的潜力和现有技术的累积传播,也就是说,我们永远在文化损耗的跑步机上奔跑,种群人少更容易遭受技术损失的影响。③ 这一理论存在很多问题。就它的价值而言,似乎不适用于这个时期的人类。

饮食多样性的生理遗产

还有第二种方法来探讨"是什么成就了人类"这个问题。我们可以问:**我们的生理机能对我们的进化史有何启示**?

毫无疑问,在人类进化的漫长历程中,脊椎动物的脂肪、结缔组织、骨髓、神经组织和肌肉在很多时候和地方都是饮食的关键部分。自更新世晚期以来,狩猎一直是人类生存的核心技能。这种活动使我们成为专性食肉动物,还是使我们成为杂食性动物?人类进化中的关键选择压力是在不同时间和地点的资源组合变化的情况下,可靠地确保高品质的饮食需求吗?还是对动物性食物的一种更特殊的需求,推动了工具制造的创新、社交网络的拓展?

如果你阅读本书没有多少收获,那么请起码记住这一点:**在历**

---

① "一个理想化的有效种群规模会显示出与相关种群相同数量级的遗传多样性。"(Ellegren and Galtier 2016,422.)事实上,有效种群规模低估了实际种群规模的数量级。
② Pearson 2013; Roebroeks and Soressi 2016.
③ Collard, Buchanan, and O'Brien 2013; Andersson and Read 2016.

史上,非此即彼问题的答案总是"**两者皆是**"。但非此即彼的表述确实给了我们一些反驳的理由。①

总而言之,将人类的生命史与其他灵长类动物的生命史进行比较得出的基本结论是,人类的生长速度缓慢。婴儿期代表妊娠期的延续。从形态学上讲,我们生来就是晚成性的,发育不完全,这一点与人类婴儿的社会性早熟、善于读懂社会信号并让成人根据自己的需要和情绪来调整他们的行为和情感形成鲜明对比。② 人类生命历程的漫长性一直持续到童年、青春期、成年和生育后。与此同时,人类的总生育率高于其他灵长类动物:我们有更多的孩子,而且生育速度更快。在漫长的依赖期和青春期,人类通过合作繁殖获得了抚养这些孩子的资源。

在生理上伴随着人类生命史而发展的,还有大脑化(大脑容积增加)、肥胖倾向(多脂肪)和独特的能量使用特征。它们构成了一个网络——以某种方式相互牵连,暗示因果箭头向各个方向延伸。

大脑化

大脑化——大脑的进化——一直是我们讨论中反复出现的主题。我提到了脑容量,并间接提到了认知能力出现的证据——规划、协调、推断他人意图、模仿学习、句法操控力等。对当代非人类灵长类动物的观察为食物资源波动的**认知缓冲**(cognitive buffering)提供了证据——脑力更强的物种表现出更强的能力来应对食物供应的季节性变化。③ 如果我们能找出这背后的机制,或者证明缓冲作用会在更长的时间内展开,那将会支持饮食多样性与

---

① 向 Emily Pawley 致敬。
② Hrdy 2012; Rosenberg 2012; Phillips-Silver and Keller 2012; Tomasello 2008, chap. 4.
③ Isler and Van Schaik 2014.

大脑大小之间存在进化反馈环的论点。现在,我们继续从解剖学和生理学的角度进行讨论。有两点看法:第一,我们的大脑很大。无论是观察所有哺乳动物还是专门对比灵长类动物,人类都远远偏离了体重与脑质量之间关系的回归线:我们的大脑与我们的身体不成比例地大。第二,人类大脑消耗了大量能量,成年人需要的能量高达静息代谢率的 25%。与之相比,其他灵长类动物的上限为 10%,其他非灵长类哺乳动物的上限为 5%。

我们从哪里获得能量来保持大脑的运行?在过去的 25 年间,这一直是人类进化学中的一个关键问题。对许多研究者来说,我们发达的大脑是肉食在人类进化中发挥重要作用的关键证据。这一论点认为,肉食支持了大脑化,而对更多肉类的追求进一步推动了大脑化,从而使复杂的工具制造、精细的运动技能以及捕猎大型动物的能力成为可能。

到目前为止,我一直尽量避免提及文献中的学科潜流——谁引用了谁的观点,哪些术语自成一体。但在这里,这是无法回避的,因为"大脑化"是一个有着明确索引文本的案例,也就是说,某一篇文献已成为整个讨论的核心参考。这篇论文就是埃罗(Aiello)和惠勒(Wheeler)的《高代价组织假说:人类与灵长类动物进化中的大脑和消化系统》,刊登在 1995 年的《当代人类学》杂志上。埃罗和惠勒假设,进化过程中存在着两种高代价——需要极高能量——组织之间的权衡:脑白质和内脏组织(或肠道)。高代价组织假说认为,大脑化要求肠道的体积补偿性地缩小。这反过来又要求比其他灵长类动物更高品质的饮食。这通常被认为是一种以肉类为基础的饮食,[1]但也可能是指一种熟食比例较高的饮食,无论是植物来源还是动物来源(埃罗和惠勒指的是"动物产品、

---

[1] 例如,Finch and Stanford 2004, p. 11,引自 Milton 1999。

坚果或地下块茎")。①

埃罗和惠勒明明很谨慎地将"高代价组织"定义为一种假说，但你会惊讶地发现，他们的论文经常被引为专家的"权威论述"，仅仅因为内脏组织质量的减少证明了肉食在人类进化中起着决定性作用这一"事实"。无论如何，对包括 23 只灵长类动物的 100 种哺乳动物的 191 个样本的细致调查表明，大脑—肠道权衡并不是一个普遍的原则——不适用于哺乳动物，也不适用于灵长类动物。大脑—X 权衡的假设也不适用于任何其他内脏器官。② 一份后续报告为其他某种类型的组织权衡留有余地，比如，大脑质量和肌肉质量之间的权衡——除了"过度肥胖"，与其他灵长类动物相比，人类"肌肉不足"。但是，还没有人提出一种合理的机制，来说明获取肉类或其他任何种类的食物是如何驱动权衡，造成选择压力的。能量预算**分配权衡**，即一种分配给大脑活动和其他方面（组织维持、运动、繁殖）的能量之间的权衡，则显得更为合理。

人类胃肠道质量的降低可能与大脑质量的权衡无关，而是饮食改善的结果，而饮食改善本身可能既是大脑化的结果，也是随后大脑化的有利因素。③ 随着饮食的改善，细长肠道的选择压力将会减轻，而代谢效率的压力将会继续。④

重新审视饮食品质

关于肉食可以解决大脑化能量需求的观点，存在一个更深层

---

① Aiello and Wheeler 1995, p. 211. 兰厄姆提出（Wrangham et al. 1999），烹饪在人类生命史的发展中起着决定性作用，这一观点引起了广泛关注。简而言之，只有煮熟的根茎类食物（而非肉类）才能满足直立人在歉收季节的能量需求，烹饪会将食物资源集中在一个地方，从而增加食物被盗的风险，因此女性需要留住身材高大的男性作为壁炉守卫。这个故事是基于 160 万年前控制使用火的粗略证据、对性别分工的过于强烈的假设，以及对人类配对结合起源的随意猜测——而且它与更新世中期植物性食物消费的新证据不符（Henry, Brooks, and Piperno 2014）。
② Navarrete, van Schaik, and Isler 2011.
③ Isler and Van Schaik 2014.
④ Leonard, Snodgrass, and Robertson 2007.

次的问题:它依赖于对"高代价"过于粗略的理解。当你试图找出肉食补偿大脑营养需求的生理机制时,这一点就变得显而易见了。首先,大脑基本无法处置肉类中的能量。大脑的主要能量来源是葡萄糖。与大多数其他器官一样,在禁食碳水化合物的情况下,大脑会在成人的几天内或婴儿的约 24 小时内,转而利用肝脏中的长链脂肪酸产生的酮体,随着胰岛素的下降,这些长链脂肪酸会从储存的脂肪中释放到血液中。但野生有蹄类动物瘦肉中的能量主要以蛋白质的形式存在。人体将氨基酸转化为葡萄糖的能力有限。蛋白质并不能代表维持神经组织的可持续能量来源。

另一个问题是,大脑并非只消耗能量。大脑的不同之处在于,它的干物质中 50% 至 60% 是脂质。这种"结构型"脂质还起着一系列的作用,其中包括隔离远程信号传播通道,这是**功能性连接**的基础,也就是大脑不同部位的共同激活模式,它是注意力、计划和推断他人意图等高阶认知的基础。在这种脂质中,近三分之一由长链多不饱和脂肪酸组成,主要是花生四烯酸和二十二碳六烯酸(即营养补充剂中的 DHA)。在人类的许多饮食领域,DHA 都比较稀缺。人体可以从 α-亚麻酸中合成 DHA,但普遍认为这种合成太"低效":男性只有不超过 4% 的膳食 α-亚麻酸能转化为 DHA,女性不超过 9%。面对身体其他部位的热量或脂质压力,成熟的大脑能非常有效地保存结构性 DHA,但在妊娠的最后三个月和生命的最初几年,婴儿需要可靠的 DHA 来源,无论是从母乳、其他膳食,还是从 α-亚麻酸转化而来。

DHA 主要的直接膳食来源是水生食物——浮游植物制造这种脂肪酸,随着食物链的上升,这种脂肪酸会在动物体内浓缩,因此软体动物、甲壳类动物和鱼类就是很好的 DHA 来源。但临床证据表明,饮食中的 α-亚麻酸是中枢神经系统生长和维持所需的 DHA 的充足来源。可以想象,水生资源的增加可能会减轻 DHA 合成能力的选择压力。因此,没有理由想象早期人类合成 DHA 的效率比我们低。①

陆生食物中的 α-亚麻酸来自哪里？它高度集中在叶绿体膜中,所以多叶绿色植物是一个很好的来源,另外还有苔藓、食草动物的脂肪组织以及亚麻、核桃等常见的油籽。

在古人类获取高品质饮食的过程中,肉食很可能起到了缓冲作用。但这并不是因为它对大脑发育至关重要。

肥胖

当你将人体与其他灵长类动物进行比较时,有 3 个特征立即凸显出来。直立行走是其中之一。② 脑容量增大是另一个。第三个就是肥胖倾向。

与其他哺乳动物相比,人类的脂肪含量惊人,尤其是在刚出生时。③ 人类新生儿的脂肪是新生海狮的 3 倍多,是狒狒的 5 倍多,是驯鹿的 7 倍多。相对于驯鹿或海狮,人类新生儿的脂肪沉积主要由储存能量的"白色"脂肪组织组成,而不是在寒冷环境中保持身体温暖所必需的热源性"棕色"脂肪。我们该怎么理解这些脂肪？

一个得到充分支持的假设是,储存脂肪是为了缓冲婴儿期传染病和食物短缺带来的能量风险,正是大脑的代谢需求造就了如此高的脂肪适应性——不是大脑生长的需求,而是维持现有神经组织所需的基础代谢活动。以总能量消耗或静息代谢率的比例来衡量,人类大脑在儿童和青少年时期的消耗是惊人的,在 5 岁时达到峰值,占每日葡萄糖消耗的 40% 以上,至少占静息(即不包括体

---

① Carlson and Kingston 2007; Cunnane and Crawford 2014.
② Niemitz 2010; Roberts and Thorpe 2014.
③ 关于本段和以下内容,参见 Kuzawa 1998; Kuzawa et al. 2014。

力活动)葡萄糖消耗的65%。大脑代谢的相对能量消耗似乎也与身体生长速度呈负相关。在儿童时期,当大脑对能量的要求越来越高时,身体发育会减慢,然后女孩在7岁、男孩在9岁之后身体发育又变快。

这表明,生理缓冲和认知缓冲远远不能代表进化的选择,而是共同努力拓宽了人类的生态位。[①] 生理缓冲以高肥胖的形式出现,特别是在婴幼儿时期,这有助于支持认知缓冲,表现为扩大中枢神经系统、延长运动和社会学习时间。以合作觅食和合作繁育为形式的认知缓冲,反过来又为孕妇和幼儿提供了能量密度更高的饮食,以促进生理缓冲。这种能量密集型饮食的来源是否包括有蹄类动物肢骨的脂肪?毫无疑问是的。是否包括其他方面,比如植物性食物?当然也是。

体力活动

如果说人类表现出较高的大脑和脂肪质量,那么他们也表现出较低的能量消耗率。事实上,所有灵长类动物都是如此——相对于其他有胎盘的哺乳动物,灵长类动物的总能量消耗(TEE)呈逐级下降趋势,灵长类动物的总能量消耗一直是其他哺乳动物的一半左右。[②] 相比之下,基础代谢率(BMR,有时也指静息代谢率RMR,即静息状态下维持组织所消耗的能量)则没有这种等级变化。也就是说,与其他哺乳动物相比,包括人类在内的灵长类动物

[①] 饮食在异位脂肪生成中的作用——脂肪在没有结构或生理必要用途的地方生长——是一个正在进行的研究课题。摄入过量的糖和摄入过量的饱和脂肪都与此有关。Ma et al. 2015; Fekete et al. 2015.
[②] Pontzer et al. 2014. 在接近正常日常身体活动的情况下,如何衡量能量消耗?当前的黄金标准使用双标水(DLW)法,这种水含有丰富的氢(^{2}H)和氧(^{18}O)稳定同位素。研究参与者喝了一剂双重标记的水。10 到 14 天后,标记的部分通过排泄、排汗和呼吸离开身体。尿液中含有氢元素,而呼出的二氧化碳只含有氧元素。每日尿液采样可以估计二氧化碳的过期速率:相对于其在水中的摩尔丰度,标记氧从尿液中消失的速度比标记氢更快,并且速度差异表明通过呼吸丢失了多少标记氧。参见 Leonard 2012 and Pontzer 2015。

的基础代谢率在总能量消耗中的占比较高,而体力活动的占比较小。据推测,这表明灵长类动物的大脑相对于体型较大。事实上,与其他灵长类动物相比,人类的基础代谢率更高。

根据总能量消耗测定,灵长类动物的生长和繁殖速度与其他哺乳动物相当。也就是说,总能量消耗等级的变化追随了灵长类动物向较慢生命史转变的过程。[1] 但是导致等级变化的选择性途径是什么(可能是为了应对季节性食物短缺),目前仍然未知。[2]

最值得注意的是,人类的总能量消耗似乎被限制在了一个狭窄的适应范围内,体力活动水平上的差异就显得无足轻重。就个体而言,体力活动的加大(例如,进行高强度的间歇训练或耐力跑步)会产生短暂的总能量消耗峰值,但紧接着会迅速进入总能量消耗停滞期,身体通过基础代谢率的下降来补偿,表明血管运动的保护作用来自对专门用于非必要炎症代谢活动的限制。[3]

尽管能量消耗似乎是了解人类饮食适应历史的一个显著手段,但如何从这些观察中得出结论并非易事。一个出发点是,人类与其他灵长类动物在体力活动水平和陆地运动效率方面存在着巨大差异。我们的长腿、纤细的跟腱和坚实的足底弓,使我们成为高效的步行者和奔跑者,而更长的四肢在高强度活动中提供了增加散热表面积的额外优势。一些观察者提出了奔跑与饮食质量之间的反馈循环,这种反馈循环是由一种新颖的狩猎策略促成的,即古人类将有蹄类猎物追逐至精疲力竭。[4]

关于逐猎场景的一个问题是,目前尚不清楚饮食品质的提高是否会驱动运动适应性:哺乳动物的觅食收益是在运动时每消耗 1 卡路里就能获得 50 卡路里的热量,因此更有效的运动的选择压力

---

[1] 也就是说,所有真兽类动物的总能量消耗增长率回归线和灵长类动物的总能量消耗增长率回归线平行运行,灵长类动物的回归线向左移动。
[2] Pontzer 2012.
[3] Pontzer 2015.
[4] Bramble and Lieberman 2004;Pontzer 2012;Raichlen and Polk 2013.

就会相对降低。另一方面,相对于早期人族成员,直立人的内耳半规管的直径更大,半规管是感受重力或平衡的重要器官,这表明直立人有着高频率的头部运动。这种"高频"的活动是步行(每分钟120次)、跑步(每分钟180次),还是诸如跳舞等其他活动,我们不得而知。

更有趣的问题可能不是"奔跑对于饮食意味着什么",而是"奔跑对于大脑化的成因意味着什么"。脑源性神经营养因子(BDNF)和其他神经营养因子,以及胰岛素样生长因子1(IGF-1)和血管内皮生长因子(VEGF)的增强表达,其中都隐含了有氧体力运动。所有这些因子都在刺激神经发生和胶质细胞生成的信号路径中起着关键作用。临床上,血管运动与改善记忆有关,特别是改善空间记忆。但 BDNF、IGF-1 和 VEGF 在调节氧气输送、葡萄糖、脂质代谢的信号通路中也非常突出。因此,在肢体中选择提高对这些信号分子上调的敏感性,有可能为更快的大脑发育提供初始动力。换句话说,大脑化在一定程度上是一种更富活力的运动方式的副产品。在进化中,就像发育过程一样,运动先于思考。

共生功能体视角

正如前文所讨论的,从遗传学的角度来看,造就一个物种的是个体"自身"细胞基因组编码的潜能。但人体细胞只占我们体内细胞的 10%。其他 90% 的细胞则是定植于我们皮肤、口腔和胃肠道上的微生物群落,这些构成了人体的**微生物组**(microbiome)。微生物组是我们身体不可分割的一部分,在消化和免疫功能中起着关键作用,在动物生理学中的作用也越来越受到重视。它促使人们重新认识生物体的本质:生物体并不是单一生殖系细胞的自创生网络,而是一个**共生功能体**(holobiont),"它是一个大型的相互依存、共生群体,作为一个整体进化,我们不可能只通过查验独立的个体来理解它的存在"。①

在有胎盘哺乳动物中,也包括人类,**初次接种**(即身体第一次被微生物群落定植的时刻)通过产道发生,这些微生物群落将形成其微生物组的基础。二次接种从哺乳开始,并通过分享食物和生活空间,在动物的整个生命过程中持续进行。肠道微生物组对饮食也高度敏感,不同种类微生物组的相对丰度在数小时内就能对饮食变化做出反应。

我们如何感知这种反应?当你对肠道微生物组进行采样时,你不能把样本局限在特定种型(例如物种、属)的生物体中。但你可以对整个群落的核糖体RNA(rRNA)操纵子进行测序。rRNA基因组的一个区域,被称为16S,已被证明是特别有用的分类标识。通过评估整个微生物群落rRNA中不同16S序列的相对丰度,可以识别出具有已知功能意义的不同分类单元的相对丰度。②

在实验上,这项技术已被用于证明人类肠道微生物组具有显著的可塑性。在一项研究中,参与者被要求在5天内严格保持基于植物或基于动物的饮食,结果显示,肠道微生物组的分类特征迅速重组。③ 基于植物饮食的微生物组在功能上与食草动物相似,而基于动物饮食的微生物组在功能上与食肉动物相似。这些分类和功能差异反映了结肠中微生物代谢物的相对丰度变化,特别是与碳水化合物(植物饮食)或氨基酸(动物饮食)发酵相关的短链脂肪酸的变化。

该项研究的作者假设,人类肠道微生物组的快速功能可塑性"可能反映了人类进化过程中曾经的选择压力",即不同种类食物的相对丰度具有季节性和日常差异性。但事实上,我们并没有理由认为人类肠道微生物组具有独特的适应性。或者更确切地说,

---

① Warinner and Lewis 2015, p.740.
② Karasov, Martínez del Rio, and Caviedes-Vidal 2011.
③ David et al. 2014.

人类肠道微生物组表现出的多样性是对人类饮食多样性的因应。因此,肠道微生物组的适应性虽然明显调节了人类饮食的多样性,但从进化的角度来看,其是否促成了人类饮食的多样性尚不清楚。

与其他人科动物——黑猩猩、倭黑猩猩、大猩猩——相比,人类的微生物组多样性极度匮乏,无论是 α 多样性(个体微生物组内的种型多样性)还是 β 多样性(个体间的多样性)。相对于其他灵长类动物,人类对食肉的长期适应表现在拟杆菌种类的增加上。① 但可以看到,不同人类种群中拟杆菌属存在着相似的差异,这似乎与饮食中肉类和饱和脂肪的不同水平有关。还会看到"传统群落"("只吃当地非工业生产食品的群落")和当代城市群落之间微生物组多样性的丧失。这包括参与复合碳水化合物代谢的密螺旋体的消失,这些微生物大量存在于觅食者和小规模农业生产者的肠道中,古人类也是如此。②

从肠道微生物组的特征来看,"现代"城市人群,尤其是美国的城市人群,才是动物消费的专业化人群,而不是那些经常被奉为肉食生存策略典范的觅食者。

多样性的根源

肉食之所以引人注目,部分原因在于它很容易构建一个场景来说明"狩猎成就了现在的我们"这一假设。正如当你阅读时,这个场景可能就像电影一样在你的脑海中播放:

> 外场:150 万年前一个湖边的草地平原。一群羚羊在喝水。突然,它们的脑袋嗡嗡作响。
>
> 场景转换:一群狩猎者从山脊上下来,手里举着

---

① Moeller et al. 2014.
② Obregon-Tito et al. 2015;Warinner and Lewis 2015.

长矛。

各种场景激发了我们的想象力,大量难以解释的证据连贯到一起。但问题是,这些证据只能用来解释在单一情节中展开的事件——我们可以在事件发生时观看。然而生存和饮食不是这样的。它们不是由一次觅食或一顿饭来定义的。相反,它们是在一系列时空尺度上同时展开的模式——一天、一季、一年、10万年,营地、生物群落、大陆、地球。不同尺度上的运作模式相互作用,使得整体效果难以从其组成部分中推测。其中一些尺度甚至超越了我们的想象,而无法模拟场景。

多样性比专一性更难想象,所以我才如此费力地解释。但即使我们已经提出了这个观点,我们依然面临因果关系的问题:激发这种向多样性转变的原因是什么?

在这里,我们必须谨慎考虑。历史学家和人类学家有时会陷入"功能主义谬误"——一种错误的假设,即仅仅因为文化(社会传播的循环行为)促成了人类对环境的适应,就认为它的形态一定是由它塑形的环境需求所决定。行为的动态景观是多维度的,有许多稳定的吸引子——可以想象成景观中的盆地,进去容易离开难。人们很容易将假设的自适应压力过度拟合成一组可观察的行为实例。我曾多次提到"松弛选择"(relaxed selection),在这种情况下,功能对某些情形的限制会随着进化而减少,因为一个方向或另一个方向的变化所赋予的功能优势不足以决定变化的方向。在这种情况下,行为是在不知不觉中演变的,例如,学习错误的偏差和学习者选择学习模型的偏差。尽管如此,从长远来看,现代人类的饮食范围与其他现代人科(大猩猩、黑猩猩)的饮食范围之间的显著差异,需要某种适应性动机来解释。有哪些候选因素呢?

气候变化就是其中之一。

之前,我提到过深海氧同位素阶段(MIS),即地表变暖和变冷的气候交替出现的阶段。根据海底取样的有孔虫化石测定的氧-18浓度变化,我们推断出深海氧同位素阶段的边界。在温暖阶段,如现代(深海氧同位素第1阶段,MIS 1),氧-18的浓度较低,因为随着空气的冷却,氧-18的析出速度比氧-16快。偶数阶段代表北半球冰川覆盖面积扩大,为寒冷的冰期。深海氧同位素第2阶段(MIS 2)是末次冰盛期。我还说过,深海氧同位素阶段的周期为4.1万至10万年。我们继续深入讨论。

造成长期气候周期性的因素有哪些?太阳辐射就是其中之一。日射随地球轨道特征的变化而变化,从而产生了气候的**轨道驱动**(orbital forcing)。轨道驱动包括地球轨道偏心率的2度周期性变化(周期为10万年和40万年),地球自转轴相对于其轨道平面倾角的周期性变化(周期为4.1万年),以及地球自转轴(想象成一个旋转的陀螺在减速)和地球轨道方向(想象成一根杆,其一端固定,围绕其固定点旋转——这里的杆就是地球轨道的主轴)的两种前倾或摆动。这些变化与地球轨道偏心率的周期性变化相结合,又产生了1.9万年和2.3万年的气候周期。①

深海岩芯反映了海表温度在过去1000万年中呈下降趋势。从500万年前开始,降温加速。在非洲东部,降温的影响之一是干旱加剧。干冷间隔周期代表了陆地生物群的压力期,其间产生了一系列的转变,这也是种型(种、属、科)消失和新物种出现频率增加的时期。在大约280万年前,气候变化的周期从大约2万年延长至4.1万年。

但是,即便深海氧同位素阶段变长了,它们的波动变化反而更加明显。也就是说,气候波动的幅度加大了。为什么全球气候在距今280万年之后变得更加不稳定,目前尚不清楚。东非和青藏高原的构造隆起是一个因素。在120万到80万年前之间,全球气

---

① Maslin and Christensen 2007;Potts 2012a, 2012b. 区域气候并不总是与全球趋势同步,参见 Behrensmeyer 2006;Blome et al. 2012。

候周期的主导周期再次延长至 10 万年,且波动幅度进一步加大。在非洲,整个更新世期间,区域性气候剧烈波动的精细时间段约为 1000 年至 1 万年,与气候变化较为平缓的时间段交替出现。

在人类进化的过程中,全球气候的重要趋势是波动性增强。气候高度波动的时期与人类历史上的关键事件最为吻合,包括新物种的出现、行为创新以及走出非洲。[①]

这里,有关气候现象的时间尺度再次对我们的想象力提出了挑战。无论是温暖湿润的气候,还是凉爽干燥的气候,我们都很容易想象出某一特定气候下的生活场景,但很难想象出两者交替变化时的场景。这就是古人类学所面临的解释挑战:通过我们手头的零碎证据,窥见那深邃的森林。并不存在单一的人类选择性环境,也没有单一的旧石器时代生态位。我们的进化是为了适应各种条件、以各种饮食为生。在大约 4.5 万年前,人类的多样性经历了一次新的蜕变,这对我们与其他大型脊椎动物之间的关系(无论是捕食还是其他方面)产生了深远影响。这是我们将在下一章讲述的故事。

[①] Potts 2012b.

第三章

现代性

火把与规划

第一章和第二章对"人类"范畴进行了广泛的考察。但从某种意义上来说,广泛的视角是唯一的视角,因为如果人类在某个方面具有专长,那就是多样性。我们今天可以看到:人类居住的环境非常广泛,人类的生命史因地、因时而异,人类已经构建了一系列独特的饮食生态位。①

到目前为止,我几乎没有涉及人类的行为维度,而如果你在街头随便拦住一位,他们可能会告诉你,人类的行为是人之为人的本质。行为维度包括**符号**的普遍使用,符号是可以感知的标记,用来代替其他不存在或没有内在可感知形式的事物。符号是我们所知道的语言的基础,但符号表达只是更广泛的句法应用能力的一个分支,其特点是反复使用可感知的手势——词语——来指代世界上的普遍现象。在大多数情况下,这些手势并不具有象征意义,因为它们不像词语那样具有由社会习俗固定下来的含义。但它们的表现力并不逊色——想想音乐——而且这种表现力是人类特有的。

---

① Kuzawa and Bragg 2012.

人类还有一种特有的能力,也许不如语言和音乐那么突出,那就是我们的模式识别、因果推理和长期规划能力。例如,当你问为什么人类是唯一会进行**计划火烧**(prescribed burning,即用火来改变地貌)的动物时,这些能力就会凸显出来。在满足即时需求(为了取暖、照明、准备食物、抵御掠食者或向他人展示营地位置)之外的情况下放火,意味着我们有能力将当下的行为与未来某一时刻的结果联系起来。这种能力超越了"事件显著性"(episode salience)的范围——我们能够在短时间内将事件作为场景或情节吸收并在记忆中重演的时间和空间。那么,这种能力究竟能延伸到多远?丽贝卡·布利格·伯德(Rebecca Bliege Bird)、道格拉斯·伯德(Douglas Bird)及其同事花了 10 多年时间探索马图人(Martu)的生存策略。马图人是澳大利亚西部沙漠的原住民,他们在过去的 30 年间,在西部沙漠的北部边缘建立了家园。关于马图人对计划火烧的看法,他们写道:

> 马图人对草原进行了 5 个等级划分,以描述其地貌特征。纽尔玛(Nyurnma)是焚烧后立即呈现的阶段,此时除了幸存的灌木和树木,没有其他任何地表植被。根据降水量的不同,通常在纽尔玛出现的数月内,从各种非禾本植物和草类的种子库中形成一个新绿芽区域,称为瓦鲁-瓦鲁(Waru-waru)。纽库拉(Nyukura)是一个果实植物已经成熟的区域,这里为人类和其他食草动物提供了丰富的资源。通常在燃火后 1—4 年的纽库拉,灌木番茄等草本植物以及一些禾本科植物此时最为茂盛。曼古(Manguu)等级的特点是,在某些区域,三齿稃草开始挤占其他草类和非草本植物的生长空间,这一过程通常需要 5—10 年的时间。在曼古等级,三齿稃草的草丘距离很近,足以燃火。库纳尔卡(Kunarka)是三齿稃草生长的最

后阶段,在这一阶段,巨大的草丘完全占据了整个地块,而这些草丘如此古老,以至于草开始在中间枯死,形成数米宽的圆环,这个过程可能需要长达 20 年的时间。①

20 年,实际上是一代人。这是人类独特生存策略的精髓。请记住,20 年是马图人在进行计划火烧时所采用的延迟预期收益的最短期限。这只是他们在地貌分级方面明确指定的期限。根据参与家园运动的马图人对他们建立沙漠定居点时遇到的地貌的描述,他们了解计划火烧和不焚烧对多代人的影响。

计划火烧是**生态位构建**的一个例子,在这种现象中,群体对其所处的环境施加选择压力,甚至环境也对群体施加选择压力。我们在讨论饮食生态位时提到了这种现象。可以把生态位构建想象成一根编织绳,其中不同的股线代表了对个人和群体生活做出贡献的生理、行为和环境等一系列现象的不同维度。人类并不是唯一进行地貌改造的物种。但是,人类在某种程度上是独一无二的,因为人类能够在特定的时间和空间点上精确地表示出事件显著性之外的预期结果。我们认识到行动与结果之间的联系,即使结果是如此遥远,甚至没有行动本身的直接痕迹,我们还是会构想符号性图式来交流和反思这些远程联系。规划延迟收益是人类生活(也包括农业在内)的普遍特征。我之所以从计划火烧开始讲起,就是为了说明一点:像耕作和放牧那样的长期地貌改造的规划行为不只出现于农耕社会。例如,马图人认为,用火塑造土地的责任与他们养育子女和集体供养部落的责任大致相同。燃烧地表是"拥有"或"照料"荒野的核心要素,就好比养育孩子:繁育、喂养、给予成长空间、培养自主性和自我导向,而不是进行管控。②

在本章中,我们研究了以计划火烧为代表的行为如何在人类

---

① Bird et al. 2016.
② Bird et al. 2016.

进化历程中变得突出，以及这对我们的饮食有何影响。我心中所想的行为类型是那些需要模式识别、因果推理、规划、协调和合作的行为，它们是由多层次的符号表征（例如，表示地貌延续、地貌改造和养育子女等的隐喻联系）促成的，其时间跨度不仅超越了单一事件，而且在某些情况下还超出了进行规划和合作的个体的一生。人类在培养独特的行为模式中，对肉食的渴望起到多大作用？这种行为模式是以超事件（即比单一事件的时间更长）合作为导向，还是这种模式一经建立就会被放大？马图人是猎人，狩猎是他们自我形象的核心。虽然他们食用各种植物性食物（更不用说面粉、糖、茶、果酱和澳大利亚边疆聚居地的其他主食了），但当他们谈论"拥有"和"照料"土地时，他们的首要目的是捕获动物；当谈论养育孩子时，他们的意思是为其提供肉食。这并不等于说"肉食让我们成为现代人"。但是，人类与其他脊椎动物的关系是发展内在性、反思性和他者导向性的核心，而这些正是计划火烧等行为的基础。

我在前两章提到了集体供养和集体抚养，但没有说太多细节。关于古人类的集体生活，我们大多是猜测。根据骨骼学证据显示的晚成性和缓慢的生命史，我们可以推测，部落结构结合了某种形式的异亲养育制度。根据动物骨骼遗骸的切割痕迹和其他特征，我们可以推测，把动物带到这些地方屠宰的人对觅食成果进行了某种形式的制度化再分配。随着离现代越来越近，集体生活的痕迹越来越普遍，越来越清晰。骨骼、动物和岩石材料又增添了新证据，包括骨头、鹿角、贝壳以及其他有机物质的人工制品。人工制品中有珠子（似乎是专门用来装饰的工艺品）、涂抹于表面的赭石和其他矿物颜料，还有雕像、乐器（如长笛）、岩画（壁画）和随葬品。一幅在认知、社会和情感上与我们相当的古人类集体生活的画面开始浮现。在历史的镜子中审视自己，我们可以提出 3 个问题：人类与动物在生存等方面的关系是怎样的？当代人类与动物的关系在多大程度上反映了 10 万年前人类在进化中所形成的模式？前两个问题的答案对人类今天和未来的行为方式有影响吗？

现代性问题

"古人类在认知、社会和情感上与我们相当。"怎么理解这种新现象呢？这不仅仅是语言甚至符号行为的问题，也不仅仅是协调行动的时间范围、精神生活或艺术创作的动机问题。在考古学上还没有一种明确的行为模式，可以用作我所暗示的事物的代名词或概括性术语。我们面对的是一个由相互牵连的行为倾向组成的集合体。与构建生态位一样，我们可以想象一根编织绳，需要注意这样一个趋势：随着时间的推移，绳子变粗，能够承受更重的负荷。我们所说的负荷指的是社会传播的技能知识——嵌入式知识——我们称之为文化。从这个意义上说，文化包括器物的制造技术，既包括制造过程中步骤的重组排序，也包括完成每个步骤所需的运动技能。同样，文化还包括感官方面，例如语言、音乐、觅食和导航，以及其他一些不那么明显体现出来的知识，特别是亲属关系系统和对什么食物好吃的认识。所有这些都构成了文化。但我们该怎么称呼支撑文化的绳子呢？我们该如何称呼这种现象？这种现象使一个部落能够世世代代维持创新知识的传递，甚至在无法将知识付诸实践时以休眠的形式将其保存下来，然后像马图人所做的那样在之后使其重新焕发生机。

有一段时间，考古学家喜欢用的术语是**行为现代性**（behavioral modernity）。我们有时把智人称为"解剖学上的现代人"。我在上一章第一次提到智人时就避免使用这个词，因为它对考古记录强加了目的论过滤：如果智人是现代人，那么其他种类的人都是原始人，这是我们的粗略认知。（"解剖学上现存的人类"这种表述是否更不具备描述性？）当开始谈论行为时，我们倾向于把进化想象成一个自然选择过程,恰巧我们人类就是单一的适应性较强的物种,这种倾向便被放大了。我们喜欢讲人类取得胜利的故事,在这些故事中,由于我们独特的采集和播撒能力,我们挺过了别的物种失败的地方。我们喜欢讲革命的故事:在人口瓶颈、冰盛期,我们如何通过技术创新战胜逆境,然后继续称霸世界,而其他有可能取代人类的物种却灭绝了。

这不是我要讲的故事。近年来,许多考古学家开始质疑行为现代性概念。① 他们批判的主旨是:行为现代性这一概念,正如20世纪80年代所提出的那样,存在循环论证的问题。现代性观点的倡导者将一个时间和地点(即距今4.5万年之后的欧洲)出土的典型器物组合归因于一种人类,即当时新到达欧亚大陆西部的智人,并将这种器物组合的特征用于判断其他时间和地点的出土器物。也就是说,他们创建了一个**特征列表**。但他们忽略了考古记录的时间特性,比如首次出现的日期并不表示制造或使用某种器物的最早日期,而是表示该类型的器物变得足够常见的日期,以至于至少有一个样本可以在严酷的沉积过程中幸存下来。他们把现代性的根源归因于智人与生俱来的认知潜能,而没有考虑环境的作用,例如人口密度或材料的可获性,这些材料非常适合制造像珠子这样的**符号存储**物体。

澳大利亚在行为现代性的研究中尤其成为一个具有挑战性的案例。② 大约5万年前,人类到达萨胡尔(Sahul)大陆,这是包含了今天的澳大利亚和新几内亚岛的更新世大陆。从考古记录中可以看出,他们到达时,并不具备现代人的全部行为特征。相反,这些特征随着时间的推移而出现,同时出现的还有其他一些似乎可以认为是规划和社交能力扩大的特征,而这些特征在世界其他地区受到的关注较少。到3万年前左右,巴布亚新几内亚高地明显出

---

① Shea 2011.
② Habgood and Franklin 2008.

现了地貌改造情形。同一时期,澳大利亚似乎已经建立了用于交换贝壳、赭石和石器的远程网络,一些人工制品出现在距离其最近的原材料获取地点 200 多公里的地方。珠子、吊坠和其他个人装饰物早在 4.2 万年前就出现了,但直到很久以后才广泛传播。与此同时,赭石广泛出现在至少 4.2 万年前的考古记录中。在许多情况下,它的作用显然是仪式性或符号性的(而不是用作粘合剂),也可能是随葬品。在澳大利亚东南部的芒戈(Mungo)湖畔,有大量可追溯到 4 万年前的墓葬,其中还发现一些已知最早的火葬,有些甚至早于 2.5 万年前。到 3.3 万年前,出现了经济集约化的迹象,包括贝冢。在南非的遗址中也发现了许多这样的特征,其时间早于智人离开非洲进入欧亚大陆的时期。然而很明显,在 6.5 万到 5 万年前之间到达萨胡尔大陆的人类,不可能缺乏必要的先天能力,以支持其有规划地改造地貌、使用符号和社会化等复杂行为。需要提及的是,从巽他海峡(Sunda Strait)到萨胡尔大陆的旅程需要经过一片开阔的水域,这将需要相当大的能力来想象未知的结果。

那些与进化现代性相关的各种行为的发生率和考古可见性,往往受到不同族群的生存环境和人口背景的影响。在更新世晚期,世界不同地区的人类群落在认知上的明显复杂化趋势,需要结合地区性突出的条件因素——气候、动植物群、迁移——来看待,而不是将其视为先天能力分化或一次性认知革命后扩散的证据。

旧石器时代晚期的饮食

因此,如果至少自深海氧同位素第 3 阶段(MIS 3,5.7 万年前,末次冰期之前的温暖期)以来,在非洲、欧亚大陆西部和东部以及萨胡尔大陆观察到的人类不同速度和节奏的演进轨迹,其既不是一场革命,也不是技术的稳步提高和社会复杂化的表现,那么它们代表了什么?我们如何从前一章所讨论的生存策略过渡到马图人使用火的例子呢？**广度**（breadth）再次成了我们讨论的关键词，这次还要加上**集约化**（intensification），以及生存基础与环境变化在一定程度上的**解耦**（decoupling）。

我们首先讨论广度。早在深海氧同位素第 5 阶段（MIS 5）时，智人就出现在非洲以外的地区；11.9 万年前在地中海东岸建立定居点，几乎同时在阿拉伯半岛建立定居点，虽然从技术上说两者有所不同。迁徙到西南亚的一支，构成了在欧亚大陆西部所观察到的旧石器时代晚期文化的基础。根据不同的证据，第二次智人的迁徙要么发生在 7 万年前，要么在 6 万到 5 万年前之间，而且是来自北非、东非或南非的人口迁移。[①] 迁徙到中欧的时间为 4.8 万年前，随后出现了一些"过渡性"的石器文化，据称这是旧石器时代中期和晚期的典型特征。在稍早时期的南非能看到其中的一些特征，我们在前一章有所涉及。总的来说，刀刃变得更薄，有大量的修磨痕迹，并普遍出现了有背的刀刃，即制作者将刀刃的一个面倒角，以便安装刀柄，或提供一个用手指安全操作刀刃的表面。尼安德特人的骨骼遗骸不时出现在根据石器风格归属为"过渡性"石器文化的器物组合中，这让一些人感到非常惊愕，因为他们倾向于把人类历史看作一个纯粹的人口地层的连续，每个地层都有其特有的技术组合。这些被认为"不合时宜"的尼安德特人的存在，被解释为可能是考古年代的误判，或者是因为一个定居地点的较下层土壤侵入到了智人居住的地层中。但更有可能的是，在某些地方，这两种人类出现了短暂的重叠，在此时期，他们的生存技术来回流动。[②] 从大约 4.2 万年前起，我们开始看到具有明确创新的文化，不仅在石器碎片模式上，而且在器物类别上，包括一些似乎被用作投镖的尖。

这种技术转变是否伴随着饮食的变化？这取决于我们观察的位置和对象。同样，我们先关注陆地动物，因为大部分文献都对此

---

① Hublin 2015；Blome et al. 2012.
② Roussel, Soressi, and Hublin 2016.

有所涉及。首先,在更新世的最后5万年,小型动物和大型动物的相对比例没有明显的区域性趋势。其次,分类多样性(即从动物遗骸组合中发掘的不同种类的动物数量)也没有明显的变化趋势。但在某些地方,我们确实可以看到人类赖以生存的各种小型动物的相对比例呈上升趋势,这与有关动物的生命史和运动行为的趋势相适应。[①] 具体来说,考古学家玛丽·施泰纳(Mary Stiner)在研究以色列和意大利的遗址数据时发现,随着时间的推移,人们对乌龟和贝类的食用越来越少,而对兔子和鸟类的食用越来越多。

为什么这很有趣?在上一章中,我对猎物等级(prey rank)模型的精确性表示怀疑,这些模型试图解释动物遗骸组合中不同类群的相对丰度,并提到减少不同种类的动物有多困难,以及预期可以获得多少能量或蛋白质。但不难看出,抓乌龟比抓兔子容易得多,而且捕获乌龟需要较少的专门技术(如陷阱、投镖)。同时,乌龟和其他固着动物(包括贝类)的生命史往往相当缓慢,这使它们容易受到过度利用和生育力下降的影响。以色列和意大利的遗址显示,随着时间的推移,动物遗骸组合中的乌龟和帽贝的体型越来越小,这表明人们食用的不太成熟个体逐渐增加。相比之下,移动速度更快的动物往往繁殖速度也更快,至少在欧亚大陆西部是如此。[②] 因此,虽然捕捉兔子和鸟类需要付出更多的努力,但在密集开发的情况下,它们在种群层面上的适应能力更强。

研究者提出,动物遗骸组合中移动猎物相对比例的增长是人口脉冲(人口密度增加)的标志。那么,哪一个是第一位的,是固着猎物的减少、技术和觅食方式的创新,还是人口压力?答案总是"两者兼而有之"。一旦你有办法从坚果或兔子身上可靠地获取高质量的蛋白质、脂肪酸和微量元素,你可能会发现自己必须继续下去。创造一种我们无法从生理上缓冲的营养物质的可靠来源,是

[①] Stiner et al. 2000.
[②] 比较了一些学者对澳大利亚的研究,见 Fisher, Blomberg, and Owens 2002。

确保更多儿童顺利度过幼儿期发育瓶颈的好方法,因为这个时期的儿童最容易营养不良。儿童存活率越高,人口密度就越大。有机材料制成的像网兜那样的陷阱,在这些时间深度的考古记录中保存得并不好。但下文讨论的人类学证据为一种观点提供了佐证,该观点认为"小规模、多样化、可靠(的食物来源)"是人口转变的关键,而人口转变使得上文提到的强化合作成为可能。

再往西,在大致相同的纬度,情况就不同了。① 在伊比利亚半岛的大西洋海岸,也就是现在的葡萄牙,一些经过精确测定年代的地层序列可以重建从更新世晚期到全新世早期的饮食变化。这一时期包括旧石器时代中期和晚期,以及后来根据石器制造和定居模式变化而确定的中石器时代。在这一时期,伊比利亚中部和南部基本上没有受到欧洲其他地区气候波动的影响,这使得伊比利亚半岛成为动植物的"避难所",这些动植物无法忍受北方和内陆地区的寒冷和大陆性气候变化。植物炭屑和孢粉提供了植被演替系列的精细证据,显示出气候和季节性变化的影响。花粉核还提供了一种不依赖于碳定年的方式,即通过将某一地点的特定地层与已知的**孢粉阶段**联系起来,以此确定发掘的器物组合的年代。综合这些因素,伊比利亚大西洋沿岸呈现出某种自然实验现象:在沿海和内陆地区人类长期聚居的地方,气候相对稳定,这让我们可以看到人类的饮食和生存策略在多大程度上是由非气候因素以及不同类型动植物的相对丰度而决定的。

这些结果间接证明了我在前一章所说的认知缓冲的时间范围在不断扩大。或许现在我们可以称之为**规划**。觅食活动的强化和多样化早于这一时期的关键气候事件,即标志着全新世开始的气候变暖,在旧石器时代晚期和中石器时代,人们越来越重视小型(在本分析中,指不到 7 千克)陆生哺乳动物,其次是鸟类、鱼类和

---

① 本段和接下来的两段内容,参阅 Dias, Detry, and Bicho 2016。

爬行动物。

在葡萄牙,大量证据表明,随着觅食活动的加强,人口脉冲(人口密度增加)出现,并在全新世开始时受到气候变暖趋势的推动。但是,人口脉冲之所以可能,主要依赖于营养的稳定性。在更新世至全新世过渡的寒冷时期,人们往往依赖于更广泛的食物,其中肯定包括一些植物性食物以及动物,从而使营养状况保持稳定。饮食广度的增加反过来又取决于一个部落的能力。首先,要求部落调整其觅食策略,以应对首选食物的供应变化,例如兔子或鸟类的行为会随着季节、年度和长期气候变化而发生一致的变化。其次,能够制造和部署必要的复杂捕捉工具,以稳定地捕获快速移动猎物。饮食多样化所体现出的人类规划和合作的时间框架,远远长于我们想象中的狩猎大型猎物的情景框架。

如果我们把目光转向动物群遗址之外,会发现什么?在第一章和第二章,我们很幸运地发现了古人类的牙齿微磨痕,这也恰好是旧石器时代晚期的宝贵考古证据。[①] 近期对欧亚大陆西部旧石器时代晚期的牙齿微磨痕进行的一项研究,考察了在法国及中欧14处遗址出土的20具个体的臼齿。这些个体均与特定动物群遗址相关联,其年代分属于该地区更新世晚期3个连续的技术地层,时间跨度覆盖了黑海以西的智人从到达后不久直至更新世末期的整个历程(大约4.2万到1.3万年前)。正如我们讨论过的关于直立人牙齿微磨痕的研究一样,我们关注两件事:臼齿咬合面的表面复杂性(点蚀程度或者分形维数)和各向异性(条纹度,即平行的长划痕)。回想一下,表面复杂性与食用坚硬或脆性食物和磨料(如土壤中的二氧化硅)相对应,而各向异性与食用纤维食物和肉类相对应。

在旧石器时代晚期,牙齿微磨痕最明显的趋势就是表面复杂

[①] 有关这些段落,请参阅 El Zaatari and Hublin 2014; El Zaatari et al. 2016。

性增大。相较冰川前的温暖时期,末次冰盛期结束时,人类更加依赖植物性食物,食用的植物和动物种类也更多。通过将旧石器时代个体的臼齿与稍近时期个体的臼齿进行比较,研究者们提出了更精确的说法:在旧石器时代晚期的早期阶段,那时的牙齿类似于从丘马什人遗址(Chumas sites,位于加利福尼亚海岸,5万到4万年前)采集到的;而到了旧石器时代晚期的后期阶段,那时的牙齿类似于从桑人遗址(San sites,位于南非,9万到5万年前)采集到的。这种精确度有什么价值?我们保存了有关丘马什人和桑人饮食的人类学记录。当然这些数据是有问题的,5000年内会发生很多变化(虽然可能不像3万年间跨越深海氧同位素阶段边界的变化那么大)。就丘马什人的案例而言,人类学数据需要小心处理,我在序曲中便提到了原因,即田野观察者的偏见。尽管如此,值得注意的是,旧石器时代早期齿咬合微磨痕就像是由相当专门的沿海饮食引起的,其动物性食物含量(包括鱼类和海洋哺乳动物)高达三分之二。相比之下,旧石器时代晚期的微磨痕似乎是因适应沙漠严酷环境的饮食而造成的,这种饮食最大限度地增加了多样性,以确保营养物质的稳定流动,其中包括高达80%的植物性食物。

若将样本扩大到包括旧石器时代中期尼安德特人的臼齿,并将方差分析扩展到包括**生物群落类型**(即这片荒野的模样,是树木的还是草原的,抑或介于两者之间的),结果会变得更加有趣。明确地将生物群落类型纳入分析很有意思,因为生物群落类型并不总是代表气候的长期趋向。诚然,在更温暖、更湿润的气候中,我们会看到地表上出现更多的森林覆盖,更多能量密集的植物性食物。但在冰川期结束和全新世开始之间,欧洲发生了一系列短暂(500—1000年)的降温,留下了一个相当开阔的草原般的环境。在这种环境下,植物性食物(通常是根茎植物)的收获和准备工作要比在树木繁茂的环境中高出许多。正是在这里,旧石器时代晚期的觅食者表现出向植物含量更多的多样化饮食转变。旧石器时代晚期的饮食多样性及其与生态压力解耦的程度,与旧石器时代中期的情况形成了鲜明对比;后者似乎根据更容易找到的食物来改变饮食,在草原环境中更偏重于肉类。

这是否意味着我们需要修改上一章中关于尼安德特人的行为与智人一样"现代"的说法?这就引出了一个问题:在气候波动日益加剧的背景下,在寒冷阶段来临的前夕(15 万年前的非洲气候让人类根本无法做任何准备),是什么使得某一人族支系开始将其生存习惯与环境的突发事件解耦?也就是说,是什么让这群旧石器时代晚期的人类种群能够在资源丰富的环境中,用语言和更持久的媒介进行符号存储,从而取代规划与合作行为?尼安德特人不需要规划和符号交流。难道他们没有足够的能力?是否正如两位有影响力的学者所认为的那样,基因突变使得智人的工作记忆能力得到了提升,而这种提升在颅骨解剖学中是不可见的,因此目前在考古学记录中也是不可见的?[①] 这样的提升可能会影响**情景缓冲区**(episodic buffer),即我们重新组合记忆以反思过去和制定未来场景的内部屏幕。它可能会影响**语音回路**(Phonological loop),提高了受益者在从事其他任务时参与和回应语音的流畅度。

这个假设令人振奋,它以突发事件为中心来讲述人类的演进轨迹。但这不太可能是故事的全部。正如我们在澳大利亚所看到的,象征着人类特有的符号交流和情景内在性的物质文化,并没有在人类到达新环境的那一刻就完全形成。当人类到达后,其物质文化是零碎的——这里有石刻,那里有墓葬,别处还有远程交换地点——而不是有序的隐含层次结构,即只有在包含 Y 的组合中才会出现 Z,而在包含 X 的组合中才会出现 Y。具有丰富内在性的物质标志的出现似乎受人口和生态环境的影响。这与澳大利亚的故事倒是十分吻合:如果有什么类型的事件会造成人口瓶颈,那一定

[①] Wynn and Coolidge 2010. 这些假设低估了工作记忆的功能解剖复杂性(Jin and Maren 2015)。

是跨越开阔水域的迁徙。如果你试图解决一个选择级联问题,人口假说也有一定的启发意义。工作记忆增强的效果需要很长时间才能在生存工具包中体现出来。但是,如果周围的人很多,那么成为一个更好的沟通者或善于理解他人意图的人,就可能大大提高其生育率。如果这些特征在部落中广泛存在,它们很可能会提高部落的成功率,使部落能够稳定地提供足够的热量、蛋白质和神经必需脂肪酸,以满足人的生长和发育需要。生育能力的提升可能会推动内在性、计划性和社会复杂性,而不是相反。

顺便说一句,生育率的提升会导致部落人口结构年轻化。在当代的觅食者中,往往是年轻人,有时还有年长的妇女,去觅食少量但可靠的能量和营养来源——坚果、水果、小动物——以支持他们的成长。这些食物在觅食途中食用,远离营地,因而在任何情况下都不会留下可考古的痕迹,它们标志着"人之为人"(human-as-in-us)的生活史和生存策略的到来。

在继续讨论之前,我必须承认,尽管我之前说过行为现代性的定义存在偏差,但我所讨论的所有例子均来自欧洲和地中海。研究者利用的证据和方法大多是在最近几十年才出现的。即便如此,考古学遗留下来的偏见,仍然对我们拥有足够数据进行严格历时比较的地区产生了深远的影响,可能会限制我们对全球范围内人类行为现代性发展的全面理解。如果我在10年或20年后再写这本书,故事可能就不一样了。想象一下,如果这一章是从萨胡尔人的角度写的,那么这一章会写成什么样?当我们转向民族志资料时,我们会瞥见这种可能性。

巨型动物灭绝

首先,我们需要绕个弯来谈谈集约化的后果。在旧石器时代的觅食文献中,关于巨型动物过度杀戮假说的争论最为激烈。该假说最早由古生物学家保罗·马丁(Paul Martin)于1967年提出,它首先指出,动物遗骸组合——任何来源的动物遗骸组合,而不仅仅是那些代表人类居住地的动物遗骸组合——表明在世界许多地方,晚更新世曾生活着各种大型动物,这些动物后来都灭绝了。① "大型"一词有点含糊不清,因此动物考古学家提出了"大型"(large)和"巨型"(mega)的分界点:食草动物的分界点分别为44公斤和1000公斤,食肉动物的分界点分别为22公斤和100公斤。食肉动物的捕食倾向使得它们的体型对重量相当的食草动物来说,在"行为意义上"更大。这些大型动物的灭绝似乎是一波一波的。通常在人类出现后不久,这些波次就出现在了考古记录中。例如,我们在北美发现了37个现已灭绝的哺乳动物的骨骼遗骸,在南美发现了52个。在北美已灭绝的37个属种中——马丁最初提出的过度杀戮假说主要集中在北美洲——有32个属于"大型"或"巨型"类,它们大多是食草动物,包括3种长鼻动物(猛犸象、乳齿象和嵌齿象)。克洛维斯(Clovis)是北美第一个人类聚居地,开始于1.1万年前,他们的狩猎能力足以捕杀体型与猛犸象相当的动物。到了1万年前,已有32个大型动物属不再现于考古记录中,这让一些观察家把克洛维斯附近大型动物的更替描述为一场"闪电战"。

如果这听起来像是我们在上一章中谈及的旧石器时代中期的欧亚大陆不得不直面的营养优势场景——一个疯狂迷恋于大型猎物的人类,永远处于蛋白质中毒的边缘——也许这应该让我们停下来思考一下。不过,克洛维斯猎人可能确实专门捕猎大型动物。正如我们在上文看到的,在全新世中期到晚期,已经有一些专门捕食鱼类和水生哺乳动物的部落,他们从动物身上获取的热量超过60%,却没有患上高氨基酸血症(与因纽特人或火地岛居民相比,

---

① 本讨论的前五段借鉴了Meltzer 2015。

丘马什人对肉类的依赖程度似乎比较适度）。事实上，有证据表明克洛维斯人捕猎大型动物。这些动物包括山羊、驯鹿、麝香鹿、麋鹿和野牛等我们仍能见到的物种，以及其他已经灭绝的物种，如据称重达 7000 公斤的猛犸象。如果人类确实在距今 1.1 万年之后促使了北美动物群的更替，那也不可能是通过焚烧等间接手段；没有证据表明克洛维斯人在这个时期对栖息地进行了如此大规模的改造。

正如我们在旧石器时代晚期的地中海看到的，当你从分类基数转向不同类群相对丰度的统计计数时，困难接踵而至。虽然克洛维斯人显然猎杀了现在已经灭绝的大型动物，但从考古记录来看，尚不清楚他们的猎杀强度是否足以在 1000 年内导致 32 个物种的灭绝。就 1.2 万到 1 万年前之间的化石记录中的丰度而言，令人震惊的是，这些灭绝类群的个体在克洛维斯人的杀戮地点出现的频率是如此之低：仅在 15 个动物遗骸组合中发现灭绝动物属（且仅有 5 个）；而在 100 多个杀戮地点的动物遗骸组合中，都发现了现存动物类群。

过度杀戮假说的支持者回应说，基于个体的模型——模拟动物等个体行动者的随机行为，对每个个体进行一组属性和行为的限制，但允许它们的相互作用像在实验中开展的那样——一贯显示大型动物在人类到来后迅速灭绝。这些模型依赖于觅食者如何对猎物进行排序的假设，正如我们所看到的，这些假设值得进一步研究。大型的、行动缓慢的、没有攻击性的动物之所以排名靠前，仅仅是因为它们是容易获得高热量和高蛋白质回报的目标吗？我不希望这个问题听起来像个笑话。事实上，大型动物作为生存资源的排序取决于部落结构，主要表现在两个方面。

首先，部落必须有足够的成年人来猎杀和屠宰大型动物，而且需要有人有权协调这项工作。即使在今天，有了大威力的步枪，猎杀的难度已经远远低于 1 万年前的水平，但对畜体进行屠宰和运输的工作量也相当大。因此,部落就需要有足够大的居住营地派出狩猎队,并携带能够屠宰这些大型动物的装备,然后将其拖回营地。此外,还需要在部落结构中建立一定程度的等级制度,以及制度化的服从和权威渠道。

其次,假设部落设法把肉运回营地,那么他们就面临着如何公平分配这些肉并防止浪费的问题。即使在今天,有了冷藏设备,也不可能把一头野骆驼变成我们在豪森斯普尔特文化(Howiesons Poort)和旧石器时代晚期地中海地区所想象的那种大捆小捆、随用随取的资源。这是因为大型猎物的价值很大一部分不在于能量或蛋白质,而在于重新分配的指示价值(indexical value)。[①] 这种指示价值的意义在于,分享行为肯定并强化了相互支持的义务——此为精心设计的部落结构——使得集体供给和防御成为可能。关于这一主题,我们在下文还会讨论。现在,关键的是,有时不值得为了大规模猎杀而让部落付出代价——因分配问题而自私地指责、造成社会摩擦。注重能量平衡(卡路里消耗和卡路里摄入)的猎物等级模型忽略了这一点。

这还不是故事的结局。并非所有巨型动物灭绝的模式都归责于狩猎行为。生态学家刘易斯·巴特利特(Lewis Bartlett)及其同事汇编的全球时间序列,对气候变化、大型动物灭绝和过去8万年人类定居的日期进行了估算。为了解释考古记录中首次出现和末次出现的均时特性,他们为包括岛屿和大陆在内的13个地区模拟了大量的人类定居和动物灭绝场景。通过模拟气候和定居对动物灭绝的影响,他们一致发现,与仅包含气候参数的模型相比,将人类定居作为独立预测因素的模型更符合观察到的灭绝数据。在将定居和气候同时作为预测因素的模型中,不同地方的动物灭绝现象,在时间和速度变量上,人类定居地因素约占60%。[②]

[①] Bird et al. 2013.
[②] Bartlett et al. 2016.

这是否意味着物种灭绝是由过度杀戮造成的？并不是。这个模型对物种灭绝的机制只言未提，只是说，将人类的到来纳入其中的模型最能预测物种灭绝的时间。人类对其居住环境产生的广泛影响，我们还远未了解。[①]

正如我们看到的那样，在萨胡尔大陆，一个具有复杂的文化和技术，可以跨越开阔水域并建立大陆规模贸易网络的种群，于5万年前到达。这远早于末次冰盛期，处于深海氧同位素第3阶段（MIS 3）期间，是一个相对温暖、湿润和稳定的时期。那里的巨型动物灭绝情况如何？澳大利亚的古动物包括有袋类和蜥蜴类共88个类群，它们在过去45万年的某个时期从化石记录中消失了。与人类聚居地重叠的类群数不超过14个。能够鉴定的样本数量非常之少，许多类群只鉴定出单一标本，因此在它们最后出现日期和灭绝日期之间的关系上存在相当大的不确定性。不过，巨型动物的存在还有其他代用指标，包括表明灌木植被和粪便真菌相对丰度的古植物学（孢粉和孢子）数据。根据粪便真菌孢子的数量，可以推断大型食草动物的数量在5万到4万年前之间有所下降。但是，在这一时期人类居住地的动物遗骸组合中，没有发现已灭绝的食草动物的踪迹。[②]

我们不能断然否定人类捕食导致更新世晚期非洲、欧亚大陆、澳大利亚以及后来的北美洲大型动物灭绝的可能性。但确实需要认识到，过度杀戮假说并不像其倡导者所想象的那样简单。它们包含了大量关于人类行为的隐性假设。以大型食草动物为狩猎目标，仅仅是因为它们的移动速度慢、自身多肉，而并不能消弭人类在获取能量和蛋白质方面的不确定性，对个人如此，对群体也是如此。相比之下，饮食多样化确实能起到缓冲作用。把整个营养网而不是其中的单种植物或动物作为生存基础，也是如此。这就是

[①] 人类对巨型动物的影响，我们也同样远未了解。Malhi et al. 2016.
[②] Johnson et al. 2016; contrast Wroe et al. 2013.

我们在本章开头看到的马图人的做法。以下我们将更深入地了解这种协调缓冲功能所依赖的社会结构和物质文化。

生存策略与社会结构

社会认知在你生活中扮演什么角色？早些时候，我们可能会这样提问：合作供养，即协调分担觅食中的付出和收益，是否促进了合作养育子女所涉及的长期信任和他者导向性？还是说，合作养育是在生育率提高的压力下出现的，并促进了其他领域合作的加强？①（记住："两者都有。"）增强的社会认知所提供的缓冲有两种类型，一种是我们如何接触物质世界（石头、骨头、火——需要合作的操作链），另一种与我们如何处理社会关系有关。前者我们可以通过器物组合来追踪。第二种则比较棘手。要想讲一个令人信服的故事来说明人类的社会认知——伴侣和群体间的情感羁绊，对他人心理状态的推断、模仿、亲属关系系统和利他主义——是如何出现的，那么必须做好脱离考古记录的准备。总之，我们所形成的图景是这样的：在物质和社会领域日益复杂的同时，生存基础的多样性和稳定性也在不断提高，在广泛的土地上出现了一些专业化的小块用地。

我在前面间接提到了 3 种新事物。其一是我所说的"规划"：在超越此时此地的时间和空间范围内操纵环境的活动。其二是"内在性"：不仅会在内心重演过去的经历，并将它们重新组合以塑造不同的过去和未来，而且倾向于将它们融入抽象的模式中，使其成为可借鉴的经验。其三隐含在前两者之中，是行为的技术、社会和符号维度的紧密整合。我提出这些观点是为了替代行为现代性概念中的一些论点。它们对生存有什么启示？

---

① Vallverdú et al. 2010.

首先,让我们更准确地了解什么是规划。上文中我把计划火烧作为规划的一个例子。很明显,马图人了解他们的行动所带来的长期影响,并认为他们的干预对地区的持续发展至关重要,尤其对土地生产力和抵御雷电引发的野火等灾难的能力至关重要。马图地区的生物群落特性(植物区系、动物区系、营养网络、"斑块性"或异质性)是马图人干预的产物。这些特性增加了狩猎时发现猎物的概率。这听起来像是规划,但我们需要谨慎看待。在多年伴随马图人进行觅食后,布利格·博德及其同事得出结论,马图人烧荒的动机不是改造地貌:只是为了清除灌木丛,以便狩猎砂巨蜥——一种蜥蜴,是马图人觅食饮食中的主食。① 这种情况可以称为**应急规划**(emergent planning),即意识到日常行为的长期有利影响以及近期动机。②

接下来,我们再回到大型动物。狩猎大型动物会带来一个后勤问题,同时也是一个社会问题:必须分享肉。总的来说,在世界不同地区的狩猎者之间,某类资源的收益差异越大(从一天到另一天,从一个人到另一个人),劳动和产量之间的关系越难以预测,就越需要公平分享。③ 但是,制度化的共享不正是那种他者导向性和经常性的"收益平滑"吗?为什么人类不专门从事可共享资源的生产呢?

这个问题指向了**即时收益**(immediate-return)觅食经济的核心矛盾,即食物获得后不久(数小时或数天)就被消费掉的经济模式。④ 共享是当今即时收益觅食者部落的一个突出特征。在澳大利亚的一些地区,由于干旱和降水的季节性变化,重新分配对维持生计至关重要,因此共享通过两种互补的方式实现了制度化。一

---

① Bird et al. 2016.在不焚烧的情况下,狩猎预期产量35千卡/小时;焚烧后,产量超过1500千卡/小时。
② Bliege Bird 2015.
③ Bliege Bird 2015.
④ Woodburn 1982.

是对自私的谴责。例如，在马图人中，人们非常害怕被贴上"自私"的标签，即只为自己的眷属和近亲生产食物，这对他们在外出觅食时决定寻找何种食物产生了深远影响。① 共享制度化的第二种方式是通过一种强烈的期望来实现的，这种期望也是以公众谴责为后盾，你将按需分享，即按照那些有权向你索取的人的要求来分享。② 如果要想寻找一个功能性的解释来说明即时收益觅食经济中分享的突出作用，不需要展开想象力就可以得出这样的假设：制度化的共享有利于社会缓冲，有助于确保部落中的每个人都能获得足够的能量、蛋白质和脂肪，即使不是每个人都有一个满满收获的觅食日。制度化的共享还将支持缓慢的生命史和漫长的育后生活：让一些部落成员，特别是那些不再有力气每天外出的人，留在营地照顾太小而无法跟随母亲外出的孩子，从而支持合作养育。如果你仔细观察，就能发现这段历史铭刻在需求共享的实践中：你有责任将自己的部分收益，尤其是意外盈余，让给那些"养你长大"的人。

不过，尽管这种共享制度在赋予个人以社会资本的程度上是独一无二的——也就是说，让这个人适当地投入维护部落及居民的相互关系的集体责任中——但有时它也会遇到一系列问题。尤其当要分享的东西是大型动物时，情况更是如此，因为大型动物的尸体必须拖回营地进行分配。在机械时代，拖运的问题不大，但公平分配可能比以前更麻烦。这是因为如今的部落往往更大、更具永久性，因此需要与之保持良好关系的人也更多。

我们说得再精准些。我们不应该期望觅食者以专家身份来估算特定类型资源的收益，并相应地规划觅食策略吗？是的。那么这种收益估算的依据是什么呢？在已经提到的猎物等级理论中，行为生态学家倾向于使用能量（卡路里）来粗略代表觅食资源的效

---

① Bliege Bird and Bird 2008.
② Austin-Broos 2009.

用,并将长期觅食的平均收益代表该资源的预期效用。举一个与当前讨论相关的例子。在马图地区,一只山地袋鼠的平均能量值,经过长时间的觅食回合平均计算,超过 3500 千卡。而一只砂巨蜥的平均能量值只有袋鼠的一半多一点。不过,砂巨蜥的平均能量值方差要低得多。你可能出去多天而捕捉不到一只袋鼠——准确地说,在 100 天内有 85 天是如此。但是,你只要燃烧地表,在旱季(冬天),出去 3 小时就可以预期带一只砂巨蜥回家。即便如此,如果你说的"预期"是指"平均值"的话,那么以每小时千卡热量计算的预期收益率,也仅为袋鼠的三分之二。

但是,如果我们感兴趣的是对竞争生存策略进行冷静评估,那么均值并不是衡量预期收益的好方法,因为**资源的价值并不会随着其能量含量而线性增长**。一旦你满足了当天的能量需求,多余的部分作为食物能量来源就没有太大用处——它的价值边际递减。估算差异很大的资源组合收益的更好方法,就是明确地把**饱和效用**(saturation utility,这里是指日常能量需求)纳入模型中。① 这为我们提供了一个 S 形曲线——不是序曲中谈及的逻辑斯蒂曲线,但大体相似。当平均能量收益过低,无法满足需求时,人们可能会更注重高差异/高收益资源(比如袋鼠),并希望获得意外之财。但是,当平均能量收益接近饱和时,人们更倾向于获取可预测的(低方差)资源——这里指砂巨蜥和其他巨蜥,以及植物性食品。

通过考古学和人类学的例证,我们看到了两种互补的生存集约化策略。一方面,人们可以专注于一个小型的、多样化的、稳定的资源组合,有些资源可以被儿童寻获,供他们自己食用,有些需要在营地和灌木丛中进行协作捕猎(就像用网捕鸟和鱼一样),其中大多数资源都可以直接食用或私下分享。这就是我们在地中海

---

① Jones et al. 2013.

东部和北部以及伊比利亚海岸所看到的。另一方面,人们也可以把分享作为部落最重要的社会价值,包括对相互关系的尊重以及共同承担和支持的义务,从而使不可预测的收益得到公平的再分配。在这两种策略的基础上,人们可以采取集约化的栖息地改造形式。这些策略包括从密集开发一种资源类型(如贝类、巨型动物),到通过一直燃烧地表植被开阔土地过程中无意改变了营养网络的做法,还有介于两者之间的各种策略,这些策略表明人们对自身行为的长期影响具有不同程度的认识。第一种和第三种策略表现出人类明显的模式识别和长期缓冲能力。第二种策略,分享,体现了一种人类特有的内在品质——通过反思经验并根据亲属关系和互惠关系等抽象符号来组织经验的能力。

在相对稳定、资源丰富的气候"避难所",如地中海东部和北部以及伊比利亚海岸,我们看到饮食多样化支持了一波人口增长。在西部沙漠,饮食多样化和强制性共享使马图等部落能够以低人口密度在地球最边缘的环境中生存。

我还没有谈到饮食多样化和共享是如何共同发挥作用的。为此,我们需要研究觅食策略如何因性别而异。回顾序曲中提到的古尔德的工作,他于1966—1967年和1969—1970年的雨季(夏季),与觅食者在西部沙漠宿营。他们写道:"从某种意义上说,正是女性在采集方面做出了可靠的努力,男性才得以腾出手来从事更危险的狩猎活动……**然而,从时间消耗的角度来看,狩猎是一项主要的生存活动**。"[①]

五十年后,布利格·博德(Bliege Bird)及其同事在马图人中观察到类似的情况:女性侧重于获取稳定的动植物资源,而男性侧重于获取高方差/高产的动物资源,因为这些资源可以让他们有机会通过分享表现出慷慨。同时,女性重在满足日常需要的低方差资

---

① Gould 1980, p. 62.

源,使得男性有可能专注于高风险/高回报猎物。①

在马图人的案例中,无论对男性还是女性而言,我们所说的都是狩猎情况。当马图女性选择捕猎巨蜥而不是鸨鸟或袋鼠时,她们选择的是产量的可靠性,而不是捕获的容易度。在雨季,无法通过烟熏将巨蜥逼出洞穴,所以必须在地面上追踪它们,这需要相当高的技能、耐力、勇气和生态专业知识。即便如此,就预期能量产量而言,巨蜥也无法与灌木番茄和蜂蜜相提并论,鸨鸟或袋鼠也不会。即使是蛴螬(长约 7 厘米的毛虫),产量虽不太高,也比巨蜥更能提供稳定的蛋白质和脂肪来源。根据布利格·博德的观察,马图人在灌木丛中宿营时,他们的饮食,超过70%必须经由狩猎获得。其余部分有一半以上从商店购买。也就是说,**今天西部沙漠觅食者饮食中的肉食比历史上更多**。女性的觅食策略已经转向男性所采用的更趋冒险的策略。这反映了3个方面的发展趋势。第一,引入了一系列新颖的工具,其中包括四轮驱动车辆和大威力步枪。第二,引入了一种新的生计缓冲策略,即商店购买面粉和果酱。第三,体现了生活方式的流动性降低,部落成员经常只跟和自己有亲缘关系的人接触。前两种降低了高方差/高产量觅食策略的风险。第三种则增加了自私的风险。

如果狩猎既不是获取食物能量的最稳定方式,也不是历史上觅食饮食中蛋白质的主要来源,那么这就提供了一条线索,说明狩猎的目的和功能。至少在某些情况下,狩猎的动力与其说是食用肉类的代谢价值,不如说是基于相关性和持有性的符号语域价值。狩猎不仅为近亲或那些经常共享营地的人提供肉食,也为一个扩展的亲缘网络(共享图腾)提供肉食,这是在重申亲缘关系网络,使其在沙漠中发展兴旺。提供肉食是为了表达对一系列相互交错的监护责任的承诺:对儿童和部落,对地域和其中的生物,

---

① Bliege Bird 2015, p.251.

以及对一种宇宙秩序,在这种秩序中,亲缘关系、动物和地域是相互联结的。肉食不稳定的事实使得提供肉食的成本很高,尤其是高方差资源受到如此广泛的共享,以至于**猎人狩猎会产生净能量损失**。如果你的唯一目的是确保自己有足够的食物,那么你最好待在营地,等待别人回家带回少量但稳定的收获,这比外出猎袋鼠要好得多。①

也就是说,**狩猎是一种代价高昂的信号传递形式**,是展现个人对部落承诺的一种方式。这是否意味着,由于女性采取了风险较低的供给策略,她们对分享的承诺就会减少?不。这仅仅意味着她们较少采用那种炫耀行为。显而易见的是,觅食和分配这两个食物供给阶段的分离代表了人类经济的长期趋势。随着人类行为逐渐表现出现代智慧的特征,肉类的价值越来越少地来自生长和维持的生理需求,而更多地来自其作为合作象征的地位。

当食物的防御性储存促成财产的出现,且防御性储存作为一种与分享同等重要的社会规范性现象出现时,情况就会发生变化。从这个意义上说,牲畜代表了一种储存价值的方式,包括但不限于食物能量。这将在下一章中看到。

---

① Bliege Bird and Bird 2008.

第四章

驯化

我在序曲中说过,肉类已经成为全球资本主义的象征。然而,迄今为止,我们还没有看到任何类似资本主义的东西,哪怕是传统意义上的经济。在第三章的结尾,我开始提到"觅食者经济",用以强调之后讨论基调的转变,因为我们讨论所依赖的证据从古生物学和考古学转向了行为生态学,后者的特点是使用食物能量——卡路里利用、卡路里消耗——作为经济价值的指代词。事实上,我认为觅食者留有两套脚本,也就是说,他们的运作具有两个隐含的价值指标:能量的获取和能量再分配。所有的价值制度,所有面向经济行为的社会结构体系,都具有多种资本形式、多种价值和交换的**语域**。经济人类学中最有价值的研究之一就是试图阐明**语域边界**——在这里,是一种资本形式转化为另一种资本形式,无论是字面上还是隐喻上。[1]

在本章中,当我们探讨人类和其他陆生脊椎动物之间出现的新型经济关系(即饲养牲畜)时,不同的活动如何产生价值的问题就显得尤为重要。我们在本章所讨论的经济不是资本主义经济,但它们在某些方面与我们的经济体系有相似之处。具体来说,这些经济体系依赖于在更长的时间和空间范围内延迟兑现价值,而

---

[1] Guyer 2004.

且有时还依赖于以牛群和羊群的形式**积累盈余**。这些食物供应（如畜群），只要管理得当，就能实现自我维持和增长，同时具有流动性。到本章所述时期结束时，牲畜形成了一个独特的行政和政治秩序的基础，包括一些考古学家和历史学家一致认为的帝国秩序。

毋庸置疑，本章讨论的种群为人类。本章继续以一个更宽泛的角度探讨肉食在人类演进过程中所起的作用。前几章在生理、认知和社会方面对"我们是什么"进行了不同的解释。本章介绍经济和政治层面。

正如我们在上一章看到的，赋予肉类和动物的价值既是经济的（也就是说，可以直截了当地翻译成对满足基本代谢需求所做的贡献），也是象征性的。我不愿在两者之间划出一条明确的界限。人们常常倾向于认为象征性价值（如文化、信仰、社会意义等）是建立在经济基础之上的，就像蛋糕的层层叠加一样。然而实际上，象征性和经济价值是相互交织、相互影响的，更好的比喻是，正如我们对生态位构建和文化的处理一样，将它们视为由许多细丝编织而成的绳子，每一根细丝都同等重要，没有哪一根是基础，哪一根是上层。我们在第三章看到，内在性是人类经济的核心，这种内在性是一种能力，它能将经验组织成象征性记录，并在比事件本身更长的时间跨度内对这些记录及其偶发表现进行反思。在本章，我们将看到当动物成为家庭场景中的圈养参与者时，与动物相遇的象征性次序是如何变化的。

什么是驯化？

尽管我们对驯化的"结果"已有了清晰的认知，但并不太清楚动物是在什么时候被驯化的。我们也不清楚驯化过程的开始与考古记录和基因组记录中出现的驯化过程标记之间，应该有什么样的时间关系,这是自第一章以来反复出现的主题。

事实上,谈论驯化过程具有误导性。驯化的发展是对至少 3 种不同的诱发现象的回应。如果我们所说"历史的"(historical)是指"过去的"(in the past),那么将驯化描述为一个历史的进程也是一种误导。在这里,我打算用一个更为通用的说法:历史只是指"随着时间的推移而不断消逝的过往"。驯化不是在一次或一段时间内发生的现象,而是一个持续发生的现象,比如在今天可表现为通过水产养殖进行的鱼类驯养。因此,驯化与新石器化(neolithization)不同,后者是向更精细的技术工具的转变,其中包括普遍使用的带柄投矛器和做工精细的骨头、用石头和砖块建造的房屋,以及后来的陶制品。正如我们将要讨论的,在欧亚大陆两端的两个关键的植物和动物驯化中心,新石器化先于并伴随着驯化。但仅仅把驯化作为新石器化的一个组成部分是错误的。

驯化的结果不仅仅是驯化动物。我们倾向于将驯化过程想象为人类自己介入进化的过程,扮演着为动物种群提供选择诱因的角色,同时又使其免受其他因素(如气候、植被或动物种群数量压力)的影响,并避免与野生种群混交的可能性——通过这种方式,随着时间的推移,从圈养种群中培育出新物种。这种情景再次源于我们想象的局限性:当看到身边驯化的动物,我们可以将这些个体与其相应的野生祖先(无论是化石还是现存的)进行比较,用人类的幻想来脑补野生和驯化之间的差异。这种情景过于夸大了人类的作用。更重要的是,它遗漏了大部分画面,即驯化过程中呈现的我们自身行为和生理机能的密集变化网络,更不用说在人类及其驯化的脊椎动物一同创造的共享生物群落中发生的一系列变化了。驯化是一个不断强化互惠共生的过程。从人类的角度来看,驯化动物代表了人类学家帕特·希普曼(Pat Shipman)所说的制造"活工具"。[①] 但是,如果我们

---

① Shipman 2010.

退一步看，驯化在其早期阶段看起来并不像人类将动物的身体作为一种资本形式来占有——这是后话，而更像是两种大型群居脊椎动物在生态位建设中的共同参与过程。①

在上一章，我们看到了归因于意图的困难，即确定人类出于改变环境的愿望而行动的情况。意图并不总是界限分明，即使你可以询问他们在做什么、为什么这么做。以计划火烧为例：即使人们清楚地知道焚烧地表植被会带来一系列变化，也清楚地知道这些变化会带来哪些益处，但他们往往会淡化这样的意图，即焚烧是为了获得连续"成块土地"所产生的好处，包括更为丰富和多样化的可食用动植物。在驯化过程中，意图的模糊性被放大。驯化不是人类制造"活工具"的过程，不同于我们制造石头、骨头和木棍。相反，在驯化过程中，人类和其他群居脊椎动物在一个共享的经济和生殖生态位中发挥着紧密协调的作用。

驯化之路

考古学家梅林达·泽德（Melinda Zeder）提出了一个模型，认定有3种不同的驯化路径：共生路径（commensal pathway）、猎物路径（prey pathway）和定向路径（directed pathway）。②

共生路径始于我们在前几章讨论的生态位构建形式，以及**与人共栖性**（synanthropy），即对人类的接受程度。与人共栖性在物种中有个体差异。那些不太容易对偶遇人类做出攻击性或厌恶情绪反应的个体，会更成功地利用人类存在所提供的新机会，比如人类饮食中产生的垃圾以及受垃圾吸引的小猎物。随着时间的推移，人类共生动物将形成一个新的遗传型，它不同于远离人

---

① Zeder 2016; McClure 2015.
② Zeder 2012.

类部落的同种群。因此,该种群可能分化为两个不同的生态型,具有不同的食物来源组合。有一种生态型,即与人类保持一定距离的亚种群,继续煞费苦心地经营人类到来之前就建立的饮食生态位。但是,这一生态位还是可能会随着人类活动的强度和范围变化,而发生重大的改变。另一种生态型,即更具人类共生性的亚种群,通过与人类部落协作,比如人类废料提供了其部分饮食,从而建立了一个新的饮食生态位。通过这种方式,即使这两个亚种群有着相同的生物群落类型,地理位置又很接近,最终也能形成独立的物种,尽管它们的基因边界仍有交叠。这种**同域分化**(sympatric speciation)的结果是,一个动物种群因其具有亲近人类的能力而被选育出来,即使人类至少在最初并没有采取什么措施来鼓励亲近行为,也没有预料到分享食物等经常性举动的长期结果。

狗是典型的共生驯化动物。[①] 狗极有可能起源于至少1.5万年前欧亚大陆中部灰狼的单一同域种群,当时正处于深海氧同位素第2阶段(MIS 2)冰盛期的下坡期,但早于标志着全新世开始的1.17万年前的变暖趋势。如果狼的驯化,至少在最初,不需要人类做出任何特别努力来隔离半驯化种群与野生种群,那么我们会看到在同一生物群落中,狼自发地形成多个具有不同遗传型的生态型。事实上,我们今天确实看到了类似情况:善于迁徙的驯鹿与通过调整食物结构来适应季节变化的种群,共同生活在北美的北方森林中,而不是跟随其食物(分布)来迁徙。

猎物路径开始于人类和动物之间一种不同的初始关系,其中所涉及的动物是人类狩猎的目标。在第二章和第三章中,我们看到考古学家如何从行为生态学家那里借用了一套框架,用来描述

---

① Shannon et al. 2015.

"最佳觅食"行为以解释动物遗骸组合。这些框架集中在对死亡率曲线的解读上——动物的种类、大小、性别和成熟度,只要能够从骨骼残骸中确定——以给定动物种类中较大标本的大量出现作为人类专门捕猎大型猎物的证据,而较小物种日益增多则被解释为面对猎物种群减少时的绝望迹象。在第三章,我对其中的一些解释表示怀疑,这些解释似乎是基于之前的理念模式,即认为古人类是大型猎物专家,他们只在食物产量下降的压力下才开始转向多样化饮食——这是"猎人神话"的体现。不过,尽管动物死亡率曲线的证据可能被误用,但并不意味着它毫无价值。在亚洲西南地区,从全新世开始,动物死亡率曲线显示出人类狩猎有一种倾向,即捕杀年轻的雄性动物,而允许雌性活得更久,以让雌性动物繁衍更多的后代。这表明了一种狩猎策略,早在1万年前的时候,亚洲西南地区的一些地方就已经很好地发展了这种策略,目的是维持猎物种群的数量,或者可能是为了种群恢复——这些种群已经因过度捕杀而衰退。

约旦河流域北部的一处新石器时代早期地层(8000年到6000年前)中的捕杀曲线证据表明,对于牛和猪来说,过度狩猎在驯化动物出现之前不会超过1000年。[①] 地层中早期部分的动物遗骸组合以较年轻和身形较小的动物为主,也包括处于繁殖盛期的雌性动物。随后,迅速转向了驯化模式——牛的延迟宰杀,成年牛骨骼遗骸显示出驯化的形态迹象,以及优先宰杀雄性幼猪。

泽德提出的第三条路径,即定向路径,这是一个笼统的定义,确切地说是一种在共生路径和猎物路径中并不存在的投射性意图类型。从这个意义上说,它取决于其他两种路径来提供可能会出现的驯化结果模型:一旦人们熟悉了驯化动物,就有可能把驯化的

[①] Marom and Bar-Oz 2013.

结果投射到新物种上,想象着新驯化动物可能有哪些新用处,特别是在运输和牵引方面,就像马和骆驼一样。①

驯化的起因

如果人类最初不是有意识地驯化动物,那么是什么促使人类和其他群居脊椎动物走向互惠共生的生态位结构?

在三种路径模型中,共生路径和猎物路径都预设了人类生存活动的某种强化,这种强化起到了诱发性作用:在共生路径中,这种强化使共生性中的种群梯度加剧为两种生态型之间的裂痕;在猎物路径中,这种强化迫使人类承担起对衰弱种群的监护责任,以免它们消亡。在共生路径的讨论中,我把这种强化解释为人类的"到来"(arrival)。在某些情况下,"到来"这个词可能就非常准确。正如我们在第二章和第三章中所看到的,当一个部落殖民一个新地域时,生物群落结构、人类物质文化与饮食生态位就会发生显著变化。在全新世早期,欧亚大陆两端的新石器时代地层中就有这方面的证据。在其他情况下,无论是技术、人口密度、意识形态(资源开发方式),还是居住策略(如一年大部分时间生活在永久居住地),诱发性的强度都可能是一种原地变化。但是,人类经济活动的某种集约化,再加上永久居住地,是否成了引发新石器时代驯化的唯一因素?这也许就是泽德模型的局限性,她似乎将集约化,或者具体来说是人口压力,理所当然地视为驯养的直接原因?

我们在上一章回顾了这些论点,即不断增加的人口密度激发了旧石器时代晚期地中海东部和北部生存策略的广泛革命——更加强调食物的广泛性,其中有许多食物类型,比如鸟类、兔形目动

---
① Outram et al. 2009.

物,至少在表面上人们需要付出更多努力来获取热量产生。我们将地中海与葡萄牙海岸进行了对比,在那里,旧石器时代工具包和多样化饮食的出现早于人口密度增加和居住的流动性下降(即人类在一个地方待上更久的时间)。① 在新石器时代早期的西南亚和中国中北部的长江和黄河流域,你也会发现存在类似的因果模糊性。

为了更加严谨解释驯化的诱因,我们还需要进一步问两个问题。首先,我们希望分离的信号的可能原因有哪些?这就意味着,我们需要明确哪些可能的因素导致了驯化,并尝试将这些因素区分开来。其次,这些原因是什么的诱因?是驯化本身?还是新石器化,一个更广泛的变化网络,不仅包括增强的石器、骨器和角器工具,还包括首次出现的食物储存和积累剩余、人口集中在居住中心或村庄,以及鼓励创建圈养动物种群的意识形态和仪式文化的一系列变化?三类路径模型中,没有任何内容表明新石器化是动物驯化的必要先决条件。值得注意的是,同一组上游压力可能会促成这两个过程,与此同时,其中一个可能会促成另一个。也就是说,新石器时代的技术、意识形态和聚居模式促进了动物生物量的圈养,而圈养的动物生物量为人类更密集的聚居模式提供了动力,也有助于更广泛的人类塑造宇宙观、发展与其他生物的关系。

可能的诱因是什么?我们已经看到,经济集约化至少包括3种不同的现象:人口增长带来的增产压力、技术进步促进了增产、季节性或全年性定居提升了生物群落特定区域的利用率以及植物资源储存的可能性。除此之外,我们还可以加入气候变化:假设深海氧同位素第2阶段末期的降温期诱发了技术创新和向村庄生活的转变,在全新世早期的变暖趋势下,不到1000年,动植物的数量

---

① Stiner et al. 2000, 2009; Dias, Detry, and Bicho 2016.

大增，更不用说人类的数量了。

驯化很少是一蹴而就的现象；在大多数地方，觅食与种植、放牧并存了数千年。尽管如此，1万年到5000年前之间的横跨欧亚大陆、非洲和美洲大片地区，人类生存模式的经济变化是惊人的。因此，无论气候变化有什么影响，无论是全新世前后的降温波动还是全新世变暖趋势本身，这些影响更有可能是由放大了气候信号的其他因素所介导。

本着"两者兼而有之"的精神——重新审视历史因果关系所带来的启发——我们需要关注的是反馈环路如何进入这一过程，即使在没有稳定外部压力的情况下，如何为经济集约化（包括驯化）创造自我维持的压力。我们已经在约旦河流域北部看到了这种情况，在那里，对牛和猪的日益依赖逐渐迫使新石器时代早期的觅食者承担越来越具体的责任，以确保其猎物的持续利用。考古记录不能给我们提供一个逐季或逐年的驯化过程。但我们可以想象这样的情景：猎物数量的减少和体型的缩小导致狩猎策略转变，人类不再以育龄期母畜为目标，或许使用诱饵进行诱捕，把猎物吸引到一个可以更有效猎杀和屠宰的地方。策略的转变部分地消除了诸如猎物减少等诱发因素，但在这一过程中，它促进了进一步集约化，例如，允许部落供养更密集的人口或以较少的努力实现同等的产量。更有可能的是，根据我们在第三章中看到的，策略的转变带来的是食物变化幅度的降低。产量可能仍然较低，但更稳定。

证据链

对于新石器时代的驯化，我们有三条证据链。一条是动物遗骸组合。在距今100万年、10万年甚至5万年的时间里，有些因素——比如标本数量少、日期难以确定，以及较细的骨结构从考古记录中渐失倾向——影响了我们解释骨骼遗骸的精准度。在距今

1万年时,这些问题不再是障碍。碳-14定年法以及放射性碳测年都较为准确,骨骼遗骸中保存的胶原蛋白足够直接进行测定骨骼年代。就好像我们现在正试图复原一年前而不是100年前在海滩上发生的事情。

除此之外,一年前的人们留下的东西往往比100年前的更多,他们的厨房垃圾堆往往更明显,有时被封闭在由石头、粘土砖建造的永久结构中。让-丹尼斯·维涅(Jean-Denis Vigne)及其同事,在塞浦路斯的希洛罗坎博斯(Shillourokambos)的发掘工作中,依据新石器时代早期连续的7个地层的时间顺序,确定了每个地层有500到5000个可识别标本的动物遗骸组合。[①] 这种规模的动物遗骸组合为物种、性别和年龄比例的定量时间序列分析提供了足够的统计能力。一些标本保存得很好,可以进行**形态测量**分析——比较骨骼和牙齿遗骸的大小和形状,不仅可以识别性别与年龄,而且可以区分个体或物种是野生的还是驯化的。人类学家海伦·莱奇(Helen Leach)认为,驯化不仅引发行为上的变化,还引发骨骼形态上的特征性变化。[②] 这种**驯化综合征**(**domestication syndrome**)的形态特征滞后于驯化开始的数十代或数百代,但当它们出现时,就会在骨骼记录中留下信号。CT扫描可以恢复其信号的某些细节。

第二条证据链也来自动物骨骼遗骸。这里,人们感兴趣的不是人类多大程度上利用动物骨骼,也不是从死亡率曲线中读取的管理情况,而是动物在其自然活动范围之外被发现的事实。放养——故意将动物从一地运到另一地,以提供可供狩猎的东西——是维涅所谓"野生控制"的一个例子。在这里,塞浦路斯岛再次提供了一个研究案例,在深海氧同位素第2阶段的冰盛期,该地区与大陆之间被宽阔的水面隔离,很难想象野猪和鹿是通过游泳到达该岛。然而,在塞浦路斯附近的阿克罗蒂里(Akrotiri)小岛

---

① Vigne 2015.
② Leach 2003.

上,一个旧石器时代洞穴中出现了烧焦的野猪遗骸,通过古蛋白测序,其可以追溯到 1.25 万年前,比地中海东部的猪遗骸中出现的驯化迹象早了 4000 年。从未被驯化的波斯休耕鹿,于 9000 年前出现在塞浦路斯的希洛罗坎博斯。

第三条关于驯化的时间和速度的证据链是遗传。我们已经在狗的驯化中看到了这一点。为了估计狗驯化的时间和地点,研究人员使用连锁不平衡法,即基因组中可识别序列的共现率与基因一致的种群之间的预期差异。这些差异标示着种群瓶颈特征,即通过狗来发现一个在地理上与源种群隔离的新种群。

更常见的是,植物和动物驯化的种群遗传研究依赖于线粒体基因组的部分区域突变,这一区域不为任何转录基因编码,因此受到中性选择的影响;该区域的突变不会威胁到这一谱系的生存能力。遗传学家通过估算突变率,并比较从世界不同地区采集样本的相关物种驯化种群和野生种群的线粒体基因组这一区域的序列,得出了一组**单倍型**(haplotypes),即在中性突变的基因组部分中,相同碱基对序列定义的个体类别。这些单倍体构成了亲缘图的基础,其树型分支图描述了通过线粒体来识别的种群之间可能发生的分化历史。

当然这种方法有问题。[①] 一方面,事实证明,即使在基因组的某些区域,即使不受制于强烈的选择压力,突变率也会因比较的时间范围而变化。另一方面,单倍型分析生成的树型分支图远比预期的还要混乱很多。就狗而言,从驯化狗和野生狼取样的线粒体单倍体没有任何重叠。然而,回归分析得出的支系图中,有很多支系同时具有狼和狗的单倍型。这些线粒体序列所确定的种群似乎比其他仅包含驯养种群的支系更晚从一个共同祖先分化出来。

这些结果提出了新的问题。首先,我们应该期望 5000 年、

---

① Larson 2011.

10000年或15000年的遗传分化有多大？大到足以使当今的狼和狗几乎没有任何共同标记序列,即使它们源自15000年前的单一种群？从较长时间跨度研究得出的突变率表明,在驯化过程中,我们不该看到很多新的单倍型出现。驯化信号应该是在驯化开始之时,野生种群中已经存在的单倍型之间的分化信号。

由此可见,**对动物的驯化从来都不是可以一次性完成的**。驯化并不意味着野生和驯化物种之间突然或完全停止交配繁殖。持续的双向基因流动是常态,而不是例外,一方面我们要区分野生基因渗入驯化基因组的过程与多重驯化事件,另一方面还需要详细了解人类及其共生体抵达世界不同地区的迁徙、定居历史。

一旦学会了采用基因渐渗,而不是把独立的驯化事件作为野生和驯化种群谱系的默认假设,那么遗传证据就为迁徙和扩散提供了新的视角。如果把稻米、荞麦、藜麦、豆类、水果、坚果和根茎植物也包括在内的话,可能会有多达20种不同的植物性食物,可以为驯化的中心地区带来经济意义。相比之下,新石器时代的牲畜驯化似乎只集中在3个地区——西南亚、中国和安第斯山脉——大多数的驯化动物都是在其中一个地区被驯养。[1] 牛、山羊和绵羊于1万年前时出现在西南亚,后来传到欧洲和非洲。南亚的瘤牛(Zebu cattle)可能是单一驯化动物的后代,但也有迹象表明,它是从西南亚引入的。猪在中国和西南亚都被驯化过,牙齿形态表明猪在8500年前被完全驯化。对于鸡来说,由于一直难以区分野生丛林鸡和驯化鸡的骨骼,年代学研究受到了阻碍。但是,原鸡从红树林中被运输到其活动范围之外,这一证据表明,鸡至少起源于4000年前的中国南部或东南亚。马是典型的"定向"驯化动物,在5500年前的哈萨克斯坦有着明显的驯化迹象,包括使用缰绳和挤奶的证据。在南美洲,对羊驼和骆马的研究表明,在5800

---

[1] Larson and Fuller 2014; Cucchi et al. 2011; Mengoni Goñalons 2008.

年前,它们的死亡率发生了变化,这表明出现了驯化的羊驼和骆马。

即使是这些"单一驯化事件",也表现出一定的复杂性。也就是说,野生动物祖先和驯化动物之间的分化并不像一棵树的分枝。相反,它是由许多小分支组成的,这些分支后来聚集在一起并重新分化。比如原鸡或者欧洲野牛(牛的野生祖先),或者其他任何动物,不太可能只在野外丛林中捕获并圈养一次。当我们谈到单一驯化事件时,我们在按照现有方法的分辨率定义"单一"这一概念。但我们也承认,驯化是在不同的社会背景下出现的,这些不仅是由共享的环境和生物群来决定,而且也由物质文化、信仰和习俗的传播来决定。如果你拥有非致命捕获猎物的各种工具(陷阱、套索、网),你会更倾向于捕获动物,而不是在捕获过程中将其杀死。如果你听说过别人也在做同样的事情,你就更有可能尝试圈养繁殖;如果你所处的社会环境不断强化这种对自然的干预且有益于人类,你将更有可能坚持做下去。经济转型也是伦理模式的转型,群落通过这种模式来了解其在自然界中的位置。

驯化的场景

西南亚

迄今为止,存在于西南亚的证据数量最多,这个区域的考古群继续提供了新石器时代物质文化的年代学模板。在今天的巴勒斯坦和以色列地区,旧石器时代晚期的遗迹组合提供了一些居住方面的证据,早在 1.4 万年前,有粘土和石头墙的坑式住宅,以及将野生谷物种子作为食物的明显迹象(也许是最初的谷物种植)。到 1.2 万年前,有明显的新石器时代迹象:箭基附近留出的凹槽便于安装箭头,使用骨制梳子和其他家用器具,以及雕像。在考古记录中,符号性器物出现的频率和分布并不均匀,但它们在某些时期和地区有着重要存在。在旧石器时代晚期的西南亚和欧洲,符号性器物包括许多具象文物,比如岩画和动物雕像。最早的新石器时代器物组合中的新元素是描绘人类(尤其女性)的小雕像,通常以较为自然主义的方式呈现。在随后的几千年里,这些女性形象逐渐被更加夸张和奇幻的姿态所取代,一些观察者认为这可能暗示了神化:女性伴随着狮子,或坐在豹子上并生下公牛。公牛本身似乎也成了崇拜的对象,甚至在那些牛并非主要食物来源的地区也是如此。除此之外,建筑物也变得更加宏大。更大的矩形结构出现,可能用于仪式目的,包括动物献祭。所有这些都早于1万年前山羊被驯化的最早迹象。

考古学家雅克·考文(Jacques Cauvin)认为,这些证据预示着思维方式的改变,进而导致动物驯化。[①] 定居主义并没有通过限制觅食范围或增加人口密度来迫使人们从事农业。事实上,在全新世早期西南亚的自然条件下(森林远比我们今天想象的要多得多),觅食所消耗的能量和体力要少于种植粮食和饲养动物。在最初向粮食生产过渡的过程中,粮食种植方式不那么稳定,不足以生产维持劳动力及其家属所需的最低产量。农业反而代表了一种新的波动源。在考文看来,新石器时代早期部落能被诱导长期从事农业生产、驯化物种,那一定是强制的协作劳动。反过来,强制又需要某种形式的持久性社会等级制度,可能起源于家庭所储存的觅食剩余物分配不均,或者某些个人因其魅力而被承认为宗教领袖,并形成了一种原始祭司等级体系。[②] 这些宗教崇拜本身,结合定居生活的事实,将催生某种世界观,在这种世界观中,个人和家族在生产力的等级体系中居于固定位置,神明和祭司——他们有能力增加动植物的数量——处在等级体系的顶端,而其他人处在

[①] Cauvin 2001.
[②] Bliege Bird 2015, p. 250.

下方。

许多研究人员将政治意识形态置于他们关于西南亚驯化出现的假设的核心。但由于对谷物驯化的时间过程,以及周期性废弃和重新占用住宅的研究有了新的成果,这些新观点的出现让考文描述的情况变得更为复杂,表明觅食活动仍在继续,且伴随家畜养殖的时间长达 3000 年。在这种情况下,觅食是为满足日常需要,而家畜留作公共事件使用——也许用于祭祀,也许用于旨在强调政治等级制度的盛宴。①

中国

早在 2.1 万年前,中国南方就出现了制造陶器的证据。到 1.4 万年前,这些技艺已经远播到日本和太平洋地区。工匠们是流动的觅食者,他们季节性地来到窑址。直到 1.2 万年前,进一步的新石器化迹象才出现。② 中国北方(尤其今河北省和北京附近)的遗址显示出骨和角制器物、加工谷物的专用工具、专用屠宰空间和驯化狗的迹象。与欧亚大陆西部一样,由坑式民居、贝冢、食物藏匿处和墓地所展示的居住定居主义,比驯化活动早了相当长的时间。这些地点是否为村庄,我们尚不清楚;黄河下游遗址显示了居民持续迁移的证据。在肉食证据方面,整个新石器时代和青铜时代地层中一直存在野生物种的动物遗骸。这与依赖家畜、放弃狩猎的证据并不一致。从 8000 年前起,中国北方开始驯化猪。在长江流域,直到 14000 年前,野生鹿仍是哺乳动物中的优势类群,而鱼类始终是动物性食物的主要来源。在黄河流域以北的地区,从 6000 年前开始,猪逐渐取代鱼和鹿,在已保存经过鉴定的标本中最终占比 60%,除了在陕西姜寨。在那里,在 7000 年到 4000 年前之间,人们

---

① Asouti and Fuller 2013.
② Cohen 2011; Jing, Flad, and Yunbing 2008; Chi and Hung 2013; Zhuang 2015; Cucchi et al. 2011.

对猪的依赖度降低,而对鹿的依赖度增高。再次强调,向粮食生产的过渡不是一个单向的过程。

正如在西南亚一样,驯化伴随着符号物质文化的繁荣。贾湖就是一个例子,它是中国内陆地区的一个遗址,位于河南省,长江和黄河流域之间。贾湖是迄今为止在中国长江流域以外发现的最早的水稻种植地,在遗址地层序列中的最早地层(距今约9万—8.6万年)的储藏坑内发掘出了驯化的(即不破碎的、可脱粒的)种子小穗。猪的驯化迹象出现在大约8.6万年前。来自贾湖的陶器显示了中国最早的发酵饮品的痕迹。① 土葬品包括用龟壳做成的响板,上面刻有符号,但与汉字没有明确的亲缘关系。最引人注目的是,贾湖墓葬中发现了6支吹奏的骨笛,由鹤类尺骨制成,有5到8个孔,非常完整,其中至少一支依然可以吹奏。

同样,今天我们看这些遗址,只能透过历史滤镜下的农业社会来看待当时的人类。耐久的住房和储存结构的迅速发展,加上驯化的动植物的迹象,使我们的解释产生了偏差。但在中国,就像在亚洲西南部一样,采集、狩猎和捕鱼在经济上仍然占据核心地位,尽管一些遗址显示出对驯化的小米、大米和猪的依赖发生了决定性转向。

扩散

如果动物驯化只发生在少数地方,家禽怎么会如此普遍?有几种场景。首先,驯化的传播可能代表**种群更替**。在这种情况下,随着人类与被驯化的动植物种群在新地区定居,他们带来了"活工具"。殖民者把原住民推挤到了他们以前活动区域的边缘,在那里他们再也无法获得足够的资源来维持自己的生存。最终,原住民

---

① Zhang et al. 1999.

灭绝或被同化到殖民人群中——如果不是被彻底奴役,那也很可能是处于从属地位。

另一种可能性是**技能转移**。想象以下情景:新石器时代的粮食生产者扩散到一个由旧石器时代晚期或中石器时代觅食者占据的地区。然而,这一次,原住民不会流离失所。也许由于人口压力、当地气候的变化、为牲畜寻找更多土地的需要,或者一种促使他们耕种土地的意识形态,牧民—耕种者们被迫离开自己的家园。无论迁移的动力是什么,都没有理由指望他们会比原居民更适合在那里谋生。气候、生物群和地形可能会有差异,他们带来的植物和动物也习惯于原来的生长环境。每日光照时间也可能不同,且不说季节性和年度变化的光照时间,这不仅影响着驯化植物的生存能力,而且影响着脊椎动物(包括人类)的健康和活力。从亚洲西南部向欧洲扩散的农业,情况就是如此;在中国,从长江下游向北部内地扩散水稻和猪的情况也差不多。在这两种情况下,那些原在靠近赤道、较温暖的沿海地区的生存规划,不得不做出改变来适应较冷的大陆气候:一年到头日照较少,每日光周期变化很大。

正如我们看到的,一个部落广泛地饲养牲畜,这并不意味着该部落已经失去了觅食技能。但同样,迁徙者也会面临一个陌生的环境,可能还要面对陌生的动植物。面对这一切,新石器时代的移民相对于他们在迁徙过程中遇到的旧石器时代晚期和中石器时代的人所享有的技术优势,并不一定是决定性的。因此,我们可以考虑**人口更替**情景。在此情景中,殖民不是依靠牧民—耕种者部落本身,而是其拥有的知识,迁徙者及当地人把环境和关于生物种群的知识结合起来,养殖本地牲畜,或许也可以进行捕获类似于以前驯化的动物,以培育新的牲畜种类。我们还可以想象混合情景,即知识随着驯养的生物群一起扩散,这些生物群被当地居民作为一个整体接受,而不再有被消灭或从属的忧虑。在这种情况下,"移徙"甚至可能意味着建立远程贸易关系,而不是牧民—耕种者部落的整体移徙,在这种关系中,驯化的动植物也许作为声望商品进入新地区,而没有大量人口迁移。

现在已经确定好了类型情景,让我们看一些证据。西班牙的地中海沿岸是一个很好的起点,原因有两个。第一,气候和光照时间与东部地区(意大利西北部的利古里亚)没有太大的区别,这表明,利古里亚地区的文化和技术可能是伊比利亚新石器时代早期物质文化的主要来源。[①] 相比之下,生物种群在一个关键方面有所不同:新石器时代的伊比利亚没有野生山羊或绵羊,也没有栽培单粒麦、二粒麦或小麦,因此驯化的种群一定是通过贸易或殖民引入种群的后代。因此,我们可以限制变量的数量——本地重新驯化是不可能的,也不必担心气候差异带来的复杂性。第二,西班牙地中海沿岸呈现出一系列引人注目的岩画(岩石艺术)可以支持一个或另一个场景。

新石器时代经济在今天的巴伦西亚(Valencia)和阿利坎特(Alicante)的建立仅用了500年的时间。到7.5万年前,在散布于沿海和内陆地区的遗址中,出现了牧民—耕种者的器物组合,其中有装饰的烧制陶器、磨光的石器以及驯化的植物和动物。有些地点,家畜占动物遗骸组合的三分之二。这些遗骸在中石器时代地层的遗址中没有发现。但在新石器时代形成的同时,中石器时代的觅食经济似乎在衰落。所以这看起来像人口更替。

岩画能帮助我们完善故事吗?该地区的岩画表现出混成风格,有些像是示意图,有些更具自然主义和叙事风格,包括战争场景。很容易将这些差异解释为人口更替的标志——两个部落,两种风格。不过,虽然叠加的浮刻绘画提供了地层年代的证据,但它无法显示连续标记之间的间隔时间。一些更自然主义的绘画按时间顺序描绘了晚期工具。但是准确的时间已经被证明是难以捉摸

---

① McClure et al. 2008.

的,这就导致不同的解释。对于那些认为当地居民采用外来技术的人来说,这些岩画很容易被解读为接受外来宗教的证据,这可能是以新的谋生方式接受神谕的一个条件。

在此地与其他地方,岩画如此令人着迷的部分原因在于其中描绘了众多野生和驯化的动物。岩画体现了人类以外的其他动物充当背景的方式,而人类在这种背景中初露头角。我们可以有更多的解释:在标志着从狩猎到放牧过渡的边界时段里,人类与其他脊椎动物的关系一直是人类理解自己在世界上充当什么角色的关键点——人类本身运用文化的程度,以及人类本身负责维护世界,或者注定要掌握世界。这个话题我们还要讨论。

在欧洲其他地方,一些考古证据表明存在多种情景,包括人口更替、进行异种杂交以及当地部落重新适应外来习惯。总之,被驯化的动物是外来物种的后裔,即使在当地有适宜驯化的种群存在的情况下也是如此。(猪是扩散过程复杂性的一个例证,有证据表明猪的种群在距今 6000 年之后发生了更替——从当地野生种群中重新驯化。)但是,无论外部种群(包括人类和动物)在促进扩散方面的作用有多大,最终还是适应当地条件的需求决定了农业的发展历史。在苏格兰北部的奥克尼群岛,碳同位素数据表明,早在 5000 年前,绵羊就开始以海藻为食。[1]

牲畜驯化综合征

到目前为止,我一直在说,驯化仿佛使动物产生了一系列或多或少稳定的形态、生理和行为结果。我提到了在考古记录中发现驯化结果的难度,并强调,即使掌握了猎物繁殖技术,驯化动物仍需一段时间才会显现。但我们还没有研究是什么造就了考古上可

---

[1] Tresset and Vigne 2011.

见的驯化动物。让我们来看看驯化动物和野生动物的区别,在缺少人类意图的情况下,一系列独特的身体和行为特征,即驯化综合征,是如何出现的。

标志着动物驯化的形态变化可以用骨骼健壮性降低来解释,在一些情况下指的就是幼态持续,即与祖先种群的幼年期有关的特征持续到成年:体型变小,脑容量也变小。[①] 驯化的动物骨骼较轻。通常,成年动物比野生动物表现出更少的两性异形(sexual dimorphism)。内分泌变化,包括早熟(性成熟更早)以及繁殖期的延长。最引人注目的是行为变化,其中不仅包括雄性动物的攻击行为减少和对人类的厌恶性降低,而且还包括一种更广泛的温顺模式,在某些情况下包括感知能力的减弱——驯化动物对周围环境的警觉性似乎低于野生动物。

1959年在新西伯利亚进行的为期40年的系列实验中,俄国生理学家德米特里·贝利亚耶夫(Dmitry Belyaev)证明,对狐狸进行驯化选择性繁殖(幼狐对人工喂养和抚摸的非逆反反应),很快就会产生驯化过程中常见的一系列变化。[②] 到了第四代,幼狐开始表现出摇尾巴(示好),到了第六代,幼狐开始表现出类似狗在见到喜欢的人回来时的兴奋反应。虽然驯化通常是在感知警惕性减弱的情况下观察到,但在贝利亚耶夫的研究中,狐狸对社会环境的关键方面表现出高度敏感性,尤其对来自人类观察者的手势提示。交配不再那么有季节性,而且在被选中的种群中出现了多种在野外观察不到的毛色。

用于实验的狐狸已经在农场饲养了很多代,因此这些狐狸在实验开始时就处于预驯化阶段,即使它们的行为是在野外环境下进行观察。然而,实验的结果还是很具启发性。事实表明,驯化的幼态特征之所以出现,是因为驯化实际上是为了延长社会探索行

[①] Leach 2003.
[②] Trut, Oskina, and Kharlamova 2009.

为窗口期的选择——狐狸从出生到出现恐惧行为的天数增加了2倍,达到4个月。驯化似乎代表了一种无声的应激反应选择。在内分泌方面,这意味着肾上腺糖皮质激素的分泌减少,而血清素的水平增加。这些反过来又通过表观遗传控制驱动了更广泛的驯化综合征。

当然,人类在某些时候确实开始根据一些其他标准选择性地繁殖他们的动物伙伴,不仅仅是出于非厌恶的原因。这些标准包括性早熟、发情和分娩季节性的灵活性,以及在牲畜中更高的转化率,即更快增重的能力。但是,驯化最初选择的是体型更小、适应性更差的动物,这一事实支持了以下观点:大多数早期的驯化都是出于短期互利共生的目的,而没有考虑长期结果。

一片风景,而非一道屏障

在本章,我曾多次提到从狩猎到放牧、从觅食到食物生产的转变。同时,我还提到在中国北方的一个遗址中,有明显的证据表明,至少在动物性食物方面,在确立使用驯化动物两千多年后,人们开始减少对家畜的依赖。我们不能简单地承认这种转变是断断续续发生的,更需要质疑的是,将这些现象称为有明确终点的转变是否会影响我们对考古记录中明显存在的各种经济强化策略的理解。用考古学家布鲁斯·史密斯(Bruce Smith)优雅的比喻来说,觅食和放牧—耕作之间的空间并不是"一道屏障"(one-way membrane)。恰恰相反,它是一片风景,过去的社会在其中描绘了各种不同的路线。近年来,少数考古学家呼吁要更多地关注这一风景和标记它的路径。

第三章结尾,我提到了**即时利益**和**延迟利益**之间的区别。[①] 后

---

① Woodburn 1982.

者典型的例子是太平洋西北地区的沿海居民,他们主要以捕鱼为生,在永久性的村庄过冬,并在世袭的社会地位方面累积了足够的差距,以维持竞争性宴会的传统,这种传统在人类学文献中被称为冬季赠礼节(potlatch),俗称夸富宴。冬季赠礼节对地区政治影响如此之大,以至于在19世纪下半叶,殖民当局不得不将其取缔。显然,无论是集约化还是积累盈余,都不取决于一个部落是否将驯化动物作为其主要食物来源。但在人类经济行为的分类中,复杂的觅食者被视为异常值。

史密斯以约2000年前北美东部林地的人们[统称为霍普韦尔文化(Hopewell)]为例,让我们了解到,即使这些社会的能量预算明显有很大一部分来自种植植物,他们还是会被归类为复杂的觅食者,这仅仅是因为在我们的分类模式中没有其他地方可以归类。霍普韦尔遗址发掘出7种植物种子,其中4种表现出驯化的迹象。在这一地区,草的驯化至少可以追溯到5000年前,但直到公元前900年,当玉米席卷从佛罗里达到安大略的东部林地时,人们才开始转向以玉米为主的农业。如果把这4000年间的转变简单地归结为漫长的过渡,那就不合适了,既不符合人们部分依赖驯化物的稳定时期,也不符合玉米在大约1000年前突然成为经济主导的情况。

史密斯提出了**驯化连续体**(domestication continuum)的概念,即来自驯化和非驯化食物的热量预算比例。① 这只是一个开始,但远远不够。首先,我们最好考虑这样一个事实,即生存基础之间的季节交替是长期规则,而不是例外。可以想象人类部落在一年当中的某个时期依赖驯化的植物和动物。也可以想象,正如我描述的西南亚那样,驯养动物的利用可能与野生动物的利用在社会符号意义上有所不同,驯养动物在生活中是充当声望商品的。

---

① Smith 2001.

我们可以更进一步讨论。有些生存策略明白无误地要求人类对其他生物的生命周期进行重大干预，但就传统标准来看，这些生物没有出现驯化现象。印度尼西亚东部和巴布亚新几内亚的农林业就是一个典型例子，在那里，人类长期干预树木环境，其产品被用于食品和医药，更不用说依赖这些树木生存的植物、昆虫和动物群落。这些生物都不具备被驯化资格，但它们的分布反映了与人类共生的悠久历史。一旦你意识到这是可能的，你就会开始在考古记录中看到——例如在新几内亚，6500年前出现了大面积森林和湿地改造（排水、清除）的迹象。

关键在于我们是否有能力认识到他们将生存策略转变为经常采取的政治行为。以墨西哥恰帕斯的拉坎东玛雅（Lacandon Maya）和邻近的危地马拉的佩滕（Peten）为例，用人类学家约翰·爱德华·特雷尔（John Edward Terrell）和约翰·哈特（John Hart）的话说：

> 在过去的150年间，拉坎东人被探险者和人类学家描绘成狩猎—采集部落、小型永久农业部落或半永久的农业社会……拉坎东人的生存和适应策略因群体而异，在群体或家庭内也因社会、经济和环境条件不同而变化。[①]

这听起来非常像政治学家詹姆斯·斯科特（James Scott）对东南亚的描述。[②] 自从以盈余水稻为生的低地河谷三角洲帝国出现，东南亚的历史特征是，高地民众往往会调整他们的生存战略，以适应他们的政治利益，他们更具有流动性，并在国家威胁到他们的自治权时向内陆迁移。水稻帝国是考古上最近才出现的现象（不到2000年）。但是，我们不应该期望各种谋生方式的战略部署（即不

---

① Terrell et al. 2003, p.340.
② Scott 2009.

同程度的流动性和不同程度地依赖驯化动物)会有什么变化。以流动牧民为例,很显然,迁移(季节性的营地转移)远不是专业畜牧业经济的负担,而是需要维持大量畜群的原因。也就是说,牲畜支持流动性,而这种流动性之所以受到重视,并不是因为牲畜本身的需要。早在9.5万年前,迁徙游牧就出现在西南亚的约旦河谷。考古发掘表明,这种流动性随着时间的推移而起起伏伏。

驯化和营养

对驯化动物的依赖性增加,有着怎样的营养意义?

大多数就新石器时代人类营养状况所进行的争论来自稳定同位素比值研究,这些研究通过提取人类骨骼遗骸中发现的胶原蛋白,结合骨病理学(即矿化骨骼遗骸中营养不良的特征)进行。[①] 骨蛋白和牙釉质中碳-13相对于碳-12的富集可以用作对碳四植物依赖程度的代用指标,而氮-15富集可以反映在营养网络中个体相对于蛋白质的位置信息——氮-15含量较高表明对动物源蛋白质依赖度较高,即经历了更多的初级固氮过程。碳-13富集也可作为与初级生产的营养距离的标志,以及作为海洋来源食物的代用指标。这些关系都有启发性。例如,与谷物相比,豆类缺乏氮-15,因此高度依赖豆类可能会高估了基于植物饮食的程度。相反,动物—蛋白质依赖与氮-15富集之间的关系呈次线性关系,因此高水平的氮-15可能无法区分富含动物、植物蛋白的饮食。碳-13的区分作用同样有限。

还有样本偏差问题。正如我们所看到的,食品生产和储存倾向于催化社会等级。在新石器时代、青铜时代和铁器时代的社会中,埋葬在有清晰考古记录坟墓中的,主要是精英阶层。如果提供

---

① Fontanals-Coll et al. 2016.

骨蛋白和牙釉质研究来源的骨骼遗骸出自这些墓葬地点,这些很可能是部落里最有权势的人的骨骼。估计,他们的饮食也是最好的。

尽管存在这些担忧,但稳定同位素研究确实为我们展示了采用放牧和种植所带来的饮食和营养的变化。只是因地而异。从希腊到伊比利亚,横跨欧亚大陆的西南部边缘,从中石器时代到新石器时代的过渡时期,沿海和内陆地区对水产品的依赖度下降。一些地方显示,在新石器时代,氮-15富集减少,这与对动物性食物依赖度的降低相一致,而其他地方则显示出差异。例如,在西班牙,对来自7个距今5000年左右的地点进行的25个个体骨蛋白的分析表明,动物性食物在大多数地点占饮食的比例不到25%,但有两个地点高达40%。

对海洋来源食品依赖度下降的原因尚不清楚。在某些情况下,它可能反映了时间预算的冲突——农业对劳动力的更大需求使进一步的水产捕捞不可能实现。这种解释在人口更替情景中最有意义,因为新来者带来了农业,却从未像他们之前的觅食者那样熟悉当地的生物群落。在向农业转型的过程中,对水产食品需求仍然强烈的地方,可能是农业通过文化殖民而不是人口更替来实现的,而现有的本地知识并没有完全丢失。远离水生资源的做法支持了这样的观点,即意识形态在推动日益依赖驯养动物方面发挥了强大作用。就能量和蛋白质而言,新石器时代的人们似乎已经获得充分的营养。但有证据表明,在某些地方,新石器时代的人患有慢性贫血,如果是基于对营养的需求驱使他们转向粮食生产,这事与愿违。

证据来自颅骨中血球过量产生的矿化痕迹。血球过度生成伴随着颅骨内层海绵状、含髓的松质组织扩张,牺牲了致密的外皮层。皮质层表现为锥形病变——称为(筛骨)筛板。导致红细胞过度生成的贫血可能有多种来源,有些是传染性的,有些是遗传性的,有些与膳食中铁及其吸收辅助因子缺陷有关,包括维生素B12 和维生素 D,以及抗坏血酸或维生素 C。地方性贫血至少部分是由饮食中缺乏血红素铁和抗坏血酸引起的,也有可能是由传染病引起的。成群饲养动物使人类接触到一系列新的人畜共患病。[1] 今天,人类60%的传染病是由其他群居脊椎动物中的病原体引起的。我们听到的往往是家畜流行病(错了,实际上是人畜共患病),也就是说,在人之间的传播率很高。但从历史上来看,**地方性动物疾病**,即动物传染到人类的稳定传播模式的病原体,占了人类慢性传染性疾病的大部分,驯养的畜群是主要来源。因此,早期农业人口中的贫血可能与驯化有关,但与肉类消费或饮食广度的减少无关。

在早期农业社会的研究中,关于饮食多样性在微量营养和骨骼健康方面发挥的作用,日本提供了一个案例。在日本,全新世的组合以绳文文化(Jomon culture)为主。绳文文化有时被描述为一个复杂的觅食经济,但史密斯认为它是一个"低水平的粮食生产"经济,类似于北美东部的经济。无论如何,大约2500 年前,一个新的稻米生产经济出现在本州岛,被称为弥生文化(Yayoi culture)。绳文时代和弥生时代人类颅骨筛状眶的出现率大致相当,就这一指标而言,两者的贫血率没有显著差异。相比之下,弥生人的牙齿线状釉质发育不全的情况有所减少——在儿童时期,釉质沉积因感染或营养压力而中断。[2] 也就是说,在日本,与类似环境中的觅食者相比,粮食生产者的发育不良风险似乎较低,而且微量营养素缺乏症的程度没有增加。一种解释是,在日本,采用农业的同时并没有放弃海洋觅食。相反,甚至有证据表明弥生人从事水产养殖,将捕获的野生鲤鱼放养在稻田里,并在稻季结束时收获。

---

[1] Karesh et al. 2012; Muehlenbein 2016.
[2] Temple 2010; Nakajima, Nakajima, and Yamazaki 2010.

帝国

在距今 1 万年的时候,粮食生产的优势还远不明显。耕作和放牧比采集和狩猎需要更多的劳动,这些劳动要求一种新的社团主义和对权威的服从,从而在更高效和更协调的方式下进行。反过来,农业产品先是在想象中,然后在法律上,与生产它们的特定劳动事件挂钩。再者,食品储存的新技术,助长了盈余的囤积,削弱了互助精神。食品都变成了财产,更不用说牲畜、牧场以及其他与食品生产有关联的东西。粮食生产形成了获取基本生活手段的根深蒂固的等级制度,使部落的绝大多数人处于不利地位。

除此之外,在许多情况下,也许是大多数情况下,早期粮食生产者饮食中的铁和其他微量营养素含量较低,尽管有弥生时代的证据,但即使在满足发展的能量需求方面,它们可能也没有更多的保障。饮食多样性本身就是一种应对环境变化和其他营养压力的保险形式。通过采用一种关键成分不太多样化的饮食,粮食生产者面临获取这些成分的知识短缺的风险。关于粮食生产者饮食的相对同质性,还有一些话要说:也许食物不那么有趣,在口味和质地上不那么惊奇,也不那么鼓舞人心。日复一日地吃同样的食物会让人感到压抑。

粮食生产并不是定居生活的必需,也没有处处受制于失控反馈的影响。有证据表明,在不同程度地依赖饲养食物的情况下,长期稳定的经济的确缺乏整体保障,时而对觅食的依赖程度较高,时而对生产的依赖程度较高,在这两者之间周期性交替。

然而,在欧亚大陆和非洲的大部分地区,以及美洲和西太平洋的大部分地区,我们确实看到了类似农业的过渡的情况。所以农业肯定有什么优势。

我们需要小心，不要把我们自己的观点投射到 5000 年前的人们身上。无论是培育种子还是饲养捕获的动物，都不是人们在权衡利弊后做出的决定，不像我们选择职业或住在哪里那样。一个类似的例子就是城市化。现在，多数人的大部分时间生活在城市或城郊环境。这与过去大相径庭。想象一下，1000 年后的观察者回顾人类城市化的那一刻。他们可能会问，当时的城市生活带来了更高的精神分裂症以及和污染相关疾病的风险，这是怎么发生的？当然，我们作为一个集体尚未决定住在城市，就像新石器时代的人决定是否驯化植物和动物一样。相反，驯化和粮食生产是由一系列迫切担忧的生态问题所导致，比如因猎物数量下降，人们逐渐认识到有可能使稻米进入定居地。相反的信号——认识到种植水稻比从野外收割需要更多的劳动，儿童慢性贫血，社会不平等——在更长的时间范围内表现出来，结果，人们对日常行为的选择压力更为放松。随着时间推移，公正评判日常行为的意识形态出现了——遵从权威，人类掌控土地和动物，劳动创造财富。最终，这些意识形态不断增强。

在某些地方，尤其是欧亚大陆中部寒冷、干燥的草原，牲畜表现出了特殊的优势：它们以人类可以利用的形式充当营养容器，浓缩和储存来自草原的能量、固定氮和微量营养素——肉、牛奶、纤维和粪便。放牧使草原更多产。①

有多多产？大约在公元前 91 年完成的史书《史记》将中国北方的匈奴部落描述得与中原王朝十分相似，有阶级分层、世袭精英和中央集权，对声望品的流通实施实质性的控制。今天，一些考古学家会进一步说，匈奴是个帝国：一种政治形态，在这种政治形态中，疆土与文化多元的民众被带入单一的贸易网络中，农业盈余和声望品不断从边疆走向精英权力中心。如果认为匈奴是帝国，那

---

① Honeychurch 2014; Honeychurch and Makarewicz 2016.

么它至少在一个关键方面不符合我们对帝国的通常认知：它的经济支柱是流动的畜牧业。

对匈奴的考古过程中已经发现了小麦和谷子种植、拥有铁作坊的永久定居点，但这一地区最适合放牧。牧群包括绵羊、山羊、马、牛以及少数的猪、牦牛和骆驼。我们所讨论的政治复杂性的特点与定居主义密切关联，以至于我们起初很难想象一个帝国是如何从这种畜牧经济中崛起的。事实上，正如我们看到的那样，流动的畜牧主义经济不利于国家控制。但是，如果我们放弃政治复杂性的进化分类——酋长、邦联、国家、帝国——并开始将服从和自治视为经济格局的偶然状况，随季节、气候以及本地和远方精英的魅力而变化，那么牲畜作为财富集中的无与伦比的媒介就会受到关注。原因有两个，一是营养能力，流动放牧的专业化能够利用起来那些不适合其他经济活动的大片土地。另一个是，**牲畜非常适合用作货币**。[①] 这是我们在非洲、欧亚大陆和大洋洲所看到的现象。在被用作货币的地方，牲畜往往处于货币层次结构的顶端位置，其等级依牲畜用途而定。牲畜是彩礼和债务的货币，在一定条件下，它们支持了帝国精英阶层的形成。

在匈奴案例中，这些精英参与了一项跨越广阔疆域的高度整合的声望经济活动。墓葬品包括来自遥远的印度和地中海的贵重金属、宝石、纺织品、陶器和漆器。有证据表明，在匈奴出现之前的几个世纪，财富和政治权力得到了巩固——更少、更大的纪念碑，更一致的贵族独特标志已然出现。精英阶层的融合是否意味着自给自足的牧民的屈服？从证据上看，匈奴并不是我们所说的早期帝国那种军阀制度。匈奴精英能像1300年后的成吉思汗那样组建一支帝国军队吗？也许不能，但他们组织严密，足以抵御中原王

---

① Guyer 2004; Hutchinson 1996.

朝的军队。

在铁器时代的欧亚大陆,当作食物而饲养的动物以及依赖它们的人处在同等位置,服从于财富积累和集中的机制。当代世界在这方面与此相似。我们在本书的第二部分会转向当代世界。

桥　历史的拓扑

在《空间是机器》一书中,建筑师比尔·希利尔(Bill Hillier)提出了用拓扑学方法研究城市形态的观点。他的意思是,我们不能简单地通过测量地图上的距离和面积来了解一个城市是如何发展的,也不能就此来了解今天人们是如何利用城市的。相反,我们必须把城市视为一种运动经济,其演变和功能受人们从一个点到另一个点的循环需求支配。当我们把城市看作街道级行程网络时,欧几里得的距离和面积度量方法将会退居次要地位,而由此打开了新视野:两点之间的拓扑距离被定义为从一段到另一段。在步行网络中,区段以视线为界。对于公共交通网络,你可能会用换乘方式(两次乘车的用时感觉比相同旅行时间的一次乘车要长)。对于汽车网络,你可以添加起点和终点。当你查看地图或航空图像时,拓扑视图可能不会让你眼前一亮。你必须首先想象自己在追寻一条线路。

历史也是如此。在序曲中,我试图全面解开肉食之谜。对于上新世—更新世来说,这很简单,因为那时证据稀少,时域分辨率较低,人类营养生态位编目有限。一旦进入全新世,情况就不同了。在第四章,我们开始遭遇地理广度的挑战,因为欧亚大陆西端至东端的动物—人类共同进化的环境分道扬镳。在现代,这一挑战更加复杂。我们必须在讨论的覆盖面上更具选择性,在选择要关注的问题上深思熟虑。

面对现代世界中多样且复杂的经济策略,一种应对方法是采用全面性的视角。我可以撰写一部人类—动物关系词典,词条按地理或生存模式排列。这有其吸引力。但就像从高处俯瞰城市一样,这种全面视角会忽视一些具体、细微但非常重要的因素,这些因素在理解肉食在人类进化中的作用及其功能时至关重要。

相反,我选择把重点放在少数几个案例上,用这些案例的特点阐明整体的特点。采用选择性方法的危险在于选择案例时会带有偏见。在序曲中,我对一系列学科(地理学、经济学、行为生态学等)的观察者采用的叙述方式表示不满。他们通过猜想肉食在人类进化中的作用,来证明是收入弹性推动了今天肉类需求的增长。我指出了"狩猎的人类"理论的人类学证据的不足之处,以及消费者行为数据中关于收入和肉类饮食的矛盾。在第二部分,我们再探讨这些矛盾。如同在第一部分中,我们关注的是"肉食成就了人类"一说的证据问题,在接下来的内容中,我们对"富裕一定意味着肉食"这一主张也做了同样的处理。

这并不是说,收入的增长从未释放因消费者市场力量不足而被压抑的肉类需求。正如我们将在第八章中看到的,收入弹性可能是故事的一部分,但不会是全部。对肉食问题的全面理解要求我们关注俯瞰视图中所有不显著的东西——那些在总体统计中没有显示出来的东西。

在第三章,我提出了从萨胡尔人的角度看待行为现代性的观点。我的观点是要打破欧亚大陆西部——欧洲、地中海北部和西南亚——对"我们"讲述的关于"我们"是谁的故事的控制。第一个"我们"仍然主要由具有欧洲血统的人主导,这对考古学记录中什么算作现代性有所影响。在第六、七、八章,我做了类似的事情:从亚太视角看待现代肉类经济。我的目的是推动食品系统文献从北大西洋转向那些在接下来两三代人中其口味、专业技术和气候将主导全球饮食变化模式的地区。

我在第二部分讲述的故事并不普遍；你可以在世界其他地区找到反例。但它具有广泛的意义，因为它说明了在不同政治环境中——澳大利亚原住民和北美、城市化中的中国——经济强制与肉类消费之间反复出现的关系。这种模式与我们最常听到的关于肉类和富裕的故事背道而驰，并促使我们思考在不久的将来，人类与我们食用的动物之间是否可能存在甚至需要另一种互动方式——一种新的、更可持续或更道德的方式来处理二者之间的关系。

第二部分

富裕一定意味着肉食吗？

第五章

圈地

我第一次到西澳大利亚的黑德兰港（Port Hedland），是开车去的。从珀斯（Perth）出发花了几个星期的时间，沿着海岸线走走停停，还绕道西北角前往埃克斯茅斯（Exmouth），那里有一个美国海军通信站，与当时西海岸主要的潜水胜地毗邻。在卡那封（Carnarvon），我住的一家旅馆主要招待水果种植园的季节工，这些工人大多是来自英国和其他国家的年轻人。登记入住时，他们会发放个人餐具，想必是为了减少厨房使用的冲突。一天晚上，我坐在桌边大口喝着可乐，敲着可乐罐子，直到整个世界似乎都在晃动。一个来自苏格兰的13岁女孩和她的母亲一起旅行，这个女孩和一个年龄是她三倍的男人发生了争执，为了证明自己的观点，她不得不背诵无线电报务字母表——阿尔法（alpha）、布拉沃（bravo）、查理（charlie）。当我询问人们在那里住了多久时，他们都说："太久了。"小镇散发着一股木瓜熟透的难闻气味，我很高兴能离开。从埃克斯茅斯返回时，我只停留了够给车加满油的时间，还载了一个搭便车的人。沿着1号公路开了三四个小时到了下一个加油站，经理听出了我的美国口音，他说自己喜欢吃糖霜葡萄馅饼，问我是否能寄给他一盒（我后来寄了）。

经历了几个星期的热带酷热，旅店老板大白天就会喝得酩酊大醉；车里除了播放地区新闻（海洛因缉获案、芒果期货），没有其他什么的了。到了黑德兰我才如释重负。我知道这个港口正在输出食盐和铁矿石，但作为一个区域性采矿中心，这个小镇异常安静。除了港口本身，唯一吸引人的地方就是位于库克角（Cooke Point）以东的一片潮间带，被称为"美丽池"（Pretty Pool）。满月退潮时，海水退去留下的水坑与月光辉映形成一种阶梯状的幻觉。有天傍晚，我散步来到"美丽池"，回到岸上时，已没有亮光，我花了半小时才找到鞋子。后来，有人告诉我，我可能踩到了埋在沙子里的腔棘鱼。

几个镇子旅游局的工作人员曾透露，当时人们正在酝酿一场关于威特努姆（Wittenoom）的争论。威特努姆以前是一个开采蓝石棉的内陆小镇，目前镇上还剩下 20 多个居民。州政府正考虑关闭这个小镇，理由是石棉和其他有毒的空气微粒会给居民带来危险。居民们要求撤销停止基本服务的政令。他们认为政府关闭威特努姆是一种转移视线的策略，让人们忽略该州其他正在开采的矿山中空气悬浮颗粒所造成的更严重危害。他们希望将威特努姆建成旅游景点。更为复杂的是，当地的原住民班尼吉玛人（Banyjima）在 1997 年提出了一项原住民土地权要求，其中便包括威特努姆峡谷。前一年，澳大利亚高等法院在"维克人诉昆士兰州政府"一案中裁定，根据所谓"原住民土地权"的新制度，发放牧场租约（如矿场经营者持有的租约）本身并不会消除原住民领土主张。没有人知道维克人诉讼案会对州政府的决定（如关闭城镇）有什么影响。每次我提起威特努姆，旅游局的人以及后来我在珀斯见到的澳大利亚地质调查局的人都会感到紧张。在这种情况下，黑德兰港似乎不那么有趣。

2010 年，当我从珀斯飞回黑德兰时，感觉那里的氛围已经不一样了。黑德兰港已清理得干干净净，旅馆和露营地都已关闭，汽车旅馆房间每周 500 澳元。"美丽池"附近有个新开发项目，两层楼的单户住宅，每栋价值超过 100 万澳元，与必和必拓公司（BHP）毗邻。我们开车经过的那个晚上，房东说道，必和必拓是世界上最大的矿产公司,也是黑德兰港再次繁荣的主要受益者。铁矿石的热潮始于 2004 年,当时中国对铁矿石的需求猛增。到 2016 年,这一切行将结束。[1] 值得注意的是,铁矿石出口量持续飙升,2016 年 8 月峰值近 4300 万吨,其中超过五分之四销往中国,即使矿石价格有可能触底,不到 2010 年的三分之一。黑德兰港已成为世界上最大的散货出口码头。

如果用这种方式对现代社会的肉食展开讨论似乎有些奇怪,那么请考虑一下,从 19 世纪 60 年代欧洲人首次在该地区建立永久定居点开始,到 20 世纪 60 年代开始开采铁矿,在很长一段时间里,牲畜一直是黑德兰港所在的皮尔巴拉地区(Pilbara)的经济支柱。[2] 不仅在皮尔巴拉,在整个澳大利亚和世界其他殖民地区,牲畜和矿产都紧密交织在一起。前面提到的"牧场租约",顾名思义,最初是发放给牛羊牧场经营者,畜牧业和采矿业的繁荣往往循环交替。一个地区饲养牲畜,随之而来是金矿的发现。当金矿开采枯竭时,勘探者就转而饲养牲畜。

不难想到,矿物质——金、铁、铝、铀,以及如今对半导体至关重要的稀土——以深刻而难以预见的方式影响着世界,在航运、建筑、制造业和消费品等领域,短缺与过剩现象层出不穷。石油和其他化石燃料也是如此。[3] 这些**采掘商品**的某些特性需要我们认真对待。它们难以开采、牢固、质地坚硬。想要获取它们就必须对地球和人类使用蛮力和暴力。我们一定是真正想要得到才会付出这样的努力。

现在,我希望读者开始用同样的方式来思考肉类,将其视为一

---

[1] Bradsher 2016.
[2] 皮尔巴拉是一个干燥的热带沙漠和灌木丛地区,位于澳大利亚西部,濒临印度洋,面积约 50.8 万平方公里,从德格雷河向北延伸到阿什伯顿河。地势平坦,平均海拔 990 米。季风性气候。这是澳大利亚最热的地区:马布尔巴的雨季白天气温通常高达 49 ℃,整个地区的气温通常高达 40 ℃。在旱季最凉爽的 7 月和 8 月,白天气温低于 14 ℃ 的情况很少见,但在某些地方,夜间旱季温度确实会低于冰点。雨量不稳定,年降水量为 200—350 毫米。
[3] Mitchell 2011.

种从圈养动物中提取出来的东西,而动物群圈养需要投入巨资及相当大的力量进行建造并养殖,它们的动态,无论是活生生的动物还是冷藏肉块,都以深刻的、意想不到的方式影响着我们的生活。在本章和接下来的3个章节中,我们将目光转向现代,大约是过去的200年间。如果说第一部分探讨了肉食在促进人类进化和人类向更广阔空间扩散方面所扮演的角色,那么第二部分则探讨了人类经济活动业已开始主宰生物圈动态的今天,肉食在我们的世界中扮演着怎样的角色。探讨这一新问题时所使用的资料来源和解释标准与第一部分使用的截然不同。但是,第一部分的主题将继续充斥在我们每一轮的讨论中:引导这些发展的进化和历史力量有多强大?其结果是不可避免的吗?我们想让它们未来有所不同吗?一个富裕的世界必须是一个肉食世界吗?关于富裕的实际含义,我们随后会讨论。

本章,我们从圈地开始。

殖民化的代谢视角

在第三章和第四章,我使用了"集约化"一词,但没有仔细解释其含义。原则上,为集约化提供一个精确的定义应该不难,比如说,根据与食物采购有关的各种因素——能量、水、碳、氮——的周转率变化。在单位面积和时间内,如果一群觅食者消耗10千卡热量能够获得100千卡,而一个农牧村庄消耗了100千卡热量,却获得了1000千卡,那么后者的生活方式就比前者更集约。当然,这并不说明这两种方式的相对效率(卡路里摄入与消耗量的比例)是一样的,但在第二种情况下,在给定的单位面积与时间内,热量周转率是前者的10倍。你可以改变分析单位——人均集约化或占有一定面积土地和水的群体的集约化——来研究人口密度与集约化之间的关系。当我说"消耗的卡路里"或"摄入的卡路里"时,不仅仅是指人类劳动所消耗的能量,还包括吸收到热量生命周期的各种能量资源,例如,有蹄类动物(无论是野生的还是驯养的)吃的草所含的能量。这种集约化相当于生物量在空间和时间上的集约。这与我在前几章中的想法并无二致。

集约化在考古学上很难量化,部分原因是材料残片的时间特性——一个灌溉土方工程系统是用于一年两季作物,还是每三年用于一季作物?这些土方工程是一代人建造的,还是十代人建造的?并且在某种程度上而言,正如我们在第四章看到的,集约化不是一种单向现象。在不同时期,一块考古学上可辨认的文物残片可大致被用于支持不同时代的集约化生活方式。可惜的是,从历史上看,集约化的概念一直与经济史模式紧密相连,事实上,经济史模式将集约化视为一种单向现象,最终成就了现代化,这里,现代化指的是工业化农业和自由资本主义。①

因此,在我们对集约化过于着迷之前,让我们先退一步,提出一个表面上看似更简单的问题:我们如何定义经济学家和考古学家争论不休的关于集约化的单位空间和时间?或者说,不是我们如何定义的问题,而是有疑问的人们如何定义它们?人们是如何想象地球表面范围的——更不用说森林冠层、河流和地下水层——这些他们开展经济生活和活动的地方,以及如何随季节、年度和十年周期的不同阶段利用这些区域?从何时起开始难以想象空间和时间的配置,即一群人把其他群体排除在外,持续占据着一片土地?换句话说,土地是如何被圈围起来的?

一般而言,当历史学家使用"圈地"一词时,通常指的是将公共牧场转为私人拥有的一系列法律与经济过程,通常是字面意义上的圈地或围栏,这始于17世纪的英国,并在随后几个世纪中蔓延至整个北欧,最近又延伸到世界其他地区。在这里,我讨论的更广

---

① Boserup 1965;Leach 1999;Cullather 2010.

泛,不仅包括土地,还包括植物和动物的新陈代谢及生命周期。在这一用法中,大群牲畜的增长代表了一种"圈养"(enclosure):这是对群居脊椎动物的生长和繁殖的社会化过程的圈养。受益者可以是一个家庭、多户季节性放牧家庭、一个村庄、一个国家或一个私人资本化的畜牧业。在这种用法中,圈地并不意味着土地所有者、资本家与小农户对立。

以这种方式拓展"圈地"一词的意义有两个好处。首先,它帮助我们认识到大畜群代表着**露天生物反应器**(open-air bioreactors)——如果你愿意,也可以称之为**生物量工厂**(biomass factories)。生物反应器是为支持生物活动,特别是为组织合成而设计或进化的一种封闭环境。它包括一个支架,进行新陈代谢的物理表面;一种介质,富含这种活动所需营养物质的液体。当我们讨论动物饲养的工业化时,把牛群当作生物反应器这种模拟画面将非常有用。

其次,我们可以将注意力集中到土地、动物和人类之间的圈养关系上。殖民化的代谢视角是我在序曲中提出的核心主张,即在当代肉类经济体系中,人类和动物之间的关系是相互依存的,双方都在这个系统中承担着特定的角色,并且都面临着某种形式的暴力或剥削。

放牧

我们在研究牲畜群——露天生物反应器——如何促进澳大利亚和美洲的殖民定居之前,有必要指出,牲畜作为殖民工具的作用并非起源于澳大利亚和北美大平原的资本主义放养形式。在上一章,我们看到,在适度盈余的情况下,专业化的流动性放牧可以在维持基本生存的强度下支持精英网络的扩张和整合,直至整个制度构架——流动的羊群和牛群、以城镇为基础的手工业专业化、从边缘向中心输送财富和声望的服从链——类似于一个帝国。匈奴就是这种情况,其以畜牧业为基础对外扩张,没有太多定居点。边疆的牧民和精英不是被不断发展的牲畜浪潮取代,而是成为国家剩余价值的榨取工具。在更早时候的非洲东北部,我们看到的是一种互补形式:扩张性殖民,如果说有区别,那么这种扩张没有多少基于国家形式。在 8000 年前,来自西南亚的牛出现在非洲东北部,与当地的野牛杂交,也可能是与先前在当地驯化的牛杂交。绵羊、山羊以及驴紧随其后。游牧并不是出现在定居农业的边缘地区:在尼罗河河谷,家畜的驯化至少比谷物早 1000 年。最初,这并不是一种人口更替的情况:原住民觅食者只是将放牧融入了他们的经济生活中。家畜能够将干旱地区的灌木丛转化为可用的生物质,这使得游牧觅食者、原住民牧民能够在沙漠中繁衍生息下去。早在 7000 年前,在今天的利比亚一带,牛奶就已成为游牧民族饮食中不可或缺的部分。[①] 随着时间的推移,牧群和牧民开始向南和西方向迁徙。

但 19 世纪在澳大利亚和美洲发生的事情,至少在 3 个方面是前所未有的。首先是速度和规模:与新石器时代、青铜时代和铁器时代的畜牧殖民主义相比,甚至与早期的现代化的大西洋殖民帝国相比,集约化在更广阔的地区发展更快,程度也更高。其次,现代畜牧殖民主义是由外部资本支持的商业企业。特别是在澳大利亚,畜牧养殖者们不把自己视为自耕农,而是新地产的精英创始人。他们是来发财的。最后,在澳大利亚和美洲部分地区,特别是美国和阿根廷,放牧边界是在国家扩张的背景下形成。这些国家利用放牧来扩大其领土主权范围。[②] 这并不是说牧场主和国家串通一气,压缩别国边境。他们之间经常发生冲突,而在那些地方当局不能强制推行其定居计划的地方,放牧业却繁荣兴旺。但最终,

---

① Honeychurch and Makarewicz 2016; Dunne et al. 2012; Macholdt et al. 2014.
② Dye and La Croix 2013.

牧场主会向国家呼吁,请求承认他们对牧场事实上的所有权,并强制平息冲突或驱逐当地原住民。

澳大利亚西南部

1788年,殖民者在现在悉尼附近的博特尼湾建立了第一个流放地。随后,1803年,在菲利普港(今墨尔本)和范迪门斯地(今塔斯马尼亚岛)建立了勘探定居点;①前者很快被废弃,但范迪门斯地在英国定居之前曾断断续续被法国占领过,成为流放罪犯的重要定居点。与新南威尔士一样,范迪门斯地的商业牲畜养殖在殖民化过程中扮演了至关重要的角色,羊毛出口到英国为自由定居者提供了主要收入来源。但对囚犯而言,被流放到地球的另一端并不是为了让他们重新开始。② 这些殖民地是露天监狱,囚犯被分配给私人牧场经营者,通常无法获得休假——实际上是赦免——哪怕已服刑多年。从1820年开始,在范迪门斯地,商业化牲畜养殖依赖分配到的囚犯劳动力已成常态,而非个案。到1830年,定居者达到22500人,包括自由定居者和囚犯,牛、羊数量接近100万头。有3个英国陆军团驻扎在殖民地,既是为了控制罪犯,也是为了驱逐或清除妨碍定居的原住民部落。在殖民者占领的塔斯马尼亚岛,经过10年越发激烈的低强度战争后,此地终于在1831年平息下来,原住民人口从殖民地建立之初的大约6000人下降到250人(如果还有的话)。③

大约在同一时期,受羊毛出口市场不断增长的影响,内陆出现了擅自占地(squatting)现象。新南威尔士殖民政府面临着15年来日益增加的压力,要求其采取更自由的土地转让政策。政府采取

---

① Boyce 2010.
② Foxhall 2011; Reid 2003.
③ Ryan 2013.

了一系列策略来缓解压力,同时保持对定居过程的控制。起初,殖民政府根据放牧者的社会地位和资本来分配土地。之后,又颁发了授予放牧权的"占用许可证",然后又是可延续的一年期许可证。1835年,一支私人支持的探险队从范迪门斯地出发,在菲利普港重新建立了一块殖民地,试图颠覆殖民政府的权威,用价值200英镑的物品从原住民手中"购买"了150万平方公里的土地。擅自占地者很快开辟了放牧路线。1838年,他们只需将羊群赶出新南威尔士州,进入今天南澳大利亚的维多利亚。直到19世纪60年代,圈养还不常见。牧羊人小屋的出现标志着事实上的占领,擅自占地者逐渐形成一套非正式解决纠纷的机制,最小化白人之间的暴力,从而避免因小规模冲突而引发殖民当局的清场行动。被占用的牛羊放牧场范围很大。1847年,伦敦殖民办公室建立了新的牧场租赁制度,以规范擅自占地者的所有权,租赁的面积为1万至1.4万公顷。1860年,维多利亚(时为一个独立的殖民地)殖民政府推行了一项"选择"制度,目的是在租约到期时打破占有者的土地权。实践中,一个拥有雄厚资本、广泛社交网和土地知识的成功占地者可以抢占其放牧领地的重要部分(例如,有水源的地方),从而阻挠自然选择过程。

从一开始,当地的每个人,从殖民地勘测员到占地者,再到居住在牧羊人小屋——占地者放牧战略要点——的因犯,都清楚地知道,他们进入的这片土地已被占有。1836年对威默拉(Wimmera)盆地进行的调查发现,贾德瓦贾利人(Jardwadjali)搭建的圆锥形帐篷的篷外涂有颜料,其中一间足以容纳40人;调查人员断定原住民一定是从因犯那里得到了帮助。放牧者有时会遇到成群的澳大利亚原住民,他们对欧洲人及其动物的熟悉程度各不相同。有时,放牧者会发现前方区域已经被烧毁。澳大利亚原住民第一次接触牲畜是怎样的感觉?我们将在下一章讨论这个问题。历史学家罗伯特·肯尼(Robert Kenny)为我们提供了一

个开端:

> 想象一下,你生活的世界里,袋鼠、沙袋鼠、鸸鹋、针鼹鼠、负鼠、袋熊、蛇和蜥蜴是最常见的动物;除了人类,最大的动物就是袋鼠和鸸鹋,它们是两足动物,体型和人类相似。……如果你一生都在追踪软脚沙袋鼠和赤脚人类,突然发现了铁圈车轮和硬蹄牛的痕迹,你会怎么想?科幻小说会这样写:火星人登陆了。①

虽然定居者看到的是只适合放牧反刍动物的地方,但对当地居民来说,这里曾是主要的觅食地,提供了广泛的动植物食物。牲畜改变了这一切。这片土地成了巨大的移动生物反应器的支架,牲畜群践踏了大部分地表植被,吞噬了剩余部分,使当地动物无法获得地表水。如果圈地从根本上说是为了垄断资源——土地、水、劳动力或反刍动物的特殊代谢能力——那么在澳大利亚东南部,牲畜就是圈地的载体,引发了当地生物群落和社会结构的一系列变化,除了资本雄厚的畜牧业者,其他人很难有效使用这片土地。

北美西部

如果说生物反应器这一隐喻在世界上什么地方有意义的话,那就是北美洲西部的干旱草原。② 在美国独立后的几十年里,加利福尼亚州的索诺拉(Sonora)和阿尔塔(Alta)共饲养了100万头牛,新墨西哥饲养了300万只羊。科曼奇(Comanche)地区是200万头驯化马和野马的家园。在整个美洲草原上,野生反刍动物自由驰骋,它们是欧洲殖民者在早期的殖民主义浪潮中引进的反刍动物

---

① Kenny 2007, p. 167; cf. Paterson 2010.
② 接下来的两段,参阅 Zappia 2016; Sheridan 2007。

后代。在一些地方——阿根廷的潘帕斯草原、美国得克萨斯州——野生牛群为资本主义畜牧业的新模式奠定了基础。

1800年前,在殖民者控制的北美西部部分地区,牲畜养殖以放牧和谷物饲养相结合,从而刺激了沿海和河岸地区的谷物生产市场。当时正值北半球长达500年的低温干燥期(即小冰期)的尾声。欧洲殖民时期恰逢北美西部原住民采纳新的生活方式——流动性更大、更依赖牧草,与我们在上一章中看到的全新世中期北美东部地区的霍普韦尔社会形成了鲜明对比。欧洲人初到北美时,大平原上有3000万到4000万头野牛,以及与之数量相当的鹿和羚羊。

19世纪上半叶,一些平原部落采用以骑马为主的特殊狩猎方式,建立了以野牛("水牛")为中心的草原生态位。① 这既不是欧洲人所理解的放牧,也不是简单的"野外控制"或"低级粮食生产",而是在没有驯化的情况下通过圈地来保护野牛种群的新陈代谢。造成这种转变的部分原因是殖民者的入侵,大群牲畜和易燃谷物田使原住民本就离散的生活方式难以为继。

19世纪六七十年代的苏族战争(the Sioux Wars)以及平原部落迁往保留地之后,北部平原掀起了一股养牛热潮,堪比40年前澳大利亚东南部的绵羊养殖。铁路在北部平原的畜牧业中发挥了至关重要的作用,它提供了一种高效的方式,既可以将牛群运到牧场,又能在放牧季节结束时,将牛运到芝加哥进行饲养和屠宰。② 在某些情况下,正如在澳大利亚,放养行业得到了英国投资者的支持。美国政府比英国殖民当局更支持土地优先购买,但由于牛需要广阔的牧场,因此牧场实际上是共同占有。与澳大利亚一样,早期来到美国的人具有商业眼光,他们很快就形成了一种非正式的争端解决机制。这种制度以养牛人协会的形式运行,成员

---

① Isenberg 2000. 在引入马之前,人们通过将野牛驱赶到悬崖并引发踩踏事件来猎杀。
② Cronon 1991.

在一年两次的围捕(集合)中合力限制过度放牧和防止偷盗,并串通起来排斥后来者,他们在报纸上刊登牧场关闭的广告,不再接纳新来者进入牧场。

19世纪80年代,想成为放牧者的人越来越多,形成洪水猛兽般的局面,所有人都期望依据1862年《宅地法》和后续法律的保障,行使养牛人的土地优先购买权,但他们发现自己实际上被禁止进入既定的牧场。联邦政府拒绝执行这项法律,而养牛人乐于游走在法律的边缘:他们既没有所有权,也没有租赁权,但他们可以独享大片牧场,可以方便地用铁丝网隔出牧场。1901年,罗斯福政府确实实施了小农户优先购买权,但牧牛人还是继续向西扩张。

牧民协会阻止了过度放牧吗?不,事实上,即使是协会成员也有意将牛群数量维持在极限水平上,以免邻居察觉到他们的牧场萎缩,进而侵占他们非正式分配到的牧场。正如19世纪40年代的澳大利亚东南部一样,动物不仅是资本单位,还是土地占有的工具。人类学家托马斯·谢里丹(Thomas Sheridan)描述了这场大规模死亡:"1885—1886年严冬期间,南部大草原上85%的牲畜死亡。在1887年1月的北部平原大暴雪中也出现了类似的损失;1892—1893年毁灭性的干旱期间,西南部牧场的损失在50%至75%之间。"[①]

近代史上的山艾反抗运动(Sagebrush Rebellions)——美国西部放牧者明确拒绝联邦监管——可以追溯到牲畜资本主义的早期。(2016年1月,对俄勒冈州马鲁尔国家野生动物保护区的武装占领就是山艾反抗运动升级的例证)。放牧者开始认为在公共土地上放牧是自然法的一项条款。1934年的《泰勒放牧法》名义上结束了无监管的公共放牧,为放牧者建立了一套许可和咨询委员会

---

① Sheridan 2007, p. 125.

制度,以便他们进入现在由林业局和其他联邦机构管理的土地。实际上,在很长一段时间里,咨询委员会的成员都是许可证持有者。许可证依"动物单位月"(AUMs)进行规定,即在特定时间内在特定牧场放牧一头母牛和一头小牛的权利——"月"指的是"动物单位"在该时间段内预计消耗的饲料量。至于放牧者获益多少,众说纷纭。从表面上看,公共土地上的动物单位月比使用私人土地的同类费用要低得多,但私人土地放牧的费用包含了更多的环境修复成本,而这些在公共土地上则需要放牧者自掏腰包。

谢里丹认为,牧场是典型的公有资源,"低质量、东一片西一片零零散散,且不可预测",我们应该期待在公有土地或从国家租赁的土地上看到某种形式的灵活使用权。[1] 在澳大利亚中部和西北部,养牛人确实成功地获得了对大片旱地的长期独家使用权,我们将在下一章对其影响进行探讨。

成立于1946年的土地管理局是山艾反抗运动的主要仇视对象,其任务是解除牧民对西部牧场的有效圈地,更不用说通过减少放牧分配来阻止过度放牧和水资源枯竭。土地管理局管理着1亿公顷的土地,法定任务是平衡放牧者与伐木者、矿工、自然保护主义者和休闲土地使用者之间的利益。这就使它成为众矢之的,但养牛人尤其强烈地反对一地多用政策,少数人甚至采取了暴力行动。

在某种程度上,这是由于具有不同物质特性的各类资本催生了不同的企业社会结构。[2] 如果采矿和伐木是独立经营者的松散联盟,我们就会认为这些经营者的行为更像放牧者。同样,畜牧业作为一种资本类型,其区别在于它使松散的联盟可能以我们认为"更大""更难"的资本规模来实现有效"圈地"。与矿产或木材相比,牲畜代表了一种更灵活、更易变通的资本类型:少数人驱赶着

---

[1] Sheridan 2007, p.126.
[2] Mitchell 2011.

大型移动生物反应器穿越土地,除了牲畜本身,几乎不需要任何工具就可以占有土地(或者,在铁路可运的情况下,以灵活方式租赁辅助资本:无需购买铁路使用权便可通过铁路运输牲畜)。但牲畜的流动性不应使我们忽视其中隐含的掠夺性。

挤奶和剪羊毛

我还能举出更多例子,但现在已经足够大致得出一个结论:干旱草原的圈地和有蹄类动物的生命周期相互关联。这就需要一定规模的牧群——露天生物反应器——来占领一片土地,将对手排斥在外。这种规模的牧群需要广阔的土地和大量牧草。我们先暂停,考虑一下另一种代谢形式的圈地。当我们谈论"圈养"动物的生命周期时,除了圈养繁殖,还意味着什么?我们能量化圈养对动物代谢资源的占用情况吗?我们能确定集约化的等级吗?

到目前为止,讨论驯化动物时,我们一直关注的是肉食,尽管我也提到了家禽的其他作用以及人类和其他脊椎动物建立共同生态位的各种途径:共生和陪伴、崇拜价值、牵引和运输。有时,就像安第斯山脉的美洲驼一样,驯化的动物提供了多种作用:肉、奶、牵引工具、纤维。当我讨论动物源性食物在觅食经济中的作用时,把重点放在肉类上是有道理的,尽管蛋类在不同的时间和地点也扮演过重要角色,尽管觅食者也曾把动物的身体用于食物以外的用途。既然我们已经把目光转向了驯化动物,我们就需要看看动物在食品生产者经济中的其他作用。

长期以来,新石器时代考古学的工作假设是,牛奶、毛、牵引力等这些无需杀死动物就能从其身上获取的东西代表了**次级产品**(Secondary products)。[①] 该推论认为,这些东西不可能推动驯化行

[①] 次级产品概念的提出通常归功于考古学家安德鲁·谢拉特(Andrew Sherratt)。以下内容参考Greenfield 2010; Vigne and Helmer 2007; Evershed et al. 2008; Honeychurch and Makarewicz 2016。

为的发生,因为除了有限的鸡蛋,觅食者并不使用它们。即使我们假定人们在想象力上很容易实现从兽皮到毛毡或从哺乳到挤奶的飞跃,但制作毛毡或乳制品是一个漫长的试错过程,并需要手中大量的原始材料来进行试验。此外,在距今五六千年之前,没有任何关于乳制品的实质性证据。

近年来,这种情况发生了变化。更精确的死亡率曲线分析表明,早在1.1万年前,牛、绵羊和山羊就被饲养用于乳制品生产。西南亚和东南欧出土的陶器中发现了典型的反刍动物奶的长链脂肪酸残留物,最早可追溯到8000年前。在第四章提到的西班牙新石器时代农牧民的动物蛋白可能本质上是奶类。① 正如我所指出的,牛奶似乎对非洲东北部的畜牧业殖民化至关重要。

这就是动物代谢圈地的一个例子。我们可以讨论乳制品在不同时期和不同地方的饮食中究竟有多重要。我们会问,反刍动物是在何时何地首次被培育成能够全年产奶的。这些都是如何衡量集约化的问题。但是,我们并不需要答案就可以明白,随着乳制品生产的发展,我们有了一种新的圈地。动物不再是在其生命周期中只能收获一次的东西。相反,它们是可再生资源,在其整个生产生命过程中,我们可以不断利用其将低级植被转化为优质食物的能力。

将动物作为商业资源而非生存资源加以利用的情况也是如此。这就是我们在澳大利亚看到的情况:在擅自占地中,羊的价值不在于它们是肉类或奶类的来源,而在于它们能将灌木丛转化为纤维,这些纤维可以转而卖给英格兰的纺织制造商。这样,动物就被纳入了我们所熟知的经济体系中,不是觅食者和小规模牧民的生存经济、热量经济,而是商业经济、债务和现金经济。

---

① Fontanals-Coll et al. 2016.

从个人到财产

我在上一章经常提到意识形态。我所想到的是一套价值观和一套根据这些价值观解释经验的标准。但是,这些意识形态是关于人类与其他生物以及人类与看不见的力量之间关系的本质,比我们通常所说的政治意识形态更为宽泛。使用世界观一词可能更恰当,或者更准确地说,是宇宙观:一种关于世界如何产生、如何构造,关于其起源和构成的理论。我大致描述了猎人和牧民宇宙观的特征。现在我们有了第三类基于动物的经济活动,以放牧者为代表。让我们仔细研究一下宇宙学是如何在这三类人物的生产生活中得以体现的。[1]

关于狩猎民族的宇宙学理论的文献资料十分丰富,大部分来自对欧亚大陆北部、北美、环北极地带以及亚马逊地区的民族志研究。某些主题反复出现,包括猎人在森林中迷路的故事。夜幕降临,猎人不知道如何回家时,他遇到了一个男人,也可能是个女人。陌生人邀请猎人到他的村庄过夜。在某些情况下,猎人最终娶了这个人的姐妹或女儿。猎人在村子里生活了一段时间,才意识到村子里的居民实际上都是动物:也许是驯鹿,或者是其他一些在当地有名的猎物。在另一些情况下,猎人很快就意识到发生了什么,于是连夜逃走。在某些版本中,一旦回到村子里后,动物们会"褪下皮毛",露出真实的动物本性。这一类故事夹杂着焦虑,或是对迷失自我的焦虑,或是对困在动物群里的焦虑。故事说明了猎人宇宙观的一个共同特征:人的身份取决于其所处的位置。对人类来说,我们是人,经过了文化的熏陶,其余都是动物;而对动物来说,它们才是"人",人类是另一种东西——也许是捕猎者,也许是

---

[1] 本节借鉴了 Nadasdy 2007, 2016; Pedersen 2001; Willerslev, Vitebsky, and Alekseyev 2016; Ingold 2000。

猎物。

并不是所有的动物都能从自己的角度被赋予"人"的地位。往往是那些在群体生活中占据重要地位的动物，才被认为具有与人类相同的内在性和社会性。即便如此，情况也各不相同。根据你身在何处、与谁交谈、何时交谈、谈论的是何种动物，你可能会听到各种说法：比如个体动物有灵魂，它们的行为由"精神大师"或"狩猎大师"引导；或者必须安抚动物，以免它们生气，不再以自身为猎物。在西伯利亚东部的一些地区，"精神"构成了第三类人，他们有独特的个性，对哪些生物是家畜、捕食者和猎物有自己的看法。欢迎猎人进村并把女儿嫁给猎人的可能是精神大师，而非动物。无论精神起什么作用，动物和人之间的关系都不对称。在有些地方，动物能听懂人的语言，有时甚至人还没有说话。在加拿大北部的一些民族中，动物和人类之间是一种保护性关系。

狩猎本身就充斥着一种紧张关系，既要把被猎杀的动物看作慷慨的同类，又要把它们看作一种可能对立的无形力量，必须哄骗它们来满足人类的需要。通过狩猎或诱捕杀死动物，既是持续的互惠交换链中的一种姿态，类似于贸易伙伴或盛宴对手之间的交换，也是一种单方面的战胜动物或其顽固意志的行为。在一些地方，猎人将分享肉类的义务与慷慨接受礼物的义务联系起来：动物将自己献给猎人时，是以盛宴赠送者的身份行事，猎人不得拒绝动物的慷慨。

因此，狩猎者和被猎杀动物之间，既是对抗性的，也是一种相互尊重的关系，这是建立在把它们也视为"人"的基础上，尽管是另一种类型，我们实际上有时很难将其看作人类。这与牧民眼中的世界有何不同？人类学家蒂姆·英戈尔德（Tim Ingold）认为，在畜牧业中，信任让位于支配。牲畜不被视为人类，这和狩猎动物不同，人类不需要因食肉而对牲畜心怀感激。需要注意的是，以萨米人的驯鹿经济为基础，英戈尔德观察到，养殖动物并不是我们之前讨论过的资本主义畜牧业的"生产单位"。它们有感情、有知觉,在某些情况下,他们具有鲜明的个性,但它们是财产,而不是人。而且,在养殖关系中,人类无可争议地处于主导地位。

英戈尔德提出的从"信任"到"支配"的转变理论,已经成为学术界用来概括人类生存方式与宇宙观之间关系的标准框架。但最近越来越多的证据表明,情况要复杂得多。首先,对斯堪的纳维亚青铜时代的考古发现,那里的长方形房屋一端供人类居住,另一端供动物居住,这表明人类和动物之间存在着一种亲密的关系,这种共生关系与信任丧失的说法相悖(正如任何在山羊农场工作过的人都会告诉你的那样,山羊在近距离表达它们的欲望时毫无顾忌)。另外,人类学家在西伯利亚东部观察到,狩猎者和牧民谈论动物以及动物在各种仪式传统中所扮演的角色具有惊人的连续性,让人们对宇宙学有所了解。这里,再次以驯鹿为例。东北亚地区的驯鹿驯化至少可以追溯到 2000 年前,因此我们不能简单地说宇宙学落后于实践。在一些畜牧部落,以驯鹿群规模为基础的阶级分层证明,人们很容易将驯鹿视为一种财产:要想成为大人物,就必须拥有大量驯鹿。同时,在这些部落,萨满教对精神世界的干预像极了对邻近狩猎部落的干预,而后者更加平等。

这些宇宙观,无论我们称之为万物有灵论还是视觉论,都有别于在澳大利亚和北美某些地区占主导地位的图腾宇宙观。在后者看来,人类与动物之间的关系并不是一种跨越物质相似性界限的换位思考和交流,而是一种亲缘关系,其中包含了不同种类的动物和不同种族的人类,这可追溯到世界形成之时(在澳大利亚是"梦想"时期,第六章将进行更详细的讨论),并为当今世界的持续发展各司其职。视觉论和图腾主义其实并不对立。它们更像是动物—人类社会结构中的两极,不同的社会处于两极之间的不同位置。他们的共同认识是,人类的任务是维护动物创造的世界。这通常被解读为环境主义的前身。但是,这里的维护不仅包括仪式工作（祭祀、歌颂梦境），还包括对动物生命的日常掠夺。这既是一种经济伦理，也是一种精神伦理，在经济和生态的双重压力下，可能会过度开发。对于那些习惯于将动物仅仅视为野生动物、宠物或牲畜，而从未将其视为对手、贸易伙伴或祖先的人来说，理解某些文化中对动物的复杂关系是困难的。肯尼在描述澳大利亚东南部放牧后一代人如何将牲畜纳入他们的梦境（比喻为"火星人登陆了"）时，指出这种变化不仅导致了宇宙观的断裂，也破坏了生活中生产性（如经济活动）和沉思性（如精神信仰）之间的原有平衡。

事实上，1890 年的拉科塔鬼舞（Lakota Ghost）运动在当年 12 月 29 日达到高潮，约 300 名密尼康周部落（Minneconjou）的拉科塔人在伤膝（Wounded Knee）地区遭到屠杀，促使人们跳这种舞蹈以及举行这种纯粹仪式的原因之一是希望能召唤野牛回来。自 1883 年以来，苏族人（Sioux）保留地上就再也没有出现过野牛。当然，悼念野牛也是一种哀悼方式，哀悼因军事失败和被迫迁往保留地而失去的流动性、自主性、尊严和法律地位。但这也是饥饿的一种表现，一种让人胃痛的饥饿。在保留地，北美平原上的原住民物质需求的满足依赖于印第安人事务办公室官员的安排，这些人通常属于政治任命，缺乏管理经验，对他们负责"教化"的部落没有同情心。各个保留地的情况各不相同，但通常情况下，代理人的任务是让平原上的人们放弃狩猎，转而从事商业耕作和畜牧业，必要时还会使用强制手段。1890 年 9 月，即将接管密苏里分区（the Division of the Missouri）的指挥官请求国防部为蒙大拿州汤普森河保留地的北方夏安族人（Northern Cheyenne）提供紧急口粮，他们几乎要饿死了。3 个月后，正是这个分区部队平叛了发生在伤膝的鬼舞运动。难怪在接下来的 10 周里，除了一位经验丰富的苏族人领地官员，其他人都认为鬼舞是在为叛乱做准备。多年以后，路易丝·韦塞尔·比尔（Louise Weasel Bear），当时在伤膝的一位拉科塔族女性,回忆起士兵用霍奇机枪开火的那一刻说:"我们试图逃跑,但他们像射杀野牛一样射杀了我们。"

工业化与圈养

从放牧到牧场的转变只是动物代谢圈地过程中的一步,最终形成我们今天所知的肉类生产。我们还需要考虑其他3个步骤。通常,这些都可以用工业化来描述。这有其道理,但在1870年之后,从动物体内提取食物能量的方式发生了更具体的变化。我们称之为"圈养":让动物在缺乏其成长所需运动量的情况下增加体重。圈养包括3个方面:育种、圈养喂养和屠宰。

育种

我曾提过,北美的养牛热潮是由早先放养时期遗留下来的野牛繁殖引发的。例如,得克萨斯州的长角牛非常适合西部牧场的干草生物群落,从1870年开始的20年间,约有300万头长角牛被驱赶到北方,或直接送去屠宰,或留在北部平原养殖。但是,随着消费者对牛肉口味的不断提高,长角牛易于放养、健壮和独立的特性反而成了它们的不利因素(或者,从某种角度来看,也可以说对它们有利)。长角牛的肉偏瘦,即使在北方育肥也是如此,而且不适于畜舍饲养。它们的牛角使其难以装入火车,因此渐渐失宠。饲养者想要的是容易驯服、更适合圈养的牛。解决办法是引进欧洲品种,或者与长角牛杂交而产出新品种。

这类现象在动物养殖中屡见不鲜。① 猪就是一个特别有趣的例子,与反刍动物不同,猪不是食草动物。全新世早期猪的食性实际上与人类并无太大区别,驯化猪的过程就是让它们以人类无法

---

① 关于得克萨斯长角牛,见 Specht 2016;关于猪,见 White 2011;关于鸡,见 Boyd 2001。

食用的食物为生,包括人类的食物垃圾。但猪也吃落叶树的木质果实,如橡子、山毛榉坚果等。在欧洲中世纪和近代早期,将猪放养在森林中,让它们在所谓的"盛果期"自由觅食,然后在秋季宰杀,这是一种常见的养殖方式。这些动物健壮、难以控制,但这似乎是一笔划算的交易:饲养它们不需要太多投资,且它们充当生物反应器,将人类无法食用的物质转化为高品质的食物。到了17世纪,森林砍伐和圈地给这种散养方式带来了压力,而城市的发展以及商业化的酿酒和乳制品生产为养猪提供了新的形式,即把猪作为家养动物和垃圾清道夫。

在中国,猪在全新世早期也被驯化,但外形有所不同。也许是因为水稻种植促进了更快的集约化,猪饲养很好地适应高品质饮食,并且终生生活在农场而不是森林中。在1700年左右,英国基因库引进了来自中国两种血统的猪。短短几十年间,其培育的新品种明显有受中国影响的迹象。正是这些全年圈养的猪,以及中国品种的猪与美国东部地区饲养的猪杂交,形成了现代猪品种的基础。由于交通不便,在北美的一些地区,猪将无法处理的谷物转化成了种植者可以运到市场上出售的产品。如今,猪之所以受到重视,原因之一是其饲料转化率高(低于三比一),另一个原因是猪的整个生命周期,从出生到屠宰,都可以在狭小的空间内完成。

但是,在圈养条件下生长和繁育的典型动物是鸡。实际上,这里的"繁育"表述不够准确,因为现代肉鸡——一种饲料转化率低于二比一的肉用鸡——生命周期中的大多数干预措施都是关于其表型可塑性,而不是育种。圈养对肉鸡的影响较晚。直到20世纪20年代,人们才真正开始放弃肉鸡散养而尝试圈养。当时人们发现,通过在饲料中加入鳕鱼肝油来提供维生素D,可以抵消因缺少阳光而导致的类似软骨症的腿部萎缩。到20世纪30年代中期,美国一半的鸡(每年100万只)在商业孵化器中孵化,并且母鸡可以在室内度过一生。随后,人们开始给鸡补充B族维生素,以促进鸡的更快生长，同时改良饲料，增加能量密度，降低纤维含量。20世纪50年代，推出了现已成为典型饲料的玉米、大豆。保罗·埃利希和安妮·埃利希(Paul and Anne Ehrlich)在其宣扬马尔萨斯人口论的短文《人口炸弹》(1968年)中警告，这可能预示着人类食物的未来。同年，抗生素被广泛用于鸡饲料中。当然，圈养确实提高了鸡的传染病发病率。但抗菌剂的使用过去和现在主要是**非治疗性**的；出于仍然不明确的原因，亚治疗(尤在饲养鸡中使用，指未达到治疗剂量)的抗菌剂会促使动物体重快速增长。① (抗菌剂的使用剂量也会助长耐药病原体的产生，从而削弱药物对人类和动物的治疗价值。)育种也起到了作用，尤其是为了增加鸡胸脯肉的比例。养鸡代表了**代谢内卷**(metabolic involution)——高成本下的高产量。现代肉鸡是一种脆弱的动物。它们不到40天就达到市场体重，并具有出售的价值特征。但它们需要更精细的生长环境以抵消骨骼缺陷和免疫失调带来的风险。如今，数以十万计的鸡舍中养殖的鸡，不仅是为了适应圈养，而是需要圈养。

饲养

通过育种或对表型可塑性进行操纵来设计动物，以便更快、更有效地将植物物质转化为肉类，这是圈养的一个方面。但就鸡的例子来看，这并不总是最重要因素。**动物生产空间**的设计——这里这个词用得恰如其分——也同样至关重要。如果列出我们这个时代的标志性建筑，即能够体现我们的生活方式，它们会是什么呢？大多数人可能会选择机场，还有难民营、集装箱运输港、开放式办公室、教室、超市和健身房。此外，我们还应该加上动物集中饲养场(CAFO)。事实上，集中饲养场包括三种不同类型的空间：禽类饲养场、养猪场和其他牲畜饲养场。

---

① 2013年，美国食品和药物管理局宣布了一项政策，鼓励药品供应商和牲畜生产商自愿逐步淘汰预防性和促进生长的抗菌药物的使用。欧洲国家在禁止这种做法方面更加积极主动，但并不统一。

在美国，99%的用作食物的牲畜在集中饲养场进行饲养。到目前为止，动物保护活动家和记者已经多次曝光圈养的种种坏处：未经处理的动物粪便污染地下水、人畜共患病病原体、氨、硝酸盐、磷、重金属、抗生素、生长激素、杀虫剂和胎死腹中的动物。所有这些都对贫困人群尤其是经常受到种族歧视的边缘化人群的神经、精神、内分泌和呼吸健康产生了相应的影响，那些边缘化人群被迫接受这些坏处。水生生态系统营养过于丰富导致藻类大量繁殖，继而因氮和磷的倾倒而形成死亡区。尽管饲养者努力消除一些负面行为，但动物对拥挤环境并不感到自在，就像你在高峰时间挤在火车里度过一生一样。在美国的大部分地区，截至本书撰写之时，猪的生产需要使用妊娠箱和产仔箱，这些箱子既没有垫料，也不够母猪转身或翻身。这听起来像是美国特有监管环境下的产物，但直到过去10年，加拿大、新西兰和欧盟才禁止使用产仔箱。养猪场的工人暴露在金黄色葡萄球菌和硫化氢的环境下的风险更高。众所周知，动物集中饲养场（和屠宰场）的工人处于欠债状态，既欠交易商的债，也欠饲养场经营公司的债，后者会向他们收取防护服和其他基本设备的费用，有时还会向他们收取房租。

这些情况众所周知。但鲜为人知的是，动物集中饲养的"集中"不仅意味着把动物身体集中到一起，也是对这些身体所有权的集中。1980年至2000年间，加拿大、美国的鸡和猪养殖场的每次平均饲养数量增长了一倍多。除了牛，育种、养殖、屠宰、销售的纵向一体化已成为常态。在那里，第三方运营商和家庭农场作为合同养殖者参与生产，从集成商那里购买饲料及其他需投入资源，但要对动物生长阶段的环境和职业风险承担全部责任。集成商不仅占有动物的身体，还掌控动物的生命周期，包括合同约定的必须遵守的饲养、饲料补充和圈养时间表，在某些情况下，精心制定的时间表就是动物养殖的标准。

肉牛饲养场略有不同。① 尽管有的饲养场可同时饲养10万头肉牛，但数量往往较少。该行业的纵向一体化程度仍然较低，牛以各种方式进入饲养场。在有些情况下，饲养场确实拥有这些牛；在另一些情况下，它们是在拍卖会上购买的，或者是由拥有所有权的牧场主提供的，或者是使用牛作为对冲的投资者提供。同样，再次强调，生产能力集中是普遍规律。在美国，饲养数量超过1000头的养牛场不到总数的3%，却占市场上牛肉总量的近90%。饲料主要是玉米和小麦，以及生产乙醇的副产品。最近一份针对美国养牛业的报告指出："一些精饲料中可能含有高达3%的黄油或牛油，以增加饲料的能量密度。"② 这种"黄色油脂"是从其他牲畜中提炼的脂肪。在美国，超过五分之四的牛接受性激素植入以提高饲料转化率。对于公牛而言，是为了弥补阉割后体内雄激素的减少。

"关于水质问题，"该篇评论继续指出，"处理拥有10万头牲畜的饲养场的粪便和废水比20个各拥有5000头牲畜的饲养场更加经济高效。"③ 规模经济往往被吹捧为集中饲养的最大优势，连带劳动力成本：一个运营良好的饲养场，只需8到10人来照看1万头牛。（与家禽和猪的饲养相比，养牛是技术活，"围栏骑手"每天负责评估多达12000头牛的健康状况。）但是，规模经济很容易被过分夸大。首先，饲养场在很大程度上成功地将环境治理成本外部化，转嫁给周边社区。其次，从1997年开始，联邦农业政策把对农民的补贴与生产脱钩，④ 导致谷物和大豆的价格持续20年低迷，因而，美国的集成商从中获益匪浅。

在第四章，我首先描述了驯化，这是就动物生命周期越来越受到圈养的控制而言。但从历史上看，人类与驯化动物之间的关系一直是对话式的，即共同驯化，不同代谢类型的动物群体，也包括

---

① Wagner, Archibeque, and Feuz 2014.
② Wagner, Archibeque, and Feuz 2014, p. 547.
③ Wagner, Archibeque, and Feuz 2014, p. 551.
④ Starmer and Wise 2007.

人类,他们之间的互利共生关系不断加深,最终在共同的生态位上交汇。毫无疑问,2000年前欧亚大陆东部大草原上的羊群和牛群,或者说7000年前撒哈拉沙漠上的成群牲畜,都是露天生物反应器,它们将纤维草和灌木丛转化成奶和肉,为人类共居者造福。牲畜长期以来既是动产,也是跨区域声望经济的货币,在某些情况下,这种经济还催生了帝国的建立。但自动物驯化开始以来的大部分人类历史中,畜牧经济也是一个交换区域,即使不对称,也是互惠的。从某种角度来看,是动物驯化了人类,诱骗他们比觅食时期做更多的工作,并绑架他们的文化,以至于人类的大部分知识和宇宙观都围绕着他们饲养的动物的需求和福祉而展开。

随着圈地运动的兴起,这种情况发生了变化。动物的身体和生命周期成为一种可榨取的资源,就像铁或石油一样,它们既没有道德上的反应,也对我们没有任何要求。它们的生长和繁殖与环境节律性(environmental zeitgebers)——一种身体细胞的同步线索——如每日光照周期或环境温度的变化脱节。[①] 换句话说,它们实际上与自然隔离,尽管不完全隔绝。

屠宰

如同饲养场一样,屠宰场和动物加工厂——这些工业术语同样适用——一直是大量文献记录的对象,其中大部分是不公开的。并非只有美国滥用暴力,但正是在美国,确实有众多活动家和记者冒着自身安全的危险在肉类加工厂工作。故事的梗概是这样的:大约200年前,商业牲畜屠宰(不同于家庭牲畜屠宰)起源于法国。现代屠宰场的模式来自芝加哥的联合牲畜屠宰场,该屠宰场于1865年开业,为今天与肉类加工有关的许多做法设定了标准,尤其是利用边缘化社区,通常是移民社区,作为廉价劳动力的来

---

① Berson 2015.

源。① 屠宰场在工作流程设计方面进行了许多创新,包括使用传送带和装配线(更确切地说,是拆卸线),但自动化程度仍然比较低。归根结底,尽管畜牧业为实现标准化付出了巨大努力,但大型脊椎动物在外观和举止上仍然呈多样性。政治学家蒂姆西·帕奇拉特(Timothy Pachirat)在内布拉斯加州奥马哈市(Omaha, Nebraska)的一家牛屠宰场工作了半年,他是这样描述自己的工作经历的:

> 有些[奶牛]在被推上通往屠宰箱的滑道时会摇摇晃晃,会畏缩不前[在那里,理想情况下奶牛会被电击枪击昏,然后铐上脚镣,悬挂在高架传送带上,但通常不是这样],有些因疲惫或疾病而倒下,有些角特别难割掉,有些怀孕并即将分娩,有些体形异常巨大,有些小得出乎意料。

为了适应这种速度上的异质性,在帕奇拉特工作的地方,屠宰场的工作被细分为 121 个不同的角色——只有一小部分人直接参与用电击枪和牛刀屠宰动物的工作。牛以每小时 300 头或每 12 秒一头的速度通过屠宰场工作流程或"链条",每班工作 10 到 12 个小时。可视区域受到严格控制,以尽量减少目睹牲畜死亡的人数,同时也减少因惊恐而挣扎或逃离屠宰箱的牛的数量,这并不罕见。② 对帕奇拉特来说,这就是"视觉政治",反映了屠宰过程在公众中的广泛隐蔽性。

法律

1816 年,在法律记载中,一位名叫丹尼尔·莫瓦蒂(Daniel

---

① Fitzgerald 2010; Cronon 1991.
② 其他工厂的工人报告规定链条速度为每小时 400 次,自 1970 年代以来增加了 100% 以上。在欧洲,链条速度要低得多。参见 Fitzgerald 2010。

Mowatty)的原住民男子被审判、定罪,并处以死刑,罪名是强奸和抢劫一名获释罪犯的女儿,15 岁的汉娜·拉塞尔(Hannah Russell)。莫瓦蒂成为新南威尔士州第一个依法处决而不是在战争中被处决的澳大利亚原住民。[①] 这次审判遇到了一些司法难题。首先,原告是一名女性,被认为不是一个可靠的证人,尤其是在性行为方面。在案发现场偶遇这次袭击的饲养员证实了拉塞尔的主张,即他听到了拉塞尔的反抗声,这一问题才得到了解决。其次,莫瓦蒂是否能被带上法庭并不明确,原因有二:第一,他的种族背景限制了他的证词资格;第二,不能确定他是否受王国政府管辖。当时普遍认为,原住民遵从自己的法律体系和司法制度。当还是那位饲养员作证说他曾经与被告一起工作时,这些难题就迎刃而解了,被告的习惯和举止与其他农场工人无异。这一说法得到了侵害事件发生地帕拉马塔(Parramatta)治安官的证实,治安官认识莫瓦蒂已有十几年:被告习惯于白人的生活方式,因此要受白人法律的管辖。

如果你想了解圈地,无论是有关土地还是动物的生命周期,法律都是一个值得关注的领域。在法律诉讼的笔录中,我们看到人们被迫为自己的行为给出理由,在这一过程中,我们明确了有时相互矛盾的价值理论——财产和其他持久性权利如何产生及延续,哪些人有资格拥有这些权利——这些为日常生活经济提供了保障。拉塞尔诉莫瓦蒂一案是一场持续进行的低级边界战,在这场战争中,殖民当局决心扩大王室特权的有效空间,实现土地转让。就在审判前的几个月,新南威尔士州州长发布了一项公告,禁止原住民进入白人定居点和农场。就殖民地官员而言,随着 1788 年第一个刑罚流放地的建立,英国王室对澳洲大陆东部拥有了主权和统治权(所有权)。但司法管辖权,即执行法律的领土权力,并非来

[①] Ford and Salter 2008.

自主权和统治权。① 它必须通过有效占领来确立。

1763年,英国在加拿大英属领地颁布了一项"皇家公告"(Royal proclamation),规定了加拿大英语地区统治者与原住民之间的政治关系,在一定程度上认可了交界法(law of the interface),即承认加拿大居住着数个受其自身法律管辖的民族,他们必须按其自身法律行事。②"皇家公告"使加拿大东部的原住民成为王室的臣民,但同时也承认了他们在法律上的自治权。在美国,交界法的影响一直延续到19世纪20年代,当时美国最高法院制定了"发现原则"(discovery doctrine),该原则认为,随着讲英语的欧洲人"发现"北美大陆,一个新的统治和管辖体系也随之建立。在随后的两起案子中,其中一起涉及佐治亚州要求对切诺基领地(Cherokee territory)行使管辖权,法院将原住民解释为"国内的附庸民族",拥有主权,但并不完全独立。美国继续打着与原住民签订条约的幌子,直到苏族战争爆发。

今天,大多数人在思考这个问题时都会认为,在殖民时期,王室的代理人认为澳大利亚是**无主地**(terra nullius),即无人之地。③ 但这只是近年来的法律虚构。任何一个参与澳大利亚殖民统治的人都不会产生这个国家无人居住的妄想。植物学家约瑟夫·班克斯(Joseph Banks)曾陪同库克船长(Captain Cook)在1770年的环球航行中绘制了澳大利亚东海岸的地图,并在给海军部的报告中描述了当地居民的情况。在殖民时期,"无主地原则"之所以在澳大利亚能以某种形式发挥作用,是随后特别是在19世纪80年代后期争夺非洲的过程中,根据欧洲国家法,即使有人在那里生活,并明确认定那里是他们的领土,只要他们不以欧洲人认定的方式使用土地,就可以宣布该片区域为无主地。那

---

① 关于司法权的演变,见 Sassen 2006。
② Ford 2011。
③ 无主地故事的来源是澳大利亚高等法院在 Mabo v. Queensland (1992)案中的判决,该判决为上文提到的原住民产权制度奠定了基础。见 Berson 2014。

么,土地的正确使用方式是什么?首先是用于农业,这里,我们看到了价值理论的运作。自由的政治秩序建立在劳动价值论的基础上:正如洛克(Locke)所说,通过将劳动与大自然"混合"(mixing),从而创造出新的有价值的东西。觅食,无论多么集中,都不符合正确的混合方式(即和大自然融合到一起创造出新价值的方式),但饲养驯养动物符合。对大片土地进行合法控制的最有效方法就是在这片土地上放牧。在这方面,值得注意的是,汉娜·拉塞尔遭受的攻击发生在英国军官约翰·麦克阿瑟(John Macarthur)拥有的土地附近,而约翰·麦克阿瑟正是将美利奴羊(Merino sheep)引进到澳大利亚的功臣。牲畜是财产,但也是土地所有权制度的基础。

在第三章和第四章,我谈到了**意图**(intent)的问题:我们如何知道人们在多大程度上改变了土地和生物群落,例如,通过焚烧植被或在圈养环境下繁殖动物,对自己所做的事以及带来的后果有所反思?我的回答是,这其实并不重要,因为规划,就像确定生物群落和家养物种本身一样,都是一系列动作的自然属性,其中没有任何一个动作可以归类为**顿悟时刻**(the aha! Moment)。这里,我们明白我们对意图的焦虑来自哪里:自由主义要求其主体具有某种特定的意图。[①] 正如法学理论家卡罗尔·罗斯(Carol Rose)所指出的那样,对财产提出主张等同于宣称"这是我的"。[②] 在过去的200年里,放牧牲畜一直是一种特别有效的方式,宣布"这一切都是我的"。

牲畜的代谢圈养并不是技术的产物。它并没有等待铁丝网或机枪的到来,尽管这些东西也发挥了作用。铁路加快了这一进程,但并没有起到推波助澜的作用。圈养,首先是态度,即宇宙观的改变。想象一下,你站在高地上,眺望着一片开阔的平原,那里满是

---

① Pitts 2005.
② Rose 1994.

青草和灌木丛。牛群或羊群正在平原漫步。

第一眼望去,你会看到单个的动物。再看一眼,你会看到露天生物反应器中的细胞像烤面包上的黄油一样,弥漫开来。随着范围的扩大和生物量的增加,我们越来越难看到个体。牲畜和饲养牲畜的人类一样,是能量转换链中的一个环节。

第六章

同化

第二次去黑德兰港是 2010 年,当时正值铁矿业的繁盛时期。我回到黑德兰没有讨论钢铁的繁荣,尽管实际上在那里的每次谈话都涉及它。出乎意料的是,我也每次都谈到了食物。

在那里,我与当地原住民语言中心的人交谈。通常,我们希望关于文化复兴的话题中能多涉及食物问题,但我发现自己在黑德兰港讨论的关于食物的话题几乎与传统食物无关。相反,我听到了肉类加工厂和牧羊场罢工的故事。社区的一位资深人士就新的福利托管系统将如何影响人们购买食品杂货的方式发表了自己的看法。

在序曲中,我引用了 1948 年的阿纳姆地探险队的报告。回想一下,正是同一份报告的另一部分为人类学家马歇尔·萨林斯的论点提供了关键证据,证明我们今天所认为的富裕——由消费者需求驱动的持续生产刺激——代表了对人类早期"禅道"富裕价值观的颠倒。人们很容易将"原始富裕社会"误解为对受压迫者高贵品质的赞美。但萨林斯并不是说觅食者对现代的麻痹性物欲断然抗拒。相反,萨林斯试图表明觅食生活并不像人们普遍认为的那样劳心劳力,也不是多么危险。我注意到,萨林斯的文章里提到的田野研究更进一步地表明:在觅食者的饮食中,肉是边缘食物。

到目前为止,我一直在讨论很长的时间跨度。越接近现在,叙事的时间尺度就越短,从几十万年到几千年,从几百年到几十年。

本章将着眼于主宰人们日常生活的营养。在本章,从类似序曲中所讨论的人们的生活环境开始,看看为营养而努力的行为如何支配了大众的日常生活。这样,我们又回到肉类消费与经济地位的关系上来。

屠宰与文明

在黑德兰港,所有的话题最终都会转向钢铁。但有时也会提到动物。房东养鸡,每当我出去跑步时,她都会警告我小心营地的狗:它们成群结队,可能会攻击人类。语言中心的一位董事会成员告诉我,在一家肉类加工厂的工作使他走上了社会正义的道路。

奥特亚罗瓦(Aotearoa)在 16 岁时去探望嫁给新西兰人并搬到那里的姐姐,他在新西兰一待就是 9 年。种族主义虽然在新西兰并不少见,但并不像在澳大利亚那样是社会流动的障碍。帕卡(Pakeha)——一名欧洲裔新西兰白人女孩——表示想认识他,他不知道如何回复。在肉类加工厂,他遇到了来自世界各地的人:作为检查员的伊朗人,还有汤加人、毛利人、俄罗斯人。当奥特亚罗瓦回到澳大利亚时,他获得了跨文化研究的硕士学位。我们见面时,他正监督西北大部分地区保护儿童行动的进行。

多年后,重读这次采访笔记时,两件事让我印象深刻。其一是对不同的人而言,同一系列事件可能有怎样的不同。上述条件——弱化种族间不信任的多种族工作环境——是新西兰肉类加工业非正式化过程的结果,类似于上一章中看到的美国的情况。① 同样是奥特亚罗瓦,在对皮尔巴拉地区牲畜的历史发表评论时也表达了类似的观点,他说,皮尔巴拉的原住民是幸运的,因为牧羊人比传教士更早到达那里,而且他们不需要传教士,因此把传

---

① Gewertz and Errington 2010, pp. 38 – 44.

教士拒之门外。结果,不像北部邻近的金伯利(Kimberly)地区的人们,皮尔巴拉人没有遭受放弃语言和相关文化的压力。

让我印象深刻的第二点是,屠宰场作为一个觉醒的场所,颠覆了肉类在传统文明进程中的角色。我们反复看到,被殖民者——尤其是那些与肉类没有传统定居关系的部落——在接触肉类生产的过程中,并没有如殖民者所期望的那样被"现代化",反而通过这种经历获得了新的社会意识和觉醒。肉类价值链中的所有环节都依托这种方式:牧场管理、屠宰和消费。我们已经看到:参照1948年的阿纳姆地考察,营养学家在雍古人的饲养场参观了牛羊试验群。但是,更能说清肉类生产与强化新习惯之间关系的,莫过于1850年后在澳大利亚旱地发展起来的养牛经济。

牧场时代

牧场时代通常指的是澳大利亚中部和西北部与外界接触后的那段时期,当时,牲畜在原住民生活中起决定性作用。在大多数情况下,牲畜指的是牛。与澳大利亚东南部不同的是,人们发现绵羊并不适合在沙漠中饲养——出生率低,被野狗捕食也是个问题,而且这个偏远又令人望而却步的地方,很难吸引到熟练的牧羊人和剪羊毛的人。(皮尔巴拉是个例外,这一点我们后面还会讨论。)与美国西部一样,澳大利亚旱地上的牛大多散养,除了一年一度的围猎,它们与人类没有任何接触。原住民劳动力使旱地养牛成为可能。

绵羊和牛自19世纪40年代开始进入南澳大利亚州和昆士兰州,当时正值第五章描述的擅自占地者入侵的末期。[①] 绵羊从19世纪50年代开始进入皮尔巴拉。19世纪60—80年代,养牛业分别扩展到卡奔塔利亚湾(Gulf of Carpentaria)、北领地(the Northern

---

① Paterson 2010.

Territory)和金伯利。澳大利亚内陆几乎没有永久性地表水,降雨量也很少。19世纪六七十年代连续出现的干旱迫使南澳大利亚内陆的艾尔湖(Lake Eyre)盆地的牧场关闭。19世纪80年代,钻井技术的引进使牧场可以利用自流蓄水层满足牲畜的用水需求,从而稳定了牧场向澳大利亚内陆干旱中心的推进。

自19世纪50年代起,澳大利亚中部和西北部的狩猎者和牧民开始接触,这是跨越全新世的最后一种接触模式:从第四章讨论的最早出现在西南亚和北非的流动牧民,到2000年前班图人(Bantu)向非洲南部的扩张,以及第五章描述的北美牧场的殖民化。狩猎民族如此迅速地融入畜牧业经济的情况,即使有,也极为罕见。[①]

几个原因可以作出解释。首先,在畜牧业者利用钻井技术接触地下蓄水层之前,人们对当地土地和气候的了解对于寻找水源和植被以养活牲畜至关重要。

其次,在北领地以及19世纪60年代后的澳大利亚其他地方都没有囚犯充当劳动力。原住民自然就成了囚犯劳工的替代者,两者在畜牧业边疆的社会环境中都处于边缘地位。如果说有区别的话,澳大利亚原住民相比于囚犯得到的保护要少很多。他们对极端气候有较高的忍耐性,因此面对沙漠高温或季风气候时不至于崩溃或逃离。他们不仅世世代代都在这片"荒野地区"上依靠动植物生活,而且他们对这片土地的监护责任超越了其带来的经济价值:没有他们,梦想、宇宙观的发展就无法赓续。到19世纪60年代,居住在南澳大利亚偏远内陆地区牧羊场附近的原住民既要在剪羊毛及产羔期间从事季节性工作,还要进行日常的动物管理工作,以换取面粉和烟草配给。

再者,引进牲畜意味着当地经济和社会生活遭到破坏。牲畜侵占了地表水源,破坏了当地社会赖以生存的植被。在这种情况

[①] Beck and Sieber 2010. 关于班图人的扩张,见 Macholdt et al. 2014。

下，干粮成了边疆放牧地带原住民最直接营养价值的重要组成部分。[1] 获得这些口粮的唯一途径是在传教站或畜牧场生活和工作，但有很多条条框框的限制。接触原住民的传教团尤其竭力地破坏他们的原有社会结构，鼓励年轻人以与等级亲属制度相矛盾的方式结婚。等级亲属制度在中部和西部沙漠地区的部落中普遍存在，在这种制度下，只有来自其他父系或子系的婚姻结合才能得到认可。[2] 虽然一些人类学家认为，即使在传教团接触之前，子系联姻在原住民世界也并不罕见，但那些"错误"结婚的人有被其部落排斥的风险，因此他们更加依赖于白人机构的"宽宏大量"（为他们提供食物或工作）。出于同样的原因，畜牧场的管理人员也鼓励人们无视婚姻制度，因为这确保非正常婚姻的当事人一旦厌倦了牧场生活，也无法回到其部落中去。传教团附近的人口集中导致周围土地枯竭，那些最初没有接受口粮配给的部落也发现自己依赖上口粮。随着每周三次的口粮分配成为原住民的经济常态，他们的狩猎技能逐渐减弱，将人们联系在一起的互惠交换网络也遭到削弱。疾病，包括梅毒和麻疹，是欧洲人进入内陆地区的首个标志。[3] 但是，在侵蚀原住民社会地位方面，最重要的是畜牧业。

牧场的生活确实给了原住民年轻男子特殊的优势，这很难转化为经济条件，但给了他们绕过原住民法律（常规仪式）而无需屈从于长者权威的机会。[4] 在这样一个社会，青年男女（尽管关于这一时期女性的法律知之甚少）进入社交成年期的仪式通常由长者掌控，年轻人不得不表示顺从和尊重，尽管这与我们在第三章中研究的道德密切相关，但可能会有冲突。养牛场是一种环境，在这种

---

[1] Rowse 1998.
[2] Berndt and Berndt 1952, p.111.
[3] 并非所有传入的疾病都是通过性传播的。Berndt（1952，p.114）指出，由于传教点和畜牧站的原住民必须穿衣服，却不知道需要晾干被雨水淋湿的衣服，因此站内生活导致流感、肺炎和其他呼吸道感染的情况急剧增加。这只是将室内生活以不连贯、零碎的方式强加给澳大利亚人的一个例子。
[4] Keen 2006. p.158.

环境下,对梦想的控制仍然是原住民社会的一部分,但已不似在几代前的觅食制度下,长者对晚辈拥有足够的权威。

> "梦想"(The Dreaming)一词由人类学家斯坦纳(W. E. H. Stanner)提出,指在一个宇宙纪元中,祖先(即当今世界上各种生物和力量的始祖)行走在大陆上,创造出既英勇又平凡的事迹。这些祖先常常以动物的形式出现,但并没有狩猎者宇宙观(第五章)中对大型动物的偏见——火蚁的梦想意义不亚于鸸鹋或鳄鱼。有些"梦想"是人类的;在有些地方,气象力量(如闪电)也有"梦想"。祖先们开拓了这片土地,四处游荡在地球上留下了深刻的印记。梦想之地是澳大利亚人不断参与梦想活动的焦点,这些地方的独特地貌特征——一个悬崖、一个水洞、一丛丛桉树——标志着祖先的迁徙和开拓土地的足迹。某一梦想的成员会定期聚集,以特定仪式重现祖先们的旅行,从而重现土地本身,宣扬与祖先们有关的任何自然现象。
>
> 　　参与梦想活动的人中,不同群体承担"坚守"国家的责任,象征祖先迁徙的各个阶段。在某些情况下,一个地方群体或该地方群体所代表的单个父系的发起人对其居住地附近的梦想负有监护责任。在其他情况下,"梦想之地"的监护责任与居住地无关。你可以把你在梦想之地共担责任的周边地区称为"我的国家"。通常,这种责任由父系血统传递,但这并不普遍,祖先的活动是梦的主题,处于代际谱系的顶端,范畴按居住地或不同语言群体划分。但是,梦想活动有多种成员招募途径,并非都围绕着亲属关系。

第六章 同化

我一直认为,就那些代表同质化部落的澳大利亚原住民而言,他们把大部分时间花在传教、牧场和城镇上,但事实其实更复杂。牧场和城镇吸引了来自各地的人们,他们在法律和生活细节上存在差异,更不要说澳大利亚中部地区存在的语言差异了。

在澳大利亚中部地区,原住民的生活习惯和语言有很大差异。牧场经理更愿意从不毗邻牧场的地方招募原住民劳动力,他们不受当地人欢迎,因为不了解当地情况,不会在工作季中途擅自离开。人类学家凯瑟琳·伯恩特(Catherine)和罗纳德·伯恩特(Ronald Berndt)在20世纪40年代末对牧场和城镇的原住民生活进行了最早的研究,认为原住民与白人城镇社会的融合分为三类:第一类是那些居住在城镇边缘的人,那些住在城镇但部分依赖牧场经济的人,以及那些在社会和经济上融入白人城镇生活的人。[1] 第二类主要由嫁给白人男子(偶尔也有嫁给亚洲男子的,因为阿富汗和中国商人是城镇生活的常态)的原住民妇女及其子女组成。第三类往往是小时候被白人家庭收养,并被禁止与原住民社区接触的妇女,她们实际上无法在原住民世界中活动,尽管也从未完全被白人世界所接纳。[2] 当然,除此之外,还有那些大部分时间在牧场上的原住民,那些继续在牧场、铁路、城镇之外觅食的原住民,以及一小部分因被捕而与白人社会接触,随后成了警察的秘密线人。除了城镇居民,不同社区之间是流动的,他们之间的关系并非一成不变。即使是警察线人,除了因违法被驱逐,他们也能和原来的社区保持良好关系。他们充当原住民社区和白人法律之间的中间人。当在丛林社区中生活的人被指控破坏牧场动物时,他们经常被要求找人来承担责任,以免牧场管理人员自行处理。

事实上,在原住民与白人社区的接触中,无论是在牧场内还是其他地方,暴力都无处不在。澳大利亚牧场边缘地带的屠杀并不

---

[1] Berndt and Berndt 1952, pp. 145–148.
[2] 这种收养形式后来被理解为延续到1970年代的原住民儿童迁移政策的一个方面。见 Read 2003。

像我们在第五章看到的在北美发生的那样,受国家支持。它们持续数月,每次都有少数人死亡。一些原住民对白人人身或财产的侵犯,无论是真实的还是想象中的,都会引发定居者和警察的一波反击和伺机杀戮。最后一波屠杀发生在 1926 年和 1928 年,分别是在金伯利东部的福勒斯特河(Forrest River)和北领地的科尼斯顿站(Coniston station)附近。[1] 屠杀时代的结束标志着牧场时代的终结,国家在畜牧业经济中对原住民劳动力的管理更加严格。

当时的经济是什么样子? 从各个方面来看,都很糟糕。人类学家斯坦纳在谈到 20 世纪 30 年代的养牛业时写道:"这是一段灾难性时期的终结,这个时期,没有什么是正确的。"[2]

据 1965 年的估计,北领地用于畜牧业的租赁土地总面积超过 72 万平方公里,占整个地区面积的一半以上。1957—1969 年间,官方统计的该地区养殖牛数量在 103 万至 125 万头之间,但这一数字不足实际数量的三分之一:各牧场管理者故意压低其管理数量,一方面尽量减少税收,另一方面控制公司所有者的期望,这些公司所有者通常是远离牧场的"缺席所有者",他们对牧场的日常运营和挑战缺乏直接了解。事实上,缺席所有权的情况在畜牧业领域很普遍,约有一半的牧场都是如此。其中一家公司,即英国控制的澳大利业投资局(AIA),俗称"维斯泰斯"(Vesteys),在整个北领地拥有大量牧场,牧场规模大小不一。领地内最大的牧场面积超过 2.5 万平方公里,是当时世界上最大的牧场。1952 年,与英国签订的为期 15 年的肉类出口协议开始生效,保证了澳大利亚牧场主拥有价格合理的市场。在该协议即将到期时,美国已成为澳大利亚牛肉的主要出口市场。再加上国家对铁路、公路基础设施和屠宰设施的投资,以及亚洲新兴国家新市场的出现,养牛业的前景一片

---

[1] Ngabidj and Shaw 1981; Rose 1992.
[2] Stanner[1966] 1978, p.253. 关于本段内容,请参见 Stevens 1974; Kelly 1963, 1971.

乐观。①

外部观察者一致认为,畜牧业正处于危机之中。北方一些地区90%的牧场都没有围栏,加上养殖牛的数量无限制的增长和较低的淘汰率(每年围猎中送往屠宰场的牛的比例),造成了无法弥补的水土流失。在西北部,养殖牛数量比50年前的高峰期减少了10%,而出栏率为11%。尽管联邦政府投入了大量资金,但北领地的情况同样不容乐观。在昆士兰州,稳定的降雨量使得持续退耕率更高,尽管后来的千禧年大旱使得那里的牲畜密度大打折扣。但在整个北部地区,肉类经济背后的事实是:肉类生产依赖于被胁迫的原住民劳动力。

到了20世纪30年代,澳大利亚原住民已经成为养牛业和辅助性活动——家务劳动、道路和飞机跑道建设、帮警察追踪逃犯——的重要参与者。相对于牧场面积大小和牲畜的数量而言,这些活动的所涉人数偏少。20世纪60年代中期的北领地,只有不到6000名原住民生活在牧场,约占该地区原住民人口的30%。其中,20%到25%的人为牧场正式雇用,其余是被雇用者的家属——"受供养者"(dependent),尽管就我们看来"受供养者"是个模糊术语。② 所有这些数字都应该审慎对待。北领地管理局的福利处是负责监护区域内原住民"未成年人"的官方机构,但其对监护人口的数量有点模糊不清,其调查常常遭到牧场经理的搪塞和混淆。

"谁是原住民?"这个问题的回答取决于你在哪、你问的是谁以及你询问时的背景。即使仅限于牧场的工作条件,澳大利亚各地的标准也不尽相同。联邦政府于1910年接管了北领地,包括福利处在内的区域管理机构,主要执行中央政府制定的政策。西澳大利亚州和昆士兰州的牲畜养殖场受制于州一级的监管:尽管澳大

---

① Stevens 1974, p.34.
② Stevens 1974, p.27. 包括从事无偿家务劳动的女性家庭成员在内,这一时期北领地养牛场的非原住民工人人数大约在1000到1600之间。

利亚原住民在1948年就已成为联邦公民(而且很早以前就已被理解为王室子民),但直到1967年,中央政府才获得了对澳大利亚各州原住民的管理权。从养牛人的角度来看,如果你看起来皮肤黝黑,你就是黑人,尽管混血儿有时会被认作白人。适用哪种劳动标准——在一定程度上取决于工作人员对个人背景的了解程度。在北领地,原住民受国家监护。原则上,从1953年起,被监护人的身份没有种族之分,任何人都会因个人品行不端而被宣布为被监护人。在实践中,原住民在法律上被监护。在北领地,官方规定原住民畜牧工的最低年龄为12岁,但许多牧场经理坚持认为,黑人男孩需要从10岁左右开始"磨炼",否则他们永远不会对工作产生感觉。

名义上,原住民养牛工人是雇佣劳动者。在北领地,《原住民条例》规定了一份工资表,用于支付工人家属的生活费。依照该地区牧场行业津贴标准(自1920年以来,经由白人工会、北澳大利亚工会的官方谈判),原住民工人的工资约为白人工人的20%。黑人工人得不到任何现金工资,通常是以实物代替,包括食物、烟草、住房、工作服、在牧场商店高价购买的代金券,以及休假时间:用于雨季去其他牧场探望亲属、进行入会仪式和其他仪式。直到1968年,工会向联邦调解和仲裁委员会提出申请,要求将原住民工人纳入奖励工资体系,原住民工人才有资格领取奖励工资。仲裁委员会于1966年作出裁决,给了养牛人将近3年的时间做准备。[1] 裁决生效后,许多牧场经理索性把原住民赶走,牧场就此结束。

牧场的情况各不相同,但在澳大利亚中部和北部的干旱牧场,原住民牧场居民的生活和工作条件近乎奴隶制。在北领地,直到20世纪50年代,离开"他们的"牧场的黑人有时会被地区警察巡逻队追捕并强行遣返;那些到其他牧场求职的黑人则会被牧场经理

---

[1] Stanner[1966] 1978.

列入黑名单。当地警官往往也是当地原住民的保护者,牧场工人及其家属在遭受牧场管理人员或警察虐待时,无法向所在地区或州的原住民福利机构求助。斯坦纳写道,20世纪30年代,北方的工作条件对每个人来说都很艰苦,但原住民的情况最为糟糕。"他们实际上就是苦工",到20世纪60年代初,情况几乎没有变化。[1] 尽管澳大利亚原住民是种族仇恨的对象,但这种情况并不仅仅是种族仇恨所造成的。在20世纪20年代,没有奴隶劳动,畜牧业显然无法生存。在1928年一份关于北领地养牛业的报告中,昆士兰原住民首席保护人以顾问身份指出,该行业"绝对依赖于黑人的劳动力,无论是家务劳动还是田间劳动,这是顺利发展所必需的"。[2]

与其他殖民边疆地区一样,对原住民身体的控制也表现在性方面。1945年,伯恩特夫妇参观了北领地的一个著名牧场韦夫希尔(Wave Hill),评论说:"大多数(欧洲)男人对原住民感兴趣,出于其中一个或两者兼有的原因——经济和性。"[3] 在整个牧场,原住民女性被性奴役的情况很常见。一个男人如果反对自己的妻子被带到站长家,就会被"追捕",被有计划地取消口粮和其他物资,如最多每两三个月才发放的新工作服,并遭受比平常更多的粗暴对待和羞辱。不过,男人可能会因为伴侣的"离家"而得到一袋面粉或一包烟草作为补偿。事实上,非原住民男子与原住民妇女在牧场发生性关系的现象不仅随处可见,而且带有强烈的交易色彩。此外,这也是原住民女性获取内衣的主要途径。[4]

很难描述原住民在牧场所遭受的虐待:残酷、野蛮。男人们的

---

[1] Stanner[1966] 1978, p.253. 他指的是原住民在金矿和畜牧站受到的待遇。伯恩特夫妇(1986, p.7)引用了1899年南澳大利亚原住民劳工特设委员会的证词:"生活在北领地的人都知道,受雇于后街区的原住民在很多情况下受到的待遇与奴隶无异。"
[2] Berndt and Berndt 1986, p.9.
[3] Berndt and Berndt 1986, p.60. 韦夫希尔位于达尔文以南约900公里处,到20世纪60年代中期,该牧场的面积已达1.2万平方公里。
[4] Berndt and Berndt 1986, p.82; Stevens 1974, p.186.

严重工伤得不到医治,还可能会被踢、遭受殴打,或被锁起来,以任何理由甚至根本没有理由就被枪杀。年仅 7 岁的女孩被强奸,并被诱导从事性服务。"欧洲男人的权威,"伯恩特夫妇在 1945 年对北领地的这家牧场进行调查时写道,"很大程度上是基于武力威胁。他们的优势主要是一直让原住民感到恐惧。任何反抗或暗示都会立即遭到体罚。"[1]白人经理和牧场主对自己的暴行已经习以为常。事实上,伯恩特夫妇之所以受邀对北领地的牧场进行实地考察,是因为牧场经理们发现原住民出生率在下降,而牧场投资方也担心如何维持牧场的黑人劳动力问题,或许可以招募仍在沙漠中过着觅食生活的人。

在牧场,最悲惨的莫过于他们吃什么以及如何吃。原住民在牧场的居住区,包括厨房设施,都极其简陋,且维护不善。有的牧场的厨房就是一个壁炉,用砖头砌在工棚里;有的就是丛林露营时使用的那种篝火坑。砍柴可能要走 5 公里;取用淡水要步行 800 米。牧场经理们抱怨必须为原住民工人的家属提供食物,并毫不在意地说如果原住民人口过多,也许可以通过提供掺有马钱子碱(strychnine)[2]的面粉进行"淘汰"。实际上,工人家属代表了一群可以随时征用的劳动力,只有残疾人和幼儿可以幸免,但怀孕前三个月的妇女不可以,他们对于牧场高度密集的季节性活动不可或缺。家属们得到的口粮,热量高但缺乏营养:糖浆、糖、果酱、小麦粉和玉米面、炼乳,有时有葡萄干,还有牛骨头和内脏,这些牛被宰杀用于为牧场经理的家眷和员工们提供食物。牧场经理和会计总是夸大家属和工人的比例,向西澳大利亚州、昆士兰州和北领地政府索要补助,并夸大发放给家属们的口粮成本。北领地为原住民儿童设立了各种补贴——儿童津贴、养老金——牧场依靠这些补贴的结余来维持原本无利可图的业务,这被称为"黑人农业"

---

[1] Berndt and Berndt 1986, p.124; Stevens 1974, pp.186–188.
[2] 马钱子碱,存在于马钱子科植物种子中的一种生物碱,有剧毒。

(nigger farming)。①

放牧工、牧场骑手、机械师和司机们的处境如何呢？1945年，伯恩特夫妇在韦夫希尔看到的配给是"一片干面包、一块煮熟的肉（有时是骨头）和一杯茶"——每周七天，一日三餐，剩菜和厨房残渣可以拿回住地供家人食用。和其他事情一样，各地情况并不相同。直到1965年，许多牧场的管理人员还不了解法律规定的饮食配给表；而在一些牧场，原住民和非原住民员工的膳食是一样的，尽管有时在不同的食堂用餐。据管理人员估计，每位员工每天的肉类消耗量为900克，但很难知道其中有多少是骨头和其他不可食用的物质。除了在雨季休假期间，原住民员工几乎没什么觅食食物储备。

这是对牧场原住民生活进行更广泛调查得出的结论，与1951年联邦卫生部委托进行的北领地原住民饮食习惯的调查一致。② 作者威妮弗雷德·威尔逊(Winifred Wilson)访问了白人监管下的3个原住民聚集地：传教团驻地、北领地原住民事务管理处（福利处前身）管理的保留地和牧场，范围从北部的阿纳姆地到南部的爱丽斯泉(Alice Springs)。威尔逊的任务是调查饮食和饮食习惯，将观察到的食物按A到E进行等级评分。该量表旨在表明相关饮食中关键微量元素（尤其是维生素A和C、钙和铁）摄入量是否充足。A级膳食是指这些微量元素的建议摄入量始终不低于膳食营养的10%。E级表示比建议摄入量低140%以上。（该量表是早期为研究澳大利亚白人家庭饮食而设计的，但威尔逊将其扩展到E级，用于原住民社区）。在整个居民聚集地所观察到的饮食中，60%达到了E级，另有24%是D级。在牧场，17份饮食中有16份达到了E级或D级；保留地情况好不到哪去：11份饮食中有10份在E级和D级之间。在澳大利亚中部的延杜穆(Yuendumu)，事

---

① Stevens 1974, pp. 85–91.
② 接下来的四段内容，可参见 Wilson 1951a。

务管理处为孩子们准备的一份饮食达到了 B 级,因为这些孩子就读的教会学校对官方配给口粮进行了补充。威尔逊访问的 5 家牧场中,维多利亚河谷地区的牧场为原住民工人提供 C 级饮食。① 边远牧场通常是自治,由于时间和交通限制,威尔逊无法到达。她参观的一家牧场有自己的菜园,由原住民妇女打理。毫不奇怪,牛肉在菜单上占据了显著位置:

平常饮食
早餐:牛肉(新鲜或腌制)、面包、茶、糖、牛奶
正餐:牛肉、蔬菜、面包、布丁、茶、糖、牛奶
晚茶:牛肉、蔬菜、面包、茶、糖、牛奶

烟歇(smoking breaks)是蛋糕、大米布丁以及无处不在的茶和牛奶的轮番供应,但由于"完全没有鸡蛋",如何制作蛋糕仍然是个谜。事实上,这里有很多谜团。威尔逊承认对消耗量的估计来自牧场总部提供给外地牧场的数量,她无法核实人们实际吃了多少。"肉类消耗量的数字或多或少是随意得出",其依据公牛被宰杀的数量。鉴于这些局限性,我们或许应该对宏观营养的估计保持怀疑态度——每人每天摄入 7217 千卡热量和 262 克的蛋白质。

而且,这是被调查的 5 个牧场中,所观察到的原住民的最好饮食。即使是在同一个小牧场,少数原住民家属的伙食也要差很多——用同样的方法粗略估计,每人每天摄入的热量为 1540 千卡,蛋白质 42 克。总的来说,原住民就餐时会略受蔑视。因此,在韦夫希尔的一个流动牧场,"普通膳食"(typical meal)是一片面包和加糖的茶,中午有牛肉。"当地人从厨房领取饭菜,到任何方便的地方,蹲在地上或围着火堆吃。不使用盘子或其他器皿,用比利

---

① 该牧场占地近 1.9 万平方公里,位于爱丽斯泉东北 1200 公里处。

罐(篝火上用来烧水的水桶)喝茶。"①韦夫希尔有片大菜园和养鸡场,但原住民很少能吃到蔬菜,也从未吃到鸡蛋。

除非把人放在实验室里观察并提供给他们所有的食物(我们将来会讨论这一点),要精确地确定人们的饮食习惯是非常困难的。威尔逊的报告指出了其中一个原因:称量人们的饭菜很麻烦,尤其是牧场总部的人在一旁盯着你的时候。在本章的稍后部分以及第八章,我们将探讨估算食物摄入量和消耗量不同方法的优缺点,在此,我们先考虑一下如何重构人们过去饮食情况这个难题。在某些情况下,正如我们在第一部分中所看到的那样,厨房垃圾、牙结石、胶原蛋白和粪化石有助于我们完成这项工作。但现在我们所面对的是不同的时代和地点,任何一个考古遗址中不可能存在集中分布的人类遗骸、粪便和食物残渣。在最理想的情况下,比如你感兴趣的人识字、享有特权并详细记录了他们的生活,但即便如此,饮食问题仍然难以捉摸。在牧场,我们所接触的是被边缘化的人群,以及习惯故意虚报这些人饮食情况的记录员。在这种情况下,任何饮食信息都让人觉得不可思议。饮食在动物的生命中最普通不过,然而,看到它出现在完全陌生的时空环境下的人们生活中,我们会觉得震惊。这时你才意识到:这些人和我们一样是动物。

在澳大利亚档案馆,我们发现了一份部门间的通信,是关于1959年制定的一套新原住民饮食配给表,按性别、年龄和就业状况分类,牧场承租人协会(牧场主)和联邦营养师提供了相关建议。② 最终的配给表,尽管反映了牧场主的意见(他们通常不会遵从),但最好把这当作幻想:这一系列运作打着为原住民好的旗号,

---

① Wilson 1951a, p.36. 一般来说,干粮会在雨季的开始和结束时,每年两次通过空运、铁路和公路从南方运到偏远的牧场。偏远地区的牧场每四到六周补给一次。奶类有时来自牧场养的奶牛和山羊,但原住民工人及其家属食用的主要是奶粉。新鲜水果和蔬菜有时通过空运供应;并非每个牧场都有菜园。参阅澳大利亚国家档案馆[hereafter, NAA] A1658 4/1/6。
② 参阅澳大利亚国家档案馆[hereafter, NAA] A1658 4/1/6。

使人们认为原住民应该得到食物以保持适当的健康,但同时处于依赖地位。

配给表的第一行是肉类,工作女性和男性每周获得约 3200 克(7 磅)。接下来是面粉,然后是土豆或大米。水果或蔬菜排在糖之后,每周建议的配给量约为 900 克(2 磅)"罐装或鲜果"。供应人造奶油是为了可口和补充维生素 A。该地区的营养师建议儿童、孕妇和哺乳期妇女每周补充 350 毫升(12 盎司)左右的橙汁,大概是为了补充维生素 C(见表 6.1)。

这是一个折中方案。两年前的配给表减少了肉类和面粉,强调更多种类的水果和蔬菜。在联邦卫生部的抗议下,1957 年的草案被认定过于繁杂,且过度依赖冷藏食物。[①] 应该指出的是,1957 年的表本身就是政府与牧场主进行了五年微妙谈判的结果。

回顾序曲中伯恩特夫妇对大致同时代(1966—1967 年)的恩加亚特贾拉觅食者(Ngatjatjara foragers)的观察:90% 的情况下、90% 的食物来自植物。从历史标准来看,其中的动物性食物算得上低水平,因为畜牧业和采矿业将觅食者逼到了他们活动范围的边缘。但这也是雨季,食物最丰富的季节。伯恩特夫妇的观察结果和行为生态学家在生物群落相似的世界上其他地区观察到的结果一致。可以肯定地说,澳大利亚原住民在牧场吃的肉要比他们作为觅食者吃得多。还可以更进一步:根据威尔逊的粗略算法,生活在北领地的传教团驻地、保留地和牧场的澳大利亚原住民比澳大利亚白人多摄入三分之一的肉类,更不用说更多的面粉和糖,以及少消耗三分之二的水果和蔬菜。

[①] NAA A1658 4/1/6, 148 and 154.

表 6.1 家庭饮食配给计划量表（1959 年）

食物供给	10岁以上（非工作女性与老弱病残除外）每周供应量			10岁以下每周供应量			非工作女性和老弱病残每周供应量		
	A	B	C	A	B	C	A	B	C
肉	7	7（不含骨头重量）	7（不含骨头重量）	4	5（不含骨头重量）	3（不含骨头重量）	4 2/3（不含骨头重量）	5（不含骨头重量）	5（不含骨头重量）
面粉	5	5	5	4	4	3	3 1/8	4	4
土豆或大米	2	2	2	1	2	2	1 1/3	2	2
糖	1	1	1	3/4	1	3/4	11 盎司	1	1
干豆	1	1	1（或干果替代）	1/2	1/2	1/2（或干果替代）	11 盎司	11 盎司	1/2（或干果替代）
水果或蔬菜	2（鲜果）	2（罐头或新鲜果）	2（罐头或新鲜果）a	2（鲜果）	1（罐头或新鲜果）	1（罐头或新鲜果）a	1 1/3（鲜果）	1 1/3（罐头或新鲜果）	2（罐头或新鲜果）a
维生素A加强型全脂/减脂奶粉或奶酪	无	6盎司（成人）18盎司（儿童）	6盎司（成人）21盎司（儿童）	无	18盎司	21盎司	无	无	6盎司

续表

食物供给	10岁以上（非工作女性与老弱病残除外）每周供应量		10岁以下每周供应量		非工作女性和老弱病残每周供应量	
维生素A加强型人造奶油	无	1/2	无	1/4	无	6盎司
糖浆或果酱	1	1	1/2	1/2	11盎司	1
茶	3盎司	3盎司			3盎司	3盎司
罐装橙汁[b]	20盎司（仅供儿童）	12盎司（仅供儿童、孕妇、哺乳期妇女）10盎司	12盎司	12盎司	13盎司	无

资料来源：根据澳大利亚国家档案馆档案重新绘制，档案号A1658 4/1/6,150

备注：A栏为草案规定，B栏为牧场主建议，C栏为营养师建议。

[a] 至少一半应为黄色水果（不包括桃子）。

[b] 盎司橙汁可按以下比例进行替换：柠檬、柚子或新鲜果汁，1盎司；菠萝、芒果或新鲜西红柿汁，2盎司；罐装菠萝汁、芒果汁或西红柿汁，24盎司。

作者注：除非另有说明，所有数据均以磅为单位（1磅约为0.454千克；1盎司约为29毫升）。

回顾第三章,在狩猎社会中,狩猎的地位往往与其对食物的贡献不成比例。狩猎的特别之处在于它有风险。狩猎需要长期的技术训练和充分的体能储备,同时也有经济风险。狩猎朝不保夕,最大风险是会挨饿,体现在重新分配的规则中:当需要养活其他人时,为己狩猎的观念是可耻的。在人们观念中,狩猎体现的是无私奉献,即使事实上并非如此。在澳大利亚的沙漠,就像世界各地的狩猎环境一样,肉类是私有财产的象征。

在牧场、传教团驻地和保留地,肉食成了另一种象征:贫穷、压迫和依赖。无论你如何评价牧民的富裕与否,都很难摆脱这样的结论:在白人的控制下,澳大利亚原住民的营养状况不如以前。尽管牧场主抱怨原住民工人吃肉太多,但他们也乐于用肉品的供应来掩盖其所提供给原住民的口粮不足的事实。吃肉是造成营养不良的原因。

维他麦帝国

一天上午,我坐在黑德兰港语言中心的会议室,和资深人士 A 一起喝茶,她在语言中心工作多年。A 向我介绍了她的家庭。她的父亲来自皮尔巴拉(Pilbara),二战前是那里的一名牧场工人,后来申请了公民身份,开始在政府部门工作。母亲来自金伯利北部的布鲁姆(Broome)。战争期间,当 A 还是个婴儿时,她的父亲因患有哮喘而终止了在昆士兰的兵役。但她的几个叔叔都参加过战争。有些人在战争中牺牲了,他们是志愿参军的。后来她想问他们:为什么要去参军?战争并没有改变白人的态度,原住民甚至连珀斯(Perth)的酒吧都进不去。

在成长过程中,A 的家人会在假期开车到丛林地带度假,她的母亲总是等父亲把油箱加满后才开始装车。小时候,A 不喜欢去那里。正是通过参与语言中心的活动,她才开始了解这个国家的植物和动物。

那时，A 是语言中心的财务主管，管理着七位数的预算。她的职责是应对机遇和风险，处理大量汇入原住民社区的款项。不过，话题还是转到了更普遍的财政问题上。中央政府最近表示打算将之前在北领地实施的福利代管制度推广到全国。这被称为"基础卡"(Basic Card)制度，福利以借记卡的形式发放，可以在有限的几个网点(主要是大型市场)购物时使用。基础卡的部分目的是防止现金福利通过需求共享的方式在社区中进行再分配，特别是防止用于购买日用品的钱被用于酗酒、毒品和色情活动。A 说，如果政府认为这样就能防止福利金被滥用，那是自欺欺人。[①] 持卡人只需将食品换成现金即可。

基础卡是白人干预原住民饮食习惯的最新途径，所有这些或与对原住民习惯的道德恐慌有关，或承认白人在产生这些习惯所起作用有关。并非所有澳大利亚原住民都在牧场工作。但大多数人都经历了新陈代谢的殖民化，这种殖民化与旱地畜牧业的发展同步，部分也是旱地畜牧业发展的结果。

正如我所提到的，皮尔巴拉有自己的牧场经济，主要是生产羊毛。正是在皮尔巴拉海岸的牧场上，原住民工人发起了澳大利亚第一次针对畜牧业的抗议行动，比北领地的劳资纠纷还要早 20 年。[②] 但是，正如 A 的故事表明，这是这个国家原住民融入白人经济更多样化的地方。对北领地进行饮食习惯调查的几个月前，威尔逊在西澳大利亚州主持了一项类似的调查。我看到的两份西澳大利亚州的调查报告副本，一份存放在澳大利亚国家图书馆，另一份纳入了《沃茨雇佣条例》(Wards' Employment Ordinance)的配给表

[①] A 已被证明是正确的；参见 Branley and Hermant 2014。2007 年，一份报告显示，在北领地的偏远原住民社区，儿童性虐待现象十分普遍，中央政府匆忙制定了一揽子措施，其中就包括引入"基础卡"；参见 Altman and Hinkson 2007。

[②] Merlan 2005；Hess 1994。罢工范围包括牛羊饲养站，时间安排在旱季初期(5 月)剪羊毛和牛群迁移开始的时候。与后来 1966—1975 年的古林吉罢工不同的是，罢工者并没有寻求建立自己的畜牧业，尽管他们在参加者被解雇后建立了一个采矿集体。经过三年的僵持，在黑德兰港码头工人的帮助下(他们拒绝装载来自不合规牧场的羊毛)，罢工者部分成功地获得了雇主工资方面的让步和工作条件的改善。

中,但除了涉及城镇的第一部分,其余都不见了。因此,我们没有证据将生活在城镇与生活在传教地、牧场和州政府管理的"配给营"(ration camps)中的人们的经历进行比较。西澳大利亚州的膳食调查提供的是家庭层面的营养过渡范围,但在总体统计中被忽略。我们只考虑黑德兰港的数据。

在这项调查中,黑德兰港的情况不错。在走访的 17 户家庭中,有 13 户(占 76%)的饮食在 D 至 E 级之间,这在被调查城镇中属于中位数。尽管有港口,但食物成本据估计却是所有城镇中最高的,部分原因可能是地下水盐分太高,无法种植蔬菜。动物性食物(包括肉类和鱼类)的消耗量在所有城镇中最高。原住民在城镇经济中起着多种作用,在这一点上,羊毛出口,而不是盐和铁,仍然占主导地位。

威尔逊提到,镇上的原住民被雇用为铁路工人、工匠、建筑工人和仓库保管员,当船只进港时,他们被临时雇为码头工人。由于劳动力普遍短缺,当地人受雇于该地区牧场做季节工(她没有提到两年前结束的罢工)。在调查时,临时工已经结束了牧场的大部分工作,南下前往马布尔巴(Marble Bar)附近的采矿场工作,并在那里工作到年末。[①]

同样,应该记住的是,相对于和他们的收入有关的土地面积和牲畜数量,这些城镇是多么小。1951 年在调查前五年的牧场工人罢工时,黑德兰港有白人居民约 200 名。但这依旧说明了在不太适合种植粮食的地方存在供给问题。例如,黑德兰港并没有商业化的鸡蛋生产,但在调查的 17 户原住民家庭中,有 5 户自己饲养母鸡。鲜奶无法提供:牛奶厂因不符合州政府的卫生法规而被关闭。有时,来自周边乡下的亲戚会带来一些袋鼠肉,报告里说"大多数当地的家庭主妇,每天都去钓鱼"。除此之外,肉类主要来自城外

---

① Wilson 1951b, p. 27.

24公里处的一家牧场,那里会宰杀羊和牛,每周两次用卡车运到城里的屠宰场。新鲜水果和蔬菜必须从珀斯空运,而面粉、罐头食品和耐储存的水果、蔬菜则由船运。东西不易保存,尤其是在雨季,而且并不是所有家庭都有冰箱。

正如伯恩德夫妇在20世纪40年代末访问过的南澳大利亚城镇一样,原住民被分为"营地"(camp)和"城镇"(town)两类,后者主要是混血儿,但在本次接受调查的人中,并没有混血家庭。在这里,实地调查人员也无法知道各自所占比例,但与牧场不同,他们可以直接与负责家庭供给的人交谈,通常是妇女——家庭主妇——会被问到访谈的前一周家里吃了什么,以及是谁吃的。这些数据所描绘出的画面大致一样,但它为我们提供了一个视角:贫困社区中人们的日常饮食和应对方式(见表6.2)。据我所知,该地区没有留下任何日记式的记录。

表6.2 黑德兰港地区调查的12家菜单样本

早餐	正餐	晚餐
燕麦片、牛奶、糖;煎牛排; 茶、面包、黄油	烤牛肉;土豆泥、面包; 茶、牛奶、糖	炖肉、洋葱; 茶、黄油面包;果酱
罐头意面、咸牛肉(煎); 土司、黄油、果酱; 茶、牛奶、糖	罐头(洋葱、土豆炖牛肉); 黄油面包、桃子罐头; 茶、牛奶、糖	煎三文鱼、面包、黄油、罐头桃; 茶、牛奶、糖
麦片粥、糖、牛奶;罐头(洋葱、土豆炖牛肉);面包、黄油; 茶、牛奶、糖	洋葱土豆炖肉;面包; 茶、牛奶、糖	冷冻肉、酱汁;生番茄;面包; 茶、牛奶、糖
煎羊排;黄油面包、黄金糖浆; 茶、牛奶、糖	咖喱羊肉、洋葱和土豆;面包、黄油; 茶、牛奶、糖	煎鱼、面包和黄油、黄金糖浆; 茶、牛奶、糖
西米、牛奶、糖;煮蛋;土司、黄油; 茶、牛奶、糖 茶、牛奶、面包、黄油、糖	烤牛排;土豆泥; 茶、牛奶、糖	爱尔兰炖肉;面包、黄油、奶酪; 茶、牛奶、糖

续表

早餐	正餐	晚餐
无早餐	硬饼、果酱； 茶、糖	罐头香肠；硬饼； 茶、糖
土司、黄油； 茶、牛奶、糖	煎鱼；黄油面包； 咖啡、牛奶、糖	洋葱、土豆炖鱼；黄油面包； 茶、牛奶、糖
煎鱼、黄油面包、果酱； 茶、牛奶、糖； 儿童牛奶	煎排骨；胡萝卜泥和小萝卜泥、酱汁； 面包、黄油、果酱	煎鱼、黄油面包、果酱；罐头水果； 茶、牛奶、糖
袋鼠派；面包； 茶、糖、牛奶	洋葱炖袋鼠；面包； 茶、牛奶、糖	袋鼠派；面包； 茶、牛奶、糖
硬饼、果酱； 茶、牛奶、糖	罐头牛肉；硬饼；罐头梨； 茶、牛奶、糖	炖牛肉；面包； 茶、牛奶、糖
煎蛋、黄油面包； 茶、牛奶、糖	煎排骨、洋葱、番茄；黄油面包； 茶、牛奶、糖	煎鱼；黄油面包； 茶、牛奶、糖
燕麦片、牛奶、糖；面包、黄油、果酱； 咖啡、牛奶、糖	炖排骨、土豆、甘蓝、洋葱、小萝卜、胡萝卜；面包、黄油、 茶、牛奶、糖	炖菜；面包、果酱； 茶、牛奶、糖

资料来源：根据 Wilson(1951b, p.31)

我再次被这些数据的私密性所震撼——确实让人无奈：一个人正要吞下食物，但是被一旁的记录者打断。也许我们都有过这样的经历，在家里、在工作中或在旅行中：吃东西时被人注视的不安；对吃的食物感到焦虑，无论食物多普通，都被认为是可笑的或不足的；或者担心进食方式不对：太快或太慢，太粗鄙或过于挑剔。对于饮食权利得不到保障的人来说，这种感觉会有多糟糕，这总是与朝不保夕的临时雇佣工联系在一起，在旁观者看来，他们对各种食物烹饪方法的熟悉度有限。根据档案记载，原住民永远都在错误地处理食物：在室外烹饪本应在室内烹饪的食物，忽略三明治中的关键部分，用受潮的苏打粉制作面包，放在灰烬或在营地火炉中烤制来取代蛋糕，将面粉储存在容易发霉的地方，并且无视儿童、孕妇和哺乳期妇女的特殊营养需求。没有什么比被告知你根本不知道如何养活自己更残忍的了。

无论调查过程中存在怎样的权力不对等,很显然,受访者确实知道如何在最艰难的情况下养活自己和家人。我们可以发现一些规律。首先,这里的饮食与所有其他城镇和营地的一样,比我们在北领地牧场和传教团驻地看到的要好很多,在那里,原住民对食物供给几乎没有控制权。食物的口味和质地更为多样化。在一些家庭中,洋葱经常出现,偶尔还有卷心菜、胡萝卜甚至西红柿。在大多数情况下,包括儿童在内的家属似乎都能吃到高价值的食物,这在牧场专供正式雇员享用。本次调查中黑德兰港脱颖而出。牛奶的消耗量比其他城镇高出 50%,除了一个城镇,其他都是奶粉和甜炼乳。肉类的摄入量也很高,这是因为鱼类(与肉类一起计算)不受现金补贴制度的限制,而其他食物选择则受到这一制度的约束。因此,一个家庭可以消费的鱼类数量取决于家庭成员(尤其是女性共同负责人)能够捕获多少鱼。而面包、糖和肉显然是为了弥补新鲜水果和蔬菜的短缺。

总体而言,除布鲁姆(Broome)外,营地和城镇原住民摄入的能量、蛋白质和铁元素明显高于 7 年前抽样调查的西澳大利亚白人家庭,平均高出 25% 以上,也远远高于营养指南中规定的数据。这再次印证:**肉食不是富裕的象征,而是贫穷的标志。**

报告中出现的所有意想不到的食物中,有一种让我感到特别疑惑。"维他麦"(即麦片)出现在三个城镇的"典型早餐"中。有时,它被认为是专为孩子们准备的。时至今日,麦片仍然是澳大利亚最畅销的冷食早餐谷物食品(如今,有有机食品和无麸质食品可供选择,让人难以置信)。毫无疑问,麦片出现在调查对象的饮食中,让国会议员、医生以及卫生部和营养师们看到了希望。还有什么比这更能表现同化的迹象——而且是在新陈代谢层面上?

新几内亚视角

到目前为止,我们已看到了人口方面的证据,无论是在牧场还是在城镇,人们都已完全融入了定居地的经济生活。这有助于进行案例比较,即根据类似的营养和劳动假设进行饮食调查,但接受调查的社区并没有很好地融入雇佣经济,其维持生计的策略与接触前相比没有太大变化。在新几内亚,从第一次世界大战结束到1975年,部分地区一直处于澳大利亚的殖民控制之下。新几内亚很晚才与殖民者接触。在高原地区,除了看到飞机从头顶飞过,许多部落从未与外人接触过,直到20世纪30年代澳大利亚警察的一系列"巡逻"才迫使他们与外人接触。[1] 与1951年对北领地和西澳大利亚的营养调查一样,1947年对新几内亚开展的营养调查,也是在为原住民工人制定食物配给表的背景下进行的。然而,在新几内亚,雇佣劳动还不像澳大利亚原住民那样普遍。殖民地管理者试图"以本地食物"作为配给准则的基础。[2] 为此,他们需要了解自给自足经济下的村庄粮食产量、饮食习惯和营养状况。有了这样一个基线,也就更容易识别和应对因气候异常或群体间冲突引发的周期性粮食短缺,并开始考虑如何在不危及粮食安全的前提下,引导新几内亚人在自家菜园里种植经济作物。

对新几内亚的调查比我们想象的要复杂得多。有两名医生、两名生物化学家、一名营养学家、一名社会学家、一名农学家,有时还有一名牙医和一名摄影师,每个地区都有一名熟悉当地情况的巡警陪同。在分析和后勤支持方面,调查利用了悉尼和堪培拉的一些研究机构和行政机关的资源。此次调查访问了5个村庄,代表从沿海到冲积平原再到海拔1000米的一系列地理环境、一系列

---

[1] Schieffelin and Crittenden 1991.
[2] Hipsley 1950, p.13.

生存资源。饮食基础因地不同,但通常是含有淀粉的根茎类作物,包括芋头、木薯、甘薯和山药,以及西米(某些棕榈和苏铁的果核)。此外还有水果、豆类、南瓜、叶类、猪肉、幼虫,在沿海地区还有鱼类、甲壳类动物、牡蛎,偶尔还有鳄鱼。在每个村子里,实地考察人员都要观察二三十户家庭,有时要分别走访两家,了解食物的采购、准备和进餐时间,并进行体检和抽血。

一些村庄仍然与白人经济相对隔绝,但在距莱城(the town of Lae)30公里的沿海村庄巴萨马(Busama),村民们有节制地消费从镇上买来的食物,包括面包、大米、面粉、糖和罐头肉。巴萨马深受基督教影响,即使前一天收获的食物不够,妇女也被"禁止"周日进入菜园。报告指出,巴萨马在战争期间曾是战场,菜园被毁。① 据推测,这也是那里的热量和蛋白质摄入特别低的原因。但在条件似乎较好的另外两个沿海村庄,每人每天的平均热量摄入为1600千卡,蛋白质摄入量不到"计算所需量"的一半,但居民没有表现出营养不足的迹象。

这份调查报告长达300页,我们无法在此一一详述。但总体而言,我们既了解了作者的期望,也了解了乡村居民的营养行为。作者反复表达了对饮食中淀粉含量高的根茎类作物以及热量和蛋白质摄入量低的担忧。但从村民的临床表现来看,没什么值得担心的。热量摄入似乎充足,村民也没有表现出饥饿感。血清蛋白略高于1944年澳大利亚进行营养调查的样本,没有发现水肿现象。换句话说,"没有蛋白质严重不足的迹象"。② 作者没有对蛋白质摄入量的数据进行解释,只是指出,村民们缺乏关于饮食中植物性食物与蛋白质含量的认识。③ 同样,微量元素的营养情况也不错。没有出现脚气病、维生素B2缺乏症和维生素A缺乏症。经放

---

① Hipsley 1950, p. 101, p. 109, pp. 125–126.
② Hipsley 1950, p. 25.
③ Hipsley 1950, p. 110. Compare Waterlow 1986.

射诊断,一岁以下儿童中有 9% 表现出佝偻病症状,而在 5 年前的一项对澳大利亚白人研究中,这一比例为 47%。即使脂肪摄入量很少(不到总能量的 5%),这对儿童期的生长和成年期的维持也没有明显影响。他们发现唯一普遍缺乏的微量元素是碘。在远离海岸的地方,甲状腺肿大是常见地方病,这被认为是水和食物中碘不足造成。

对肉类和其他动物性食品在改善原住民饮食方面应发挥的作用,作者们似乎观点不一致:如果可行,增加动物产品的消费可能会带来巨大的营养价值。不过,在许多地方,从植物而非动物源性食物中获取优质蛋白质可能更容易,但在新几内亚的几乎每个地方,增加动物产品的消耗是可取的。不仅是牛,圈养的山羊、家禽,有时还有水牛、绵羊和猪,都可能是动物蛋白的宝贵来源。[①]

如果把这段话解读为对肉类内在价值的赞美,未免太过夸张。但是,正如我们会在更多的营养科学文献中看到的那样,饲养供食用的动物与现代化联系在一起。就我们所看到的澳大利亚原住民的肉类摄入量与健康之间的关系,这极具讽刺性。当我们开始考虑营养科学在制定干预穷人新陈代谢生活的政策方面所起的作用时,无论是过去还是现在,我们都应该牢记这一点。

饥饿

1976 年 5 月,一页打印好的事件摘要——关于瓦尔拉布里(Warrabri),位于达尔文市以南 1100 公里处的一个原住民定居点——放到了北领地管理局卫生部助理主任的办公桌上。报告由一名负责该地区(包括该定居点)原住民健康的护士转交,来自一位叫 M 的修女,她在瓦尔拉布里居住了 6 年。报告记述了死亡和

---

① Hipsley 1950, p. 28.

远程医疗就诊情况,并介绍了一个为期 3 天、吸引了 700 名原住民游客的大获成功的节日。之后,M 修女谈到了营养问题:"在过去的几个月里,我一直在关注发病率高的疾病,尤其是腹泻和肺部感染的儿童;体重低于适龄正常体重 80% 的儿童数量也明显增加。"[1]

她把这归因于当时就业率的下降,以及拥有高薪工作的人往往把工资花在买车上,而不是花在食物上。她继续说:"原住民事务部的食堂还在运作,但是……最近我们获悉,儿童餐费将从 10 美分增加到 1 美元;成人则从 30 美分增加到 1.5 美元。与城镇相比,这听起来还算合理,但这里的家庭状况完全无法承受。一个有 6 个孩子的家庭每周要为每人每天的一顿饭支出 30 美元。如果价格上涨,我想人们就不会再光顾食堂了。到那时,食堂就会被关闭。"她总结说:"我们该何去何从?按理说,发放救济品的日子已经过去了。当面对一个明显饥饿、痛苦的孩子,他的体重正下降到适龄安全体重的 60%—70%,我们能做什么?我们不能坐等他营养不良时才不得不将他送到医院。"

M 修女是在当时鼓励原住民社区自主决策的新政背景下写这份报告的。该政策是在过去 13 年原住民社区的社会正义和土地权利活动蓬勃发展之后制定的。1963 年,位于阿纳姆地东北部伊尔卡拉的雍古人社区要求收回在自己土地上的铝土矿特许权,这是第一次原住民对白人的行为做出反应,为此,他们打印了一份请愿书,贴在一张树皮画上。伊尔卡拉的发起人把请愿书送到堪培拉的联邦议会,但它被刻意忽略了。澳大利亚的第一个原住民土地权利案件由此开始,最终导致在北领地启动一个正式的土地权利要求的听证程序。当时在巴西亚马逊爆发的战争引起关注,促成了在伦敦成立国际生存组织(Survival International)和在哥本哈根成立原住民事务国际工作组(International Work Group

---

[1] NAA E51 1971/1881, pp. 198 – 199.

for Indigenous Affairs),从而引发了人们对澳大利亚原住民赔偿要求的公开同情,这在10年前难以想象。

自从有人第一次指出沙漠正变得越来越不适合觅食,M修女提出的问题则显得更为急迫,这是25年来原住民事务管理人员一直面临的问题。1950年,英联邦政府面临这样的选择:要么眼睁睁地看着未被同化的觅食者挨饿,要么诱导其依赖他人。政府选择了不干预。[1] 但是,随着牧场工人及其家属被逐出牧场,这个问题因一些人已经三代融入白人经济而变得迫切。

到了1974年,原住民儿童、母亲、老人和没有工作的人都在挨饿,这一事实已不容忽视。年轻母亲承担起准备学校午餐的责任——"饮食基本包括面包与肉、奶酪、沙丁鱼或鸡蛋,配以新鲜蔬菜或罐装豆类、甜菜根、咸味酱等。甜点包括奶油冻、布丁或冰淇淋,还有苹果或橙子。餐后喝一杯水果饮料",[2]这还不够。这些食物必须能在没有冷藏设备的情况下简单储存,即使雨季来临也提供足够的热量和蛋白质。对于参与讨论的大多数人来说,最后一点蛋白质的补充尤为重要。为此,人们青睐的蛋白质补充物是奶酪棒。E. H. 希普利(E. H. Hipsley)认为这是错的。[3] 他援引了1973—1974年埃塞俄比亚的那场旱灾,当时,牲畜损失高达80%,加上连年歉收造成大面积营养不良,5万至10万人死亡。希普利强调,在饥饿的情况下,人体最迫切的需求是能量。蛋白质缺乏是饥饿的结果,而不是原因。以不熟悉的浓缩制剂形式补充蛋白质可能会存在排斥和脱水风险,是对昂贵和易腐烂食品的浪费。他建议采用替代补充,即用麦片代替奶酪棒和高蛋白谷物,其中蛋白

---

[1] NAA A1658 4/1/6, p. 14. "为了当地人的最佳利益,重要的是我们不应允许自发的慈善和同情冲动,以将我们引向可能对其造成不可弥补的伤害的行动方针。"这几句话是联邦卫生部主任对玛格丽特山传教团关于生活在丛林中的觅食者憔悴的报告所作答复的一部分。
[2] NAA E51 1971/1881, p. 177.
[3] NAA E51 1971/1881, pp. 150 – 156. 补充高蛋白有脱水的风险,因为在饥饿状态下,蛋白质被分解代谢为能量,产生尿素,尿素必须被排出体外。

质仅占总能量的10%。后来的信件表明他们选择了奶酪棒。① 又过了一年多,补充储备才到位,分发给了各社区卫生中心,同时提出把产妇纳入教育指导范围。

25年前,希普利曾为《新几内亚营养调查报告》撰写了有关健康与营养状况的部分。考虑到他在食品补充讨论中的不同意见,这是否还有意义?但至少可以表明,接触更多的生存策略可能会缓和人们对动物蛋白有益健康这一特性的看法。

在今天的澳大利亚,正如在美洲一样,所处境地与我们在本章要讨论的情况类似——被剥夺财产,不得不从事采掘业而被社会边缘化——的人们的生活极其凄惨。实际上,无论从哪个角度衡量,尤其是在呼吸系统疾病、精神健康、药物滥用、家庭暴力以及刑事司法方面,原住民所承受的这些衰弱打击,如果发生在种族特权人口身上,无论后者多么贫穷,在政治上都是无法容忍的。

动物蛋白的生产和消费,与我们今天这一系列事态的发展密切相关。肉类使那些被剥夺了生存权利的人既有必要也有可能加入强制劳动制度,从拾荒到雇佣劳动再到彻底被奴役。承认这一点并不意味着否认肉类也被高度重视的事实,无论是在受奴役的人们中间,还是在那些视自己为恩人、导师或主人的人中间。这并不是要衡量肉的价值,比如说,与饲养产出的肉相比,狩猎的肉更有价值。当只有面粉、糖、咖啡因和肉,而且通常分量都不够时,那么肉,无论其来源如何,都变得必不可少,就像面粉、糖和咖啡因不可或缺一样。但是,在这种情况下,把肉类消费的增加视为日益富裕的标志,那就大错特错了。

在殖民过程中,用于食物的驯养动物被圈养,而被迫从事饲养、修建道路和开采金矿等工作的人们也经历了类似的"代谢同化"——他们的生活方式和身体状态被强制改变。在美洲和澳大

---

① NAA E51 1971/1881, p. 228, p. 169.

利亚的殖民过程中,动物和人类都被边缘化,并形成了相互依赖的关系。动物被剥夺了自由,人类则被迫从事繁重的劳动,两者都成为殖民经济体系中的工具。在本书的最后几章,我们将思考当今城市化的世界中是否也存在类似情况。

间奏曲　种族与饥饿科学

在对营养调查展开讨论时，我跳过了第一部分中曾困扰我们的问题：那些作者是从哪里了解到高品质饮食的？

回顾一下谢尔曼的《生命的营养改善》一书的序言。该书是为美国读者撰写的，谢尔曼呼吁人们少吃动物产品，特别是肉类，多吃新鲜蔬菜和水果。这样做的好处一部分是营养方面的，一部分是政治上的：在营养金字塔下层的饮食使人们更健康，也就腾出资源为地球上更多的人口生产高品质食物。谢尔曼强调了维持平衡所需的饮食与促进活力所需饮食之间的差距。上文中威尔逊讨论牧场和城镇调查时引用过谢尔曼的观点，他指出，原住民工人效率低下不是因为所谓的"种族劣势"，而是因为营养不良。[①]

20世纪30年代，人们发现了维生素这种微量营养素。在此之前，营养科学主要是一门有关动物能量学的科学，而动物能量学是研究动物饥饿的科学，也是一门关于种族的科学。

生理学家提出的关于动物能量学的问题很简单：在各种条件下（如身体状况、环境温度），动物需要多少能量才不会挨饿？需要多少蛋白质——具体地说，早期需要多少肉——才能维持动物体内的**氮平衡**，也就是说，确保尿液中随着尿素一起流失的氮量与摄入的氮量相等？测量代谢率的方法通常是测量呼吸中排出的二氧

---

① Wilson 1951b, p.3, 转引自 Sherman 1950, p.6。

化碳,这一方法至少可以追溯到18世纪80年代拉瓦锡(Lavoisier)对豚鼠的实验。但之后很长一段时间,呼吸测定仍然很麻烦,人们认为,动物在呼吸计上的表现并不能很好地代表它在真实世界的表现。因此,在大多数实验室里,直到20世纪的头10年,主要研究方法还是收集动物粪便以及使动物断食,通常直至其死亡。

各种动物被饿死:老鼠、兔子、豚鼠、鸡、猫和狗。生理学家对狗情有独钟,20世纪50年代,能量学文献中还引用了犬类饥饿行为的研究成果。据报道,1898年,东京熊川(Kumagawa)实验室的一只狗在没有食物的情况下存活了98天,死亡时体重减少了65%。14年后,伊利诺伊大学的生理学家说,一只名为奥斯卡的狗禁食117天后才结束实验:晚期它的排泄物中没有出现氮增加的典型状况,事实上,它的精神状态良好,正如饲养员说的那样,在每天称体重前后,它不得不被限制跳出或跳进笼子,以免伤到自己。[1] 当然,人类不可能在非自愿情况下被禁食至死,但在能量学界,这种实验十分盛行。1890年后,断食作为一种健康疗法,因涉及活力、生产力、男子气概和种族优越感而大受欢迎。[2] 人们对断食疗法的兴趣一直持续到20世纪20年代,尽管在能量学研究中,断食方法被静息代谢率的呼吸测定法和卡路里限制对照试验所取代。[3]

动物能量学的研究目的有两个。其一是提高牲畜的饲料转化率,更广泛地说,是阐明体型和基础代谢率之间的关系。其二是了解不同职业的人类对能量和蛋白质的需求。对大多数参与问题讨论的人来说,基本的政策是明确的:维持产业劳动力需要多少肉?更不用说现代化的陆军和海军了。

---

[1] Howe, Mattill, and Hawk 1912. 有关禁食文献,请参阅 Lusk 1906; Kleiber[1961]1975。
[2] Griffith 2000. 能量摄入限制作为延长寿命的技术继续受到青睐。临床证据表明,大幅限制热量摄入的效果好坏参半。但间歇性禁食作为减缓衰老过程的一种手段已经获得了强有力的临床支持。参见 Martens and Seals 2016。
[3] Benedict 1918.

1900年左右的传统观点认为,男性每天至少需要100—120克蛋白质来保持活力,蛋白质主要来自动物性食物,摄入能量约为3000千卡。不时也会有报道说实际蛋白质摄入量要少得多——如加利福尼亚的素食主义社区——但这类报道大多被忽视了。

德国生理学家卡尔·沃伊特(Karl Voit)的观点在这场争论中占主导。沃伊特在慕尼黑的实验室率先开发了许多技术,这些技术后来成了美国和日本生理学实验室的标准,特别是用"氮平衡"表示蛋白质需求。沃伊特推算一个体重70公斤、从事轻体力劳动的人每天需要摄入118克蛋白质。耶鲁大学生理学家罗素·奇滕登(Russell Chittenden)觉得这是无稽之谈。1902年,奇滕登开展了一系列临床研究,证明每天摄入50—55克蛋白质,同时大幅减少能量摄入,绝对可以让年轻人一直保持活力和氮平衡。①

奇滕登把耶鲁运动员和新入伍的美国陆军士兵进行分组(分别为8人和13人),对饮食和运动进行严格控制,并对他们进行了数月的观察——包括食物摄入量、排泄物以及各项健康指标情况。同时也记录自己的饮食和运动情况。需要指出,所讨论的饮食计划只是对分量和蛋白质含量进行了控制。在其他方面,食物都很普通,并不特别健康。对于他的研究结果的意义,人们众说纷纭。② 一位同时代的人称赞了奇滕登的严谨,但认为将参与者的身体变化归因于饮食还为时过早,因为实验中所涉及规律生活方式的独立影响没有受到控制。50年后,谢尔曼称赞了奇滕登的研究成果,认为这是了解人类对蛋白质反应弹性的一项突破,但也有人视为大忌。

其中最主要的是加尔各答的生理学教授麦凯少校(Major D. McCay)。根据在印度进行的长期观察以及对孟加拉囚犯饮食的一系列实验,麦凯少校认为奇滕登不仅错了,而且错得离谱,因

---

① Benedict 1918.
② Benedict 1918.

为他的结论削弱了富含动物蛋白的饮食与较发达种族肌体活力之间的明确联系。麦凯并没有自我怀疑。例如，他对日本饮食的讨论开始于"在日本人从严格的佛教教义中解放出来之前"。¹不过，尽管具有后殖民地时期的浮夸性，他的论点还是非常现代的。"毫无疑问，"他写道，"人类对蛋白质的需求达到了欧洲标准，这一点毋庸置疑。"只要一个种族可以为自己提供如此多的蛋白质，它就会迅速这样做；一旦克服了经济上的考虑，所谓的"素食日本人"或印度人很快就会提高他们的蛋白质摄入量，以达到人类的一般标准。①

也就是说，麦凯认为，正是肉类的收入弹性决定了它的消费率。一旦一个种族获得了支撑丰富肉类饮食所需的收入——大概是通过采纳欧洲人的工业劳动纪律——其肉类消费量就会猛增，随之而来的是区分各地肉食种族的男性活力。地理学家瓦茨拉夫·斯米尔（Vaclav Smil）在100年后写道："一旦收入增加，前工业社会的文化建构就会消失。"

随着时间的推移，像麦凯这样的论点的基调发生了变化。关于种族问题的讨论变得愈发沉默，但人们仍然担心素食对国家发展的影响。康奈尔大学生物化学家威廉·阿道夫（William Adolph）在二战即将结束时撰文写道，"中国的蛋白质问题"在于，生活在农村的85%至90%的人的饮食基本以素食为主。更确切地说，农村饮食中95%的蛋白质来自植物。阿道夫担忧地说，植物来源的蛋白质在消化难度和提供的"生物价值"方面都较低；我们今天的说法是，植物蛋白的可消化氨基酸评分较低。他对中国农民在植物蛋白质组合方面的成功感到惊讶，因为这些组合的营养价值超过了任何单一成分。他认为这是"亚洲广泛存在的盲目实验的又一个例子"，意指中国农民通过长期的实践和经验积累，无意

---

① McCay 1912, p. 102.

中发现了有效的植物蛋白质组合方式。但他在中国的经历并没有让他对美国在战争期间调整饮食结构的可能性感到乐观:"比如说,我们是否清楚从杂食到素食的转变,身体会在多大程度上受到影响? 从营养学角度讲,我们的身体健康和精力充沛都与动物蛋白有关。"①

今天,我们面临着一个相反的问题:人类在向肉类饮食的转变过程中,身体多大程度上能够不受影响? 尽管文化和经济环境存在巨大差异,但在新兴城市市场中,动物蛋白在人们营养中的作用与我们在澳大利亚看到的情况不谋而合。在这里,日益增长的肉类消费掩盖了——甚至可能导致了——社会日益严重的不稳定性。在最后几章,我们将探讨肉食与当今世界不稳定性之间的关系。

---

① Adolph 1944, p. 3.

第七章

耦合

大解耦?

2016年可能会随着全球化的结束而被记住。1999年,在西雅图举行的世界贸易组织部长级会议上的示威活动让人们注意到自由贸易的掠夺性,而到了2016年,质疑贸易自由化已不再被认为是激进的,而是一种进步。参加美国总统竞选的主要候选人否认了美国为推动太平洋地区贸易自由化,即缔结跨太平洋伙伴关系(the Trans-Pacific Partnership,TPP)所做的努力。2016年8月,世界运力排名第七的韩国韩进(Hanjin)海运公司戏剧性地破产了——船只、集装箱和货物滞留途中;[①]债权人申请破产保护,要求扣留每个港口韩进海运拥有或租赁的船只——此时正值圣诞航运之际,引发了运费飙升。8周后,历时7年的《加拿大—欧盟全面经济贸易协定》谈判几近破裂。瓦隆(Wallonia)大区议会使用否决权阻止比利时部长批准该条约,部分原因是担心条约会对农民产生影响(3天后,瓦隆暂时批准了该协议)。在英国,脱欧全民公投落定,欧盟内部贸易和欧盟均衡(发展)基金的最大受益地区的选民们强烈支持脱欧。在美国,农村选民利用他们有限的选举权谴责

---
① Kim and Park 2016.

贸易自由化,谴责任何形式的多边合作。与 1980 年至 2008 年期间的一体化和自由化趋势相比,你可能会把我们现在所处的这个时代称为"大解耦"(great uncoupling)。[1]

然而,本章命名为"耦合"(coupling)有 3 个原因。第一,现在说全球化已经结束还为时过早。某种程度上是因为远程价值链对市场信号的反应存在非线性滞后,这说明当前的行为不仅取决于当前的条件,还取决于过去的条件。第二,贸易自由化的逆转与全球化的另一个层面——收入分层——的连续性存在交叉。直到最近,高收入和低收入国家之间的收入不平等往往大于国家内部各阶层之间的收入不平等,在高收入国家,你可能是穷人,但与低收入国家的大多数人相比,你算是有钱人。现在,这种情况正在发生变化。尽管与当地购买力相匹配的全球收入阶层出现在我们习惯认为的富裕和贫穷国家之间,但国家间的收入不平等正在下降。在许多地方,尤其是美国的收入不平等却在加剧。但全球收入不平等略有下降,很大程度是因为中国收入的增加。[2] 与此同时,资本回报率超过了劳动回报率。[3] 资本收入和劳动力收入之间的差距将继续扩大,原因有很多,主要是资本市场工具形式的资本从未像现在这样具有流动性。这对全球粮食系统特别是肉类而言具有重要意义,我们会继续讨论这个话题。

第三,正如我们今天所知道的,肉类既是价值网络远程耦合的结果,也是韩进海运破产等事件具有新闻价值的原因。我们在序曲中看到了这一点。像本书开篇提到的街头素食小吃店,其运营依赖于冷藏空运,更不用说廉价航空使得顾客能够品尝到来自世界各地的街头小吃。[4] 在过去三四十年间,诸如配料和口味的厨艺专业知识已经非常普及。在饮食方面,没有什么比厨艺专业知识

---

[1] Appelbaum 2016; Campbell and Kennedy 2017.
[2] Milanovic 2016.
[3] Piketty 2014.
[4] Landau and Jacoby 2016.

的流动性更为清晰明了。

在序曲中,我指出肉食已成为富裕的象征。在第四至六章中,我们也看到了肉食如何成为资本主义的象征。但富裕和资本主义并不是一回事。在本章及下一章,我们来看看肉食是如何调节资本主义与富裕之间关系的。

从地域上看,东亚和太平洋地区是讨论重点。正如经济学家布兰科·米拉诺维奇(Branko Milanovic)所说,东亚国家(特别是中国)在按收入水平调节各群体购买力的差距方面起了很大作用。就像我在序曲中提到的,中国在全球范围内对肉类和其他动物性食品的需求增长方面也发挥了重要作用,1960 年至 2010 年间,中国的肉类消费增长了 9 倍。① 可以想象,澳大利亚的畜牧业生产者渴望提供肉类、牛奶和其他畜牧产品,以满足东亚和东南亚其他地区日益增长的需求。因此,虽然本章将**商品链耦合**(commodity-chain coupling)视为一种全球现象,但重点关注的是中澳方面。

在第六章的开头,我指出了叙事的时间尺度,从第一章的百万年到第五章的百年。即便如此,我们的运作规模仍然超出了人们的想象。要真正将肉食视为一种经济和政治现象,我们需要把镜头拉近,聚焦到经历营养转型的人们日常生活中。我们现在已经做到了,但还没有把不同时间和空间尺度上的故事联系起来。动物生物量的圈地和畜牧经济边缘的生活,这两种叙事似乎是平行展开的,是时候将它们连接到一起了。

热图思维实验

想象一下,把漫长时间和广阔空间中发生的事件压缩成一部我们可以一口气看完的电影,其中所讲述的各个事件,即人类控制

---

① Kearny 2010. Weis 2013 提供了一个不同且更高的估计。

其他群居脊椎动物的时空变化,都包含在"圈地"一词中。我们将起始时间设定为第四章所描述事件的开始时间。为了构建这部电影,我们在重大事件上附加某种易于识别的感官标记。对于大多数观众而言,最好是将这些标记想象成某种视觉信号,比如说一个光点,亮度、色调和饱和度发生变化表示光的强度和质量的变化,但如果事件规模太小,其变化尺度肉眼就无法观察到。对一些人来说,另一些标记可能更有意义:响度、音高和音色不同的音调,甚至是嗅觉或触觉。重点在于我们为自己提供了一种方法,可以通过空间和时间尺度来观察屏幕上梯度场活动强度,否则这些尺度的梯度场将低于可察觉的阈值,换句话说,我们正在设计一个**动画热图**(animated heat map)。

热图上应该显现什么样的事件?首先,每当有动物进入这个世界时就标上一个光点(或者一个音调或一种气味——任何可以在时间和空间上被识别的信号都可以)。动物越大,光点就越亮,动物死亡了,光点也就消失了。光点的颜色和饱和度会根据同一地区动物与人类之间经济、社会和宇宙关系的变化而变化——比如,红色可能代表人类食用的动物,饱和度表示人类对此类动物的依赖程度。也许我们可以使用不同色调表示当地经济的不同模式,比如红色代表狩猎,蓝色代表完全驯化,中间色调代表第四章中讨论的低水平粮食生产和混合制度。绿色象征敬意、陪伴、非致命性的开发和其他形式的互利共生。我们不需要完美的成像模式就能体验到圈养高速发展时的情形。

我们依据人类行为设计了热图,并不是说动物的存在只是为了满足人类的需求。相反,构建一个可视化的图像是为了说明人类在过去的 1.5 万到 1 万年间是如何利用其他动物的。

还有哪些事件可以触发信号?这样如何:每当人类消费肉类或其他动物产品时,我们就标记一个光点,其亮度变化表示消费的数量变化,色调和饱和度表示产品的类型和加工程度,或"附加"价值,后面我们还会讨论这个概念。

有了观察动物新陈代谢与人类消费之间的耦合模式和强度变化的方法,我们就可以开始实验了:将起始时间设为1.5万年前,时间尺度为每秒250年,这样,到60秒的时候我们就来到了现在。我们会看到什么?

在最初的大约20秒,并没有什么变化:人类的肉类消费与动物新陈代谢形成稳定的相位关系,代表动物的像素模糊,偶尔闪烁一下。但这种相位锁定是局部的、短暂的,在更长时间或更广阔空间似乎不会形成任何相关性。随着时间推移,由于冰川消退,包括人类在内的各种动物从避难所迁徙到非洲、欧亚大陆和撒哈拉沙漠较温暖、较潮湿的地区,明亮像素的亮度会稍微增强且向分布更均匀的方向扩散。在1.2万年前或12秒的时候,美洲地区的迁徙数量明显增加。随着捕网和陷阱的使用,世界某些地区的人类的肉类消费持续增长,鸟类、兔子和鱼类与人类经济的关系越发密切,像素也因此变得更饱和。

大约在1万年前或20秒时,亚洲西部和东部边缘的动物生物量池与人类的肉类消费池出现重叠模式,起初很微弱。在某些情况下特别是在极地地区,这些类似滑翔机的立池稳定形成,呈周期性局部移动,形状保持不变,通常沿着一个相对较短的轴进行谐波摆动,整个周期为1年或4毫秒,但在我们看来不过是一种模糊振动。随着动物—人类组合的线条延伸到非洲、欧洲和欧亚大陆内部,这种振动上形成的重叠呈更慢、更定向运动,以自己的方式分离并形成新的局部池,进行每年度和次年度(以多年为周期)的谐波运动。这一过程会持续一段时间,与南部非洲、美洲和萨胡尔大陆的低强度食物供给模式并行发展。在一些地方,这些低强度的觅食制度一度处于粮食生产的边缘,人文环境的改变使动物生物量和人类的肉类消费水平持续上升,但没有出现非洲和欧亚大陆一些地区的相位锁定现象。

在36秒到40秒之间,也就是6000年到5000年前之间,随着冶金和城市化的形成,欧亚大陆的集约化似乎到了一个拐点。在52秒我们看到了欧亚大陆东部匈奴部落的出现。接着在最后一秒,我们等到了最后250年的到来——但转瞬即逝。我们需要再做一次实验,这次把最后250年延长,设置为整整一分钟。为了简化计算,我们把这段时期设置为240年。开始之前,我们给模型添加了一个新信号:代表人类的金色像素。当人类对牲畜生产进行金融投资而不是自我消费时,该像素就会被点亮。现在我们将开始时间设在1780年,时间刻度为每秒4年,这样,在最后半秒就会运行到2019年。

最初的8秒到10秒,也就是三四十年里,动物和人类新陈代谢之间的耦合模式与我们在第一部电影中50秒到59秒看到的似乎并无太大区别。被点亮的像素更亮了,也就是说,生物量变化速度更快,且范围更广。但动物生长和人类消费之间的同步激活模式仍呈高度本地化。在每年或四分之一秒的时候,我们仍然无法判断生产和消费之间的相位角(the phase angle),即两者之间的延迟时间(如果你总是在同一时间睡觉和起床,比如晚上10点和早上6点,那么你的睡觉和起床时间就呈现相位耦合,相位角为8小时)。在7秒到10秒之间,我们在美洲和澳大利亚东南角的某些地区看到了新耦合模式的最早迹象。在美洲一些地方,完全驯化动物开始向野生动物转变,但相关像素仍处于高饱和度状态——说明它们仍然与人类经济息息相关。

我们意识到这是放牧的第一个迹象。除了围捕圈养,野生动物只有自生自灭。当科曼奇人(Comanche)在北美西南角放牧绵羊时,一簇像素突然闪烁并保持亮度。继续向北、向东穿过西部平原进入大草原,我们看到野牛群与波尼人(Pawnee)、阿里卡拉人(Arikara)、希达察人(Hidatsa)和苏族人(Sioux)耦合,呈不稳定和不规则模式。接着10秒钟后,澳大利亚东南部发生了变化,像素大量涌入塔斯马尼亚州、新南威尔士州内陆以及即将成为维多利亚州的地方。与第一部电影中看到西南亚那样的分散放牧不同：羊群在几个月内被赶至偏远地区，速度之快以至于人们会以为它们在内陆土生土长。短短 8 秒——30 年——非法占地热潮悄然褪去，随后在新西兰奥特亚罗瓦地区（Aotearoa）出现过类似热潮，但规模较小。奇怪的是，除了澳大利亚当地的生产和消费模式，我们还隐约发现了澳大利亚的养殖投资商与英格兰及苏格兰的黄金投资商之间的**远程耦合**迹象。这里存在明显的相位角，因为投资者需要数年时间才能实现远程投资收益。羊毛贸易中出现了一种近乎同步的相位锁定，来自澳大利亚的羊毛在不列颠群岛进行加工和消费，时间大约是一年。

在加拿大和美国，另一种远程连接开始出现——铁路、中央屠宰场以及枢纽，这些辐射式配送基础设施使牲畜生产者能将肉类销售到距离更远的消费者手中。这只是人类活动的一小部分，但以加速或凸面的方式增长（想象一下消费与时间的关系图），尤其从 22 秒开始，即美国内战结束后。实际上我们在电影中并没有看到铁路，但可以根据远程耦合模式进行推断。从大约 24 秒开始，来自英格兰和苏格兰的资本开始在西部平原的畜牧业中发挥作用，产生了可视相位角的新耦合模式。横跨大西洋的牛群运输也可能在信号中产生伪影。同时，在地球的另一端牛羊开始进入澳大利亚的皮尔巴拉和内陆沙漠地区，与东南部和珀斯的消费者以及英格兰和苏格兰的投资者形成新的耦合。

现在快进到 50 秒，即 1980 年。在大西洋两岸，肉类生产和消费之间的远程耦合是普遍现象：明亮的消费群代表城市，周边地区人口密度较低，但食用的动物密度要高很多。在美国，鸡肉在肉类经济中占主导地位，鸡肉热点——肉鸡和蛋鸡养殖场——遍布东南部。因为选择性繁殖、圈养和冷藏的使用，屠宰不再有季节性变化，因此 30 秒或 40 秒之间的年产量和消费频率的周期相位角不够明显,而冷藏运输和"盒装牛肉"——肉类包装的现代设备——使1000英里与100英里处的远程耦合信号一样强。①

与此同时,1980年9月中国颁布的独生子女政策,预示着针对生育和儿童数量的制度性约束时代的到来。② 该政策旨在抑制人口消费,包括肉类和其他资源密集型食品的消费,实现国家工业化。即便如此,到了2010年——电影的后来8秒——中国对钢铁、肉类到鲜奶的各类商品的需求史无前例。最后两秒,就在这短短的时间内,我们发现中国在澳大利亚、北美和西欧的远程网络中占据一极,并逐渐发展成不对称伙伴关系,以对冲撒哈拉以南非洲和南美洲的原材料流入中断的风险。中国的影响力越来越大。随着猪和鸡的圈养成为常态,中国主导的肉类产业链除了远程耦合,还形成了新的本地化耦合,肉鸡养殖场在新兴城市的郊区涌现,以满足城市消费者对鸡肉日益增长的需求。中国的增长势头只有韩国能与之匹敌,韩国在经历殖民统治、内战和一系列军事独裁后崛起,成为资本主义的坚定拥护者。而朝鲜的转变热图则明显黯淡无光,更令人痛心的是在20世纪90年代中期,朝鲜发生了一场饥荒,造成大量人口死亡。

第二个实验使我们更深入地了解了远程商品网络核心的耦合,但还是难以解决生产和消费之间的周期相位角问题。如果把镜头进一步拉近,比如,以每秒一年的时间尺度,从1960年到2019年间的60年,或甚至以每秒六天以上的速度,选择2010年到2017年间的任一年,又会怎样?60年版本是最佳尺度,用以观测"新兴"世界——巴西、印度、南非,或许还有马来西亚和印度尼西亚部分地区,当然还有中国——的远程耦合。相比之下,以一年为周期的电影几乎没有表明耦合模式如何随着时间推移而增长和收缩,但或许能让我们了解动物和人类新陈代谢活动之间的季节性相位

---

① Horowitz 2006; Pachirat 2011.
② Greenhalgh 2008.

角——当然,肉类供应的季节性波动几乎已经消失。随着镜头不断拉近,可视化效果也饱受非议——区分短期波动和长期稳定也变得越发困难。

也许,我们的思想实验可以就此结束了。现在是时候看看热图里的基础设施是如何实现远距离耦合的。

价值链与拓扑

在这一点上,我们已经将肉类经济动态可视化了,但其物理性质仍然模糊不清。我使用了**价值链**(value chain)和**价值网络**(value network)这两个术语,还提到了食品系统的**拓扑结构**(topology,即网络中各节点的主要连接方式)。所谓价值链,不过是物质重新配置的一系列步骤,从基本生产过程——比如光合作用,或者稍远一点的动物生长过程——到人类消费。我说到重新配置而非简单的"移动",是因为价值链中并非所有步骤都需要移动。有些步骤需要加工——屠宰、冷藏、包装。其他步骤与物质转换过程并行发展,不过为了分析,我们可以在价值链的适当之处插入这些步骤:例如,考虑市场营销。所有这些步骤,至少在原则上属于物品"增值"的问题,会抬高消费者愿意支付的价格。对于中国消费者来说,昆士兰饲养场里的一头牛没有任何价值,而超市货架上真空包装的牛肉却有相当大的价值。关于拓扑结构,我指的是价值链中两个事件之间的系列关系,不是由物理接近(physical proximity)[①]程度来界定,而是由两个事件在价值链上的步骤数量来界定。拓扑距离往往比物理距离更能理解行为。[②] 在本章的其余部分,我们将研究肉类价值网络的拓扑结构。

---

① 物理接近,指两个或多个物体/人在空间上的距离非常近,彼此可以直接接触或感知。
② Hillier 2007。

我放弃了量化细节转而强调结构—拓扑,也就是关注网络节点和连接节点的弧线,而较少关注这些弧线的长度和直径。不过,在继续讨论之前,有两个数字确实值得一提:至本书撰写之际,大约10%的商品是农产品(包括纺织品、润滑剂、生物燃料以及与食品相关的商品),并且世界上生产的食品中有25%来自跨境贸易。[①] 农业在所有贸易中占据重要地位,但平均而言,大多数食物是在离其生产地相对较近的地方被消费。这个"平均"显得尤为重要。国际贸易在农产品市场中的作用因国家和商品而不同,例如,日本一半以上的粮食需要进口,因此这25%代表了食品系统中远程耦合前所未有的水平。

耦合的基础设施

就我们的目的而言,基础设施包括任何能够促进畜牧经济不同阶段耦合的东西。说到基础设施,我们往往会想到诸如航运、运输以及通信的建筑环境。但运输和通信——物流——只是基础设施的一个方面。但对大多数人来说,它是最突出的一个方面,例如,你在港口或路上就能看到。在这里,我会从更广阔的角度来看待基础设施,包括法律规定和金融工具,这两者在远程协调动物和人类新陈代谢周期方面起着核心作用。[②]

法律基础设施:自由贸易协定

长期以来,农业一直是贸易自由化的棘手问题,其结果与贸易专家的预测相去甚远,可以说对人类福祉尤其是对较贫穷国家造成了灾难性后果。这种情况的出现一方面是由于农作物产量的固有季节性波动,另一方面是由于发达国家自20世纪初以来

[①] Clapp 2016, p. 77.
[②] 本节借鉴了 Clapp 2016, chap. 3.

通过价格支持、维护公共粮食储备及关税等措施来减少产量波动。更复杂的是，自20世纪50年代开始，美国、加拿大、苏联和现在的欧盟利用农业盈余实施外交政策，通过粮食援助、实物捐赠及向附庸国提供贷款等手段便于他们从贷款方购买粮食。由此产生资助与依赖关系，随之对发展中国家当地粮食种植能力造成压力，形成了乌拉圭回合一系列多边谈判的局面。谈判于1994年结束，导致关税及贸易总协定（GATT）发生了改变，奠定了今天我们所熟知的大部分国际贸易基础设施的基础。农业贸易自由化是乌拉圭回合的一个关键主题，是达成世界贸易组织协定前的最后谈判，其中包括一项农业协议，规定富裕粮食出口国应作出承诺，即减少国内农业补贴，以便让不太富裕的国家获得与富裕国家同等的消费市场准入机会。

这只是从理论上而言。实际上，农业协议的效应是促使粮食生产者降低价格，从而使集成商和加工商们获益，他们从农民手中低价收购粮食，并于市场出售之前提高价格。在许多观察者看来，该项农业协议实施的10年里，由独立生产者所控制的农产品收购价格的下降，既不是意外，也不是无意之举。该协议为出口商开创了新的远程市场，同时也使生产商面临这些市场的波动，造成生产商和出口商之间的关系更加不平等。美国和欧盟通过对农民补贴，同时禁止发展中国家跟风缓解农场收购价格下降的压力。该协议扩大了布雷顿森林体系另两家机构——世界银行和国际货币基金组织——推行结构调整政策所带来的影响，自20世纪80年代初，它们一直积极鼓励发展中国家削减基础设施和服务的公共开支，包括粮食商品储备系统。结果，1995年至2008年间，许多欠发达国家比世贸组织协定生效之前更加依赖粮食进口。这些国家还遭到更猛烈的粮食倾销，基本农产品的市场价格往往低于富裕国家的生产成本。倾销带来的必然结果是，因为无法在价格上与进口商品竞争，经济上欠发达国家的生产者无法维持国内生产这些倾销商品的固定资本。① 2013年,继乌拉圭回合之后的多哈回合贸易谈判破裂,主要原因是公共粮食商品储备制度与1994年的协议背道而驰。

对贸易自由化的讨论暂且到此。亚太地区的肉类经济是什么情况呢?正如我在序曲中提到的,截至2015年的三年里,中国从澳大利亚进口的牛肉增长了600%,达9亿多澳元。在2006年至2015年的十年间,增长率接近9000%。② 中澳肉类贸易呈显著增长趋势,但增长是否会趋于平稳目前还不太清楚。事实上,2010年到2015年,中国的牛肉进口总量增长了10倍。③ 因在美国牛群中发现牛海绵状脑病(即疯牛病)隐患,中国对其实施了长达12年的进口禁令,于2016年恢复了美国牛肉的进口。④ 同年,巴西和乌拉圭取代澳大利亚成为对中国出口牛肉的主要国家。⑤

尽管如此,澳大利亚仍然能够满足中国对进口畜产品的大部分新需求,这很大程度上要归功于2015年底生效的双边自由贸易协定——中澳自由贸易协定。⑥ 同年,两国签署了有关活体肉牛健康标准的协议。同时,中国对猪肉的需求有所增加,国内的圈养基础设施也随之增加。⑦ 猪肉仍然是中国消费者获取动物蛋白的主要来源,但其主导地位已大不如前,牛肉、鸡肉、鱼肉、鸡蛋和乳制品都扶摇直上。事实上,中国家禽业的产值高达1000亿美元,鸡蛋产量超过了美国,肉鸡紧随其后。⑧

中国并不是澳大利亚急于降低牲畜进口关税的唯一东亚国

---

① Murphy 2009.
② Heath and Petrie 2016.
③ Gale, Hansen, and Jewison 2015.
④ Mulvaney and Skerritt 2016. 美国在疯牛病问题上表现出明显的顽固态度,拒绝禁止在反刍动物饲料中使用肉类和骨粉,或者拒绝将其标准达到加拿大、欧洲、日本和澳大利亚所使用的标准。参见 Weiss, Thurbon, and Mathews 2006。
⑤ 在牛肉出口市场上,荷兰合作银行的全球牛肉指数可作为关键参考,见 rabobank-food-agribusiness-research.pr.co。
⑥ Sedgman 2015.
⑦ Schneider 2017; Yuan 2016; Whitley 2015; Bloomberg News 2015.
⑧ Ho 2017.

家。2014年,韩国和澳大利亚达成一项自由贸易协定,与中澳自由贸易协定一样,该协定重点在于降低牛肉和乳制品的进口关税,并将于15年内完全取消牛肉关税。三个月后,即2014年7月,日本和澳大利亚缔结了日澳经济伙伴关系协定,再次强调,在减免煤炭和矿产关税的同时,澳大利亚出口商将有更多机会进入日本牛肉市场。对日本谈判代表来说,农产品进口方面的让步带来了巨大的国内政治风险,而安倍政府愿意在生鲜农产品和牲畜方面向国外生产商敞开大门,反映了其对澳大利亚与中国关系日益紧密的担忧。也就是说,日本开始利用贸易协定来加强战略关系,甚至不惜以负面的贸易结果为代价。[1]

随着多哈回合结束,富裕国家转而通过双边谈判来促进其经济和战略利益。就日本而言,其更愿意从伙伴关系的角度来考虑贸易协定,而不是美国、欧盟和布雷顿森林体系长期青睐的盲目自由化。由东盟发起的《区域全面经济伙伴关系协定》似乎是一个有前途的多边贸易自由化协定,旨在将亚太地区的贸易伙伴纳入一个单一体系,与世贸组织、加拿大—欧盟自由贸易协议和跨太平洋伙伴关系协定一样,涵盖贸易自由化和争端解决。澳大利亚和新西兰已表示加入——2013年,澳大利亚甚至主办了第二轮谈判——中国、韩国以及中国的主要区域战略对手日本也表示加入。

金融基础设施:衍生品和土地投资

2006年的某个时候,小麦、玉米、大米和大豆等一系列基本食品和原料商品的价格开始攀升。截至2008年6月的18个月里,主要农产品的国际交易价格翻了一番,波动性也大幅上升。随着2008年8月全球性金融危机的爆发,农产品价格下跌,但两年半后又出现了另一轮飙升。最初,市场分析师用"市场基本面"即供需

---

[1] 关于日本利用贸易协定加强战略关系的论述,参见 Capling 2008。

失衡来解释2007—2008年的价格飙升,认为可能因农业用地转向生物燃料生产而加剧了失衡。但后来的情况表明,还有其他因素在起作用:衍生品投机。

利用期货——在未来某个日期以今天确定的价格购买一定数量的某种商品的协议——对冲农业波动并不是什么新鲜事。正如环境历史学家威廉·克罗农(William Cronon)指出的,期货是19世纪中叶芝加哥成为谷物和牲畜产品贸易中心的关键。① 无论是在交易所还是交易场外,延期履行合约允许生产者在必要的资本支出之前先锁定价格,依约定日期交付货物从而降低了农业生产的风险。期货还提供了对冲商品市场价格波动风险的方法——你可以毫无阻碍地购买延期履行合约或其衍生品,其收益曲线与你的业务收益曲线成反比,从而缓冲你的市场损失。这些衍生工具的交易还有额外好处:汇集了来自市场广泛参与者的意见,他们大多数人原则上对相关商品、影响其价格的因素有深入了解,而且清晰行业面临的风险种类以及不同商品和服务的价值。也就是说,衍生品市场提供了一种难以操纵的定价工具,即所谓的"价格发现"(price discovery)。如今,衍生品市场不仅通过农业期货合同,还通过运费期货合同为粮食系统提供流动性和套期保值,就像上海集装箱运价指数一样。②

当然,衍生品市场很容易受到投机和其他形式的滥用影响——19世纪中叶克罗农笔下的芝加哥就是如此。因此,衍生品市场往往受到严格监管(美国自20世纪20年代开始)。但自20世纪80年代以来,两件事引起了人们对商品衍生品的浓厚兴趣。首先是解除管制,尤其是在美国;其次是定制场外交易工具的激增,这些工具本质上比交易所产品更难监管。结果是参与大米、大豆、牛和鸡蛋等生产及其衍生品交易的个人和机构之间出现了分

---

① Cronon 1991.
② Yang 2016.

化。2000年至2011年间,场外交易工具——商品指数基金(类似期货共同基金)的市值增长了25倍以上,其中30%的增长来自农产品。到2011年的这个时候,农业衍生品市场资本的五分之三来自所谓的非商业交易者,即不直接参与基础商品生产和销售的交易者。①

与此同时,某些"商业"交易商,尤其是美国嘉吉(Cargill)等大型农业集成商建立了市场投资服务部门,以推销农业衍生品。目前还不清楚2007年至2008年的农产品价格飙升在多大程度上是衍生品投机造成的,但此后几年的情况表明,非商业交易量与大宗商品价格波动明显有关系。

自2013年人们对商品指数工具失去了热情,尤其是欧洲投资银行,与其他地方的同行相比,他们面临着更大的来自民间社会团体的压力。但一种新金融基础设施的出现对农业贸易有着长期影响,即纯投资行为的农业土地收购。今天的土地收购在关键方面不同于我们在第五章看到的,基本上是通过购买和租赁协议进行,土地所在国家并没有将土地的主权或管辖权转移给外国交易者,无论是公共还是私人收购。然而,土地收购的特点是买方或承租方与实际以土地为生的人之间存在明显的不对称。与场外衍生品相比,土地收购不够透明且合同形式多样,因此很难了解哪些国家和机构在哪里购买了土地,以及为什么收购。2006年至2010年间跨境土地收购面积至少达到2亿公顷,三分之二用于农业。其中大部分(约40%)似乎用于种植生物燃料作物,粮食作物占25%,牧场或其他形式畜牧生产占3%(要知道,粮食作物产量的很大一部分用作圈养动物的饲料)。② 社会学家萨斯卡·萨森(Saskia Sassen)的概述涉及了各相关参与者及场所:

---

① Clapp 2016, pp. 176–178; Schneyer 2011; Vander Stichele 2012.
② Weis 2013.

韩国和阿联酋在苏丹分别签署了69万和40万公顷的土地租赁协议。沙特投资者斥资1亿美元,在埃塞俄比亚政府租给他们的土地上种植小麦、大麦和水稻;享受免税待遇,并将作物出口回本国。中国在刚果租赁土地,种植用于生物燃料的棕榈树,这将是世界上最大的棕榈树种植园……巴基斯坦向海湾投资者提供50万公顷土地,并承诺配备安全部队保护这片土地。[①]

在某些情况下,正如巴基斯坦的例子,产权转让导致事实上的土地持有人(通常是小农户)被驱逐。因为缺乏正式土地所有权,或对现有所有权执行不力,这就导致司法管辖区可能对外国投资者有利。[②] 当前的外资收购浪潮催生了精英资本收益管理的惯用手段,包括场外对冲工具。与农产品一样,农业用地的波动性可能不比整个市场小,但它确实保障了长期需求。每个人都需要吃饭。正如澳大利亚投资银行麦格理集团(Macquarie Group)在其宣传资料中强调的那样,随着中国和其他新兴市场对动物性食品需求的增长,就需要更多的土地从事一定数量的蛋白质和能量生产。[③]

土地是外国农业投资的一个方向。工厂(包括肉类加工厂和乳品厂)是另一个方向,更不用说生产合作社和牛羊了。在这方面,中国—澳大利亚经济贸易也是一个典范,中国食品和纺织品生产商对澳大利亚畜牧业的投资引发了当地公众的恐慌,但澳大利亚的监管审查没有采用美国对同类行业的投资标准。其中一项投资,中国宁波的月亮湖投资公司收购位于塔斯马尼亚岛的乳畜牧场企业范迪门斯地(Van Diemen's Land Co.)[④]特别引人注目,因为它说明了消费者品位在推动远程代谢耦合中的作用。我们将在下

[①] Sassen 2013, pp. 30 – 31. Compare Clapp 2016, pp. 184 – 189.
[②] Li 2015.
[③] Larder, Sippel, and Lawrence 2015.
[④] Whitley 2016; Stringer 2016; Scott 2016.

一章继续讨论这个故事。

物流：冷链和活体运输

尽管法律和金融基础设施对农产品和服务贸易产生了巨大影响,但它们无法将动物从饲养地运到消费地。因此就需要公路和铁路网络、港口和航运路线,甚至管理卡车、火车和轮船调度、路线安排的通信网络——换句话说,就是物流。我们将重点关注运输基础设施的两个组成部分,即冷链和活体运输,它们在牲畜价值网络中起着互补作用。

冷链是指食品从生产到使用的整个过程中,为使其保持低温而使用的各种人工制品、技术和操作规范的集合。① 冷链可用于任何易腐烂的有机物,如疫苗制剂、插花、新鲜水果和蔬菜、鸡蛋、牛奶、肉类等。即使有了真空包装和气调包装,温度仍然是决定易腐食品保持新鲜和食用安全时间的关键因素：如维生素 A 和 C 等有机微量元素含量下降的速度、鲜艳颜色的褪色速度、动物组织保持弹性的时间,以及细菌含量上升到威胁消费者健康的速度。

对于畜禽产品,冷链包括屠宰场和挤奶厂的冷藏、配送中心和批发商之间的运输、配送仓库的储存、超市和其他零售点之间的运输、销售点的陈列、商品准备和消费点(食品摊位、消费者家中)之间的运输以及在消费点的储存。还可能包括反向运输：从零售点到配送中心,从配送中心到生产点。我们理所当然地认为从零售点到消费点的准备中,配送链中任何一个环节都会导致冷链中断,但即使是完好无损的冷链配送环节也无法提供最佳气温控制。事实上至少有两条冷链,一条用于冷冻,另一条用于冷藏,后者便于食品在适温下保存,不会因冷冻造成组织损伤。但保持多低温度通常取决于运输物品——冰淇淋需要冷冻在 -25 ℃,新鲜的肉类

---

① 接下来的四段借鉴了新鲜食品冷链物流的最新技术文献材料,参见 Defraeye et al. 2015；Guillier et al. 2016；Aung and Chang 2014；Bruckner et al. 2012；Mack et al. 2014；Kuo and Chen 2010。

和奶制品应保存在 0 ℃ 左右,鸡蛋和热带水果则最好保存在 10—15 ℃。① 随着仓库到零售点再到消费点的配送网络不断扩大,规模经济效应逐渐消失,这使得不同种类产品保持独立冷链也变得不太可行。

翻阅和冷链有关的文献时,我又回到了成本问题:机械制冷需要消耗能源(更不用说处理挥发性有机制冷剂需要长期的环境成本),但很难估算从澳大利亚飞往中国,一批宰杀好用于零售的牛或新鲜牛奶冷冻至 0 ℃ 需要多少能量,部分原因是托运人将供应链管理的运营细节视为商业机密。但衡量冷链成本也取决于如何确定机会成本。运输过程中冷藏易腐烂动物产品的替代方案,是一开始就不生产,还是任由这些产品因缺乏足够的分销市场而变质?如果易腐烂食品的产量保持不变,那么计算冷藏的能源成本就很有意义,即冷藏足迹减去非冷藏条件下食品变质或无法食用的能源成本。根据最新数据,全球机械制冷的能源足迹约为 1300 太瓦时(TWh),这相当于全球电力预算的 8%,大概占食品生产能源总量的 10%。食品冷链的相对碳足迹占全球二氧化碳排放量的 2.5%。另一方面,在所有农业类别中,全球食品因缺乏冷藏设备而送至零售点时的损耗达 20%,不富裕国家要更高一些(估计消费点的损耗更为困难)。鉴于生产动物源食品在能源、温室气体排放、耗水量和污染方面的极高成本,冷藏似乎是个不错的选择。事实上,各类食品从生产到零售点销售所消耗的能源,占食品生产总能源成本的三分之一以上。即便如此,只有不到四分之一真正"需要"的食品得到了冷藏,国际制冷学会认为,冷链仍有巨大的发展空间。②

但是,只有假设基础设施与生产之间没有反馈,即冷链能力对

---

① Aung and Chang 2014.
② Zilio 2014; International Institute of Refrigeration 2009; Food and Agriculture Organization 2011, p.16, p.26. 这样的数字应该有所保留,因为它们代表了 15 年前发表的研究的结论。

生产者决定向市场投放多少肉、奶和鸡蛋没有影响的情况下,这些数字才有意义。这是不现实的。如果冷链能力与长途运输、动物源食品等易腐食品的过度生产有关,那么冷链能力的投资收益率,相对于制冷所保存的食物数量的能量和排放成本而言,看起来就不那么有吸引力了。除了生产决策中反馈的冷链问题,必须指出,即使是动物性食品,其初级生产——"农场"种植——在生产食品的总能源成本中的占比也相对较小。运输、工厂和"工业"(包括化肥和原料生产)占食品销往市场总能源成本的大部分。实际上,维持冷链能力的大部分成本来自运输和建筑范畴。[①]

如果说冷链针对死物,那么与其互补的就是动物活体的运输。同样,由于运营细节被视为商业机密且大部分行为都发生在运输途中,因此很难确切知道到底发生了什么。但有几件事是清楚的。第一,活体运输非常普遍,鸡是最常见的跨市场运输动物,活体反刍动物的越洋出口每年增长约 4%。澳大利亚是活畜出口的最热情支持者,在过去 20 年里,每年活牛出口超过 60 万头,绵羊则更多。[②] 绵羊和山羊的主要市场是中东和东非一带,牛的市场集中在东南亚特别是印度尼西亚。中国以及韩国和日本代表了不断增长的牛消费市场,包括奶牛饲养、饲料(用于育肥)和屠宰牛(抵达后立刻屠宰)。

第二,活体运输对动物造成压力,也给消费者带来了健康风险。目前并没有活体运输的国际监管标准,现有的行业标准仅限于活体运输的远洋船舶设计,但缺乏科学依据。也就是说,这些标准并不是基于动物的可控观察结果,即不同设计参数(如环境温度、每个货舱的动物数量、稻草或其他脚下垫料的深度)对动物造成的影响。运输时间长达 5 周,有些动物在卸货前还要在船上多

---

① Food and Agriculture Organization 2011, p.9. 理想情况下,对制冷机会成本的评估也能以更精确的方式进行,例如,区分因腐败和零售营销标准造成的损失,见 FLW Protocol Steering Committee 2016。
② 1995 年至 2012 年间,澳大利亚出口了约 1300 万头牛,出货量为 6447 次,见 Moore et al. 2014。

待 1 周,船上的压力因素很多。正如所料,氨气浓度上升会刺激动物肺部和呼吸道黏膜;运输途中的死亡病例中,50% 的绵羊确定死于呼吸道感染。疾病传播也带来死亡风险,沙门菌是造成死亡的另一大原因。货舱内的湿球温度①可高达 34 ℃,因高温、电解质耗竭和酸中毒而死亡的风险也很高。尤其是绵羊和山羊,其食欲不振是个问题:经过几个月的运输,它们很难适应颗粒饲料喂养。一方面可能因为运输打乱了动物的季节性行为节律——南方是秋冬季育肥,而在北方春夏季装载运送的动物无法迅速适应限制饮食以及依赖脂肪储备的生活方式。晕船和过度拥挤也可能导致食欲不振;在密度较低的船舱医院里,生病的动物很快便恢复了食欲。所有这些都来自非常有限的尸检数据。在澳大利亚离港的船只中,超过 10 天航程的可报告死亡率为 1%,如果高于该阈值,托运人必须向农业和水资源部提交事故报告。

鉴于这些事实,空运似乎不会像海运那么不人道,但关于运输对动物的影响同样证据不足。活体空运出口的数据可追溯到 2015 年,澳大利亚出口商当时正在尝试。2015 年下半年,32 批空运的活体牲畜中,包括 5000 头牛、近 3 万只绵羊和 5 万只山羊,甚至还有 1000 多只羊驼。运输途中没有牛死亡,但有近 0.5% 的绵羊和少量山羊死亡。马来西亚是所有牲畜的主要市场,占动物数量的 80% 以上。2016 年,托运数量增加,但动物数量按比例减少,目的地市场数量和涉及的出口公司数量也有所减少,这表明出口商市场在最初的热情高涨或迅速集中之后出现了震荡,或者是年度间的随机波动。

关于活体出口市场的第三个问题似乎很清楚,即不管是有意还是偶然,活体出口都成了屠宰标准的监管套利形式。澳大利亚的动物保护主义者对此一直保持警惕,他们在印度尼西亚和越南

---

① 湿球温度是标定空气相对湿度的一种手段,其含义是某一状态空气下,同湿球温度表的湿润包接触,发生绝热热湿交换,使其达到饱和状态时的温度。——译者注

屠宰场中秘密录制的动物受虐视频引发了公众对澳大利亚牛受到粗暴对待的愤怒。正如许多全球化观察家所指出的,对公民权利和劳工标准方面的套利在刺激和限制人口从一个国家流向另一个国家方面发挥了核心作用。① 这也许应该同样用到动物身上。②

营养循环和生物群落更替

到目前为止,尽管我们对地球表面某一区域的动物新陈代谢与其他区域人类新陈代谢之间联系的认识有所提高,但一直使用一个相当粗略的耦合概念:动物身体和人类饮食。在序曲中,我们从土地、能源、水、温室气体排放、氮污染以及其他因素方面探讨了畜牧生产的成本。如果能将这些衡量活畜代谢圈养程度的方法纳入我们的热图中,那就再好不过了。这就意味着要在热图上添加新的信息,比如,多少摩尔的氮和水从岩石圈、水圈和植被层中进入动物体内,最终又从人体回到岩石圈和水圈。从根本上说,我们需要构建一个虚拟的呼吸器、热量计数器和氮气流量仪,也许还有磷流量仪,在能量、水、空气和关键营养物质进入动物体和流出人体的地方设置测量点。

走到这一步,我们可能还想看看动物和人类新陈代谢的远程耦合是如何在地球的生物群落结构中发挥作用的,也就是说,由典型植被和土地覆盖所定义的不同类别的土地和水域分布——各种林地、牧场、耕地以及地球上人类密集居住区或专门用于工业制造的地区——是如何发挥作用的。如清单所示,越来越多的地球表面被人类活动所占据,我们可能会看到各种相位耦合,例如昆士兰养牛场的扩张与东南亚城市地带的扩张之间的相位耦合。

---

① Biao, Yeoh, and Toyota 2013.
② Tatoian 2015.

这种分辨能力超出了我们目前的认知水平。① 正如我们将在下一章看到的那样,很难根据食物的基本类型术语(谷物、大米、肉类、奶制品、鸡蛋、水果和蔬菜)弄清楚人们的饮食习惯,更不要说能量、水和营养素如何通过食物从生物圈循环回到地球上。在总体水平上,我们可以做出估计;但在个人和家庭层面上,情况就很复杂。事实证明,这种分辨能力对于理解收入与特定食物消费之间的关系至关重要。我们将在下一章开始讨论肉类的收入弹性问题。

更紧密的耦合

在讨论肉类的收入弹性之前,我想先谈谈动物与人类经济耦合的本质。在本章中,我们主要关注的是季节、年代和千年尺度上的相位耦合,但相位耦合现象其实可以在更广泛的时间范围内发生。有两个问题特别值得提及,这两个问题都源于同一个事实,即大型动物的身体是微生物的宿主。

第一个问题与疾病有关。我曾在第四章中提到,一旦与携带这些疾病或有先兆的动物长期共处,驯养这些动物就使人类暴露在新的地方性传染病中。如今,地方性人畜共患病是造成人类衰弱和死亡的最大原因,每年约有 10 亿人患病,其中大部分集中在世界较贫穷地区。② 与此同时,高致命性流行病对富裕和不那么富裕地区的居民都构成了越来越大的威胁。高致命性人畜共患病(如禽流感)的风险增加,这与圈养模式下的饲养密度增加、牲畜基因多样性的减少以及生理耐受性降低密切相关。这是我们热图上的另一个信息:一方面是饲养密度和牲畜有效群体规模之间的关系,另一方面是牲畜传染病对人类健康的负担。

---

① 但另见 Cumming et al. 2014;Ellis 2015;Herrero et al. 2015。
② Karesh et al. 2012;Muehlenbein 2016.

第二个问题可以从第二章的"全息视角"中寻找线索。如果正如最近实验表明的那样,肠道微生物群的分类组成与饮食有关,并且具有富含动物饮食的独特信号,那么,长途运输牲畜产品和人类出现统一的肠道型或肠道微生物群特征之间有怎样的长期关系?再次强调,这是一个我们现在可以提出但无法回答的问题。我们能说的是,人类和动物生理的耦合一直延伸到我们作为生物体验的最亲密层面。[①] 这是食物行为的本质:无论在家里还是在街上,当我们把东西放进嘴里时,总会发生些什么。

---

① Provenza, Meuret, and Gregorini 2015.

第八章

街道

炸鸡与希望

我们不知道他的名字,只知道他是一位无家可归的单亲父亲,在车水马龙的台北街头高举豪宅广告牌维生,即便狂风暴雨也屹立不倒,一站就是几个小时。他的孩子,一个女孩和一个男孩,大概分别9岁和12岁,徘徊在城市边缘,常在一家大型超市里游荡,吃着免费的食品小样。后来,这两个孩子引起了超市楼层经理的注意,她独自住在父亲和孩子们临时安家的那片森林里的一栋破房子里。晚上下班时,她会带回过期的食品,喂给聚集在大楼附近的流浪狗。她似乎跟这些流浪狗很熟,给它们起了名字,也了解它们的食量。

父亲和孩子们从栖身之处到市区,必须乘小船渡河,这艘小船平日里隐匿在沼泽草丛中。一个风雨交加的夜晚,父亲喝醉了,驱赶孩子们上船,不知是什么意图。女人跟在后面,阻止父亲这样做。后来,四人聚集在女人的家中为父亲庆祝生日。她帮助孩子们解决作业问题,父亲则泡在浴缸里,瘫软如泥。他和她站在一处,彼此却无法触及,当他终于伸出手时,她拒绝了。

这是电影《郊游》(2013年)里的情景。① 电影采用长镜头拍摄——138分钟的影片用了不到80个镜头,其中多为静态场景。镜头有两次聚焦在剧中人物吃肉,特别是吃炸鸡的场景:一次是父亲下班后和孩子们一起吃;一次是父亲在工作间隙,一个人狼吞虎咽地吃着鸡肉便当。

但这些场景并没有引起人们的太多关注。影片高潮前,也就是在雨夜渡船前,父亲吞下了女儿用卷心菜做成的洋娃娃。影片结尾大人们凝视着一幅岩石壁画,沉默不语——镜头长达14分钟。相比之下,吃肉的场景更像过渡性情节。我第一次看这部影片时印象并不深刻。几天后,影片中父亲把鸡肉和米饭从塑料托盘中塞进嘴里的画面又浮现在我眼前,从此一直萦绕在我脑海中。我想,这就是当今肉食的面貌。

我们对新兴世界城市中心的肉食与富裕之间的关系了解多少?不是从总体层面而是从家庭和个人层面来看,谁在吃肉,在什么情况下吃肉?

群体相关性的问题至关重要,如收入与肉类消费之间,以及构成这些相关性的人日常习惯之间的关系。《郊游》的导演在采访中说,他花了10年时间在街上观察影片主人公那样的人,由此才拍摄了这部电影。他一直在思考他们的谋生方式。在这方面,影片里的饮食场景与我们在文章中读到的有关城市化、收入和肉类需求的情况完全不同。我们在文章中读到的是一个关于富裕及富裕结果的故事:人类渴望吃肉,新兴城市也日益富裕,创造出新的消费阶层,他们具有购买力,能满足这种渴望。在这个故事中,肉类也就等同于收入弹性。但对于《郊游》中描绘的人而言,肉不是富裕的象征,而是朝不保夕的标志——肉是可以边走边吃的食物,可以消除饥饿,准备起来也很快。至少对于这些人而言,说肉类是有

---

① Tsai 2013. 也可参见 Weigel 2016。

收入弹性的,似乎本末倒置了。因此,并不能说肉类具有收入弹性。相反,廉价肉类已成为资本主义形式的一个有利因素,这种资本主义形式需要大量像《郊游》中无名主角那样的人。

在查阅肉类和收入弹性的相关文献时,我发现能把收入和肉类消费以及个人或家庭层面联系起来的证据少之又少,我们通常无法清晰地了解街道层面的情况。

因此,这最后一章是一部"无知史"(a history of ignorance),讲述了我们对现实所不了解的一切。以一种"无知"作为结束,是为了提出希望:我们绝不会把地球上更多的资源用于满足我们对动物性食品的无休止欲望。我相信这不是我们的命运,至少就人类进化角度而言不是这样。我们将在后记中进一步探讨这个话题。

虚构的收入弹性生活

2016年9月,经济学家保罗·罗默(Paul Romer)的一篇论文以手稿形式流传开来。在《宏观经济学的困境》一文中,罗默认为,在过去的30年里,宏观经济学在确定抽象指标趋势的现实原因方面没有取得任何进展,而这些抽象指标正是该子领域的优势所在。如果说有变化,其实是倒退了,因为宏观经济学的理论建立在大量的虚构原因上,而这些原因经证实与真实事件之间几乎没有什么联系。为了突出这些原因的虚构性,罗默给它们起了新名字,其中一些灵感来自早年物理学家青睐的假想物质:

燃素(phlogiston):能够增加由给定投入生产的消费品数量;

巨魔(troll):能够随机改变支付给所有工人的工资;

小鬼(gremlin):能够随机改变产出的价格水平;

以太(aether):增加投资者的风险偏好;

热质(caloric):使人们想要减少闲暇。

在《宏观经济学的困境》广为流传时,罗默是世界银行即将上任的首席经济学家(后来他获得了诺贝尔经济学奖)。他享有许多研究人员梦寐以求的专业自主权,但其言论在某些方面引起了不满。读《宏观经济学的困境》时,我想到了肉类问题。还有一种情况,就是从收入和消费的汇总数据中推断出的关系被归于一个原因,不过这可能与可观察行为并不完全相关。肉类的收入弹性可能是罗默所有假想原因中的一个:

上校(colonel),使人们随着城市收入的增加,愈加渴望吃肉。

在这一点上,我知道自己并非唯一一持怀疑态度的人。少数人已经开始讨论用收入弹性来描述人们为自己和家人获取食物的局限性。[①] 问题不仅在于收入或其他方面的弹性太过粗略,无法了解家庭层面的行为,而在于价格在人们食用多少动物源食品的决策中起到多大作用,他们的假设过于牵强。所以,乍一看来似乎是收入弹性的问题,但仔细想想可能完全不是——或者,收入弹性只是故事的一部分,但并非全部。如果我们从望远镜的另一端,即人们将食物放入口中那一刻开始观察,情况又会如何?为了找出答案,我们需要哪些新的证据?

新的肉食帝国

为了思考生活在不稳定环境中的人们是如何被迫依赖肉类

[①] Baker and Enohoro 2014;Van Wijk 2014.

的,我们来比较一下曾经看到的两种现代强制性制度。

在第一种情况下,牧场的强制是公开的、明确的。原住民工人及其家庭生活在法律允许的剥削状态下,因时间和地点而异,可能类似于劳役、契约劳工和奴隶制。在某些情况下。他们的人身受到限制,不能随意离开所属牧场,因为警察巡逻队会追捕未经白人牧场经理允许而擅自离开的人。毫无疑问,任何相关的人都认为这是一种剥削,且原住民劳工几乎没有选择的余地。另一方面,牧场对原住民劳动者的管理视为其与州、领地和联邦当局对话的关键主题之一。

在第二种情况下,强制更为隐蔽、含蓄。没有人强迫电影《郊游》里的主人公充当人体广告牌。房地产开发商除了可能在雇佣合同中有所表明,对他人身体或人身权利没有任何法律主张。这当然没有强制性。事实上,在这种情况下,临时关系对雇主的好处远远大于求职者。在过去 30 年里,服务业和制造业(包括我们在第五章看到的肉类加工业)的临时雇佣关系已成为最"先进"(工业化、规范化)的资本主义经济体制下劳动力市场的标志,新兴国家也不例外。因此,没有人强迫电影中的主人公留在台北,也没有人强迫他从事这类工作。他领取以现金形式支付的工资,如何使用由他自己决定,其中包括孩子和他自己的食物、住所和酒水。开发商和其他依赖非熟练临时工的人可能会游说政府颁布法律,支持他们继续获得劳动力资源,维持业务发展。但总的来说,他们并没有考虑特定人群——只是想确保不受任何限制地雇用那些急需工作的人。

当然,这些都是近似描述。当代世界有许多情况,剥削性工作看起来更像是从囚禁人群中有意识地榨取价值,不似生产、消费体系中那种固有的隐蔽的结构性暴力(structural violence)[①],没有人

[①] 通过政治、经济、社会体制所形成的不平等权利与资源分配,间接地对个体或群体造成压迫和伤害的暴力形式。——译者注

对此负责,也没有人故意这样做。但我们已经确定了两极,一个是显性服从,另一个是隐性控制,问题在于对于两极之间的跨越,怎么推论才有效?若说电影《郊游》里的主人公被迫依赖肉食的方式与20世纪中期从事畜牧业的澳大利亚原住民非常相似,这有意义吗?换句话说,肉类消费在调节边缘化人群汲取价值方面所扮演的角色,在我们今天生活的世界与本书第五、六章所述的北美和澳大利亚的情况有可比性吗?

这听起来像是一个极其重要的问题,但其实没有答案。我觉得可以合理地想象一个**无中心帝国**(empires without centers),大规模经济剥削体系由众多被剥夺者定义,他们的资源(劳动力、专业知识)被榨取,而不是由某个因对此负责的特定"大都市"或中心来定义。我认为关键是要记住,电影《郊游》中所描绘的那种暴力情形,从来都不会像我们愿意相信的那样隐蔽、内在或结构化。如何划分经济暴力的责任——这里我指的是所有大致源于经济的暴力,无论其表现形式如何,包括胁迫、身体暴力、伤害和疾病——这个问题当然带有价值色彩。行为也是如此。暴力从来不是简单的经济利益问题。不管是种族仇恨,还是政治学家蒂莫西·帕奇拉特在奥马哈屠宰场所经历的那种"视觉政治"(第五章),总是有更多的东西在作祟。

经济暴力何时归咎于某人身上的?谁或者什么算是暴力的受害者?这些问题构成了以下内容的讨论背景。

数据从哪里来?

无论是在街道层面还是总体层面,我们都需要数据来明确收入和饮食之间的关系。家庭食物供给数据有两种来源:食物平衡表(food balance sheets)和家庭调查。前者源于国家粮食生产统计数据,但因为种种原因,包括被要求提供信息的个人和机构故意上报不实,这些数据其实并不可靠,2008年,联合国粮农组织召集的一个外部委员会得出结论,自20世纪80年代以来虚报问题越发严重。在非洲和亚洲的大部分地区,粮农组织统计所依赖的食物平衡表的数据(这反过来又是生态学家和地理学家估算能源吞吐量、氮平衡等数据的基础)竟然不是来自国家资产负债表。相反,粮农组织是在国家统计局没有提交适当数据的情况下根据其他数据和自己的模型推导了这些数据。①

就有关牲畜的数据而言,问题似乎尤其严重。例如,在中国,至少在2000年前后,有些村庄、乡镇、县和地方政府迫于上级压力,为了显示畜牧业快速发展而夸大了家畜产量。与此同时,小型养猪户和商人设法逃避卫生检查费和屠宰税,因而导致进入市场的肉类数量被严重低估,至少在中国的部分地区,家庭屠宰仍然占主导地位。这些对立的动机因素并没有相互抵消:1999年,根据食物平衡表估算的肉类消费量是年度家庭调查估值的两倍多(受访者约有10万名,三分之一来自城市)。② 从那时起,中国的生猪养殖业进行了大幅度整合,畜禽检疫体系也变得更加完善。③ 然而,我们仍需意识到食物平衡表的局限性。国家及其下属行政单位,更不用说私营农业企业,在报告生产和消费时往往会有一些动机,而这导致联合国粮农组织及其同行组织无法准确了解人们的饮食和食用地。

家庭食物供给数据的另一来源是家庭调查。在第六章,我们研究了一系列针对澳大利亚和新几内亚原住民的不同社会阶层所进行的家庭膳食和营养调查。但这些调查遇到了物流和操作上的困难。受访者居住在人迹罕至之地,分布极其分散,往往受到开展调查的个人和机构的强制管控。这些个人和机构并不明白自己的

---

① Hawkesworth et al. 2010.
② Ke 2002, pp. 2 - 4.
③ Schneider 2017.

利益与调查利益一致,在某些情况下,还存在语言障碍。1947年对新几内亚的调查发现,至少有一个村庄的受访者以为调查小组是来大吃大喝的,从而曲解了调查结果。尽管存在种种困难,我们在第六章还是发现了一个能让调查容易展开的共同属性:规模较小,受访者从几十人到几百人不等。在本章中,我们将再次利用家庭调查数据。但是这次调查覆盖了成千上万名受访者,有些甚至遍布整个中国大陆。

针对个人和家庭经济行为的多数大规模调查都依赖于某种**追溯性回忆**(retrospective recall)——询问人们在过去一天、一周或更长一段时间内购买或消费了什么。有时受访者被要求列出一份清单,记录他们吃过的食物。在有些情况下,受访者会填一份问卷来说明自己吃不同种类食物的频率,调查者会事先将食物分门别类(理想情况下,大规模调查开展之前已进行过小型研究验证)。入户观察,即使是针对小范围受访者也不常见。七天的定量记录,即每道菜在食用前都要称重,这种情况更为罕见。调查设计者和现场调查人员使用的近似纵向量化记录的方式因地点和个体而不同。我们用来讨论调查的语言,如家庭、入户、膳食等,有严重的局限性:几乎不能记录那些获得食物的机会极不稳定、饮食状态不持续的人的行为,他们像《郊游》中的家庭一样,没有固定住处,更不要说固定用餐时间了,现场调查人员无法找到他们或寄送问卷——对传统的国家监控体系而言,这些人可以算是隐形人。我并不是说完全接触不到他们,只是需要花费更多时间,需要更多经验丰富的现场调查人员。

该项调查在研究设计中还提出了一系列新问题,比如"你是否对农村到城市的移民生活感兴趣"。在中国,进城务工人员占大城市贫困阶层的很大一部分,即使他们在城市生活了多年,也可能被市政管理部门所忽视。即使投入大量资源构建移民生活的高清晰画面,我们仍然需要对研究领域设定边限。该如何设定这些边限?

观察大量移民聚居的特定街道或社区？追踪少部分人的日常活动？还是追踪个体与家乡联结的社交网络，观察资源如何从城市流向农村又如何回流城市？调查设计者从来没有足够的资源一次性完成所有这些工作，但不同的方法提供了不同类型移民生活的信息。

这些考量指出了调查的最终局限性：即使反复进行调查，例如每年或每两年一次，但因受访者每次都不同，所以很难确定个人和家庭是如何随着时间变化的。例如，家庭收入调查数据显示贫困家庭的比例在20年来持续下降。那么你可能会问，这种贫困是地方性的，还是暂时性的？换句话说，是某些家庭无法摆脱贫困，还是社会层面上很多家庭仍有陷入贫困的风险，但短期可以脱贫？要回答这类问题需要长期关注特定家庭：进行追踪调查研究。追踪调查比一次性调查更能揭示个人和家庭行为的路径依赖性，即个人或家庭行为如何受到导致当前状况的一系列事件的制约，而不是将调查的每一次迭代视为总体变化的新切入点。就像我所描述的社区研究设计，追踪调查同样更为耗时，但它们提供的信息是一次性调查不能比的，即使反复调查也做不到。（就贫困而言，中国农村地区的数据表明，贫困期更短，任何一个家庭陷入贫困的可能性都在下降。[1]）

无论家庭调查提供的数据多么不完善，但都是了解个人饮食及其与经济关系的最佳资源。让我们来看看这是如何做到的。

一旦有了数据，如何处置？

就10万条自我报告数据本身而言，无论是收入还是受访家庭过去一周内吃肉的次数，都很难说明人口的行为模式——就像照

---

[1] Ward 2016.

片中每个像素的颜色和位置本身根本无法说明其要显示的内容一样。为了让调查数据更有意义,我们需要对个别例子进行抽象。当然,抽象化在揭示新信息的同时也会剥离潜在的有用信息。如何建模大量行为数据的问题,归结为如何在核心模式和细节信息之间、在本质和表面之间进行划分。我们再次面对一个充满价值判断的问题:对经济学家来说可能是细节信息的东西,对历史学家或人类学家来说可能是核心模式。当问题是"过去 30 年平均能量摄入的趋势是什么"时,某些数据可能被视为细节信息;但当问题变成"在同一时期,动物来源的食物成分如何变化"时,这些数据可能就成了核心模式。

我们已经看到,试图简化人口层面的收入与肉类消费之间的关系,有可能会曲解这种关系的根本原因。前面我提到过一篇文献,它对基于抽象人口数据的行为弹性推算方式表示怀疑,并提出了一个替代方案,即模拟街道层面的行为来反复细化地重现历史,在计算过程中,每个人或家庭都由一个不同的数据结构表示。在模拟过程中,时间按一系列阶段展开。每个阶段,模拟个体都会有不同的行为,可能来自真实世界的调查数据和模拟世界里的状态,包括收入、住所和教育水平等参数。我们可能永远无法获得现实世界中家庭行为的完整信息,但在模拟状态下完全可以做到——在缩小总体相关性与人们如何将食物送到嘴里之间的差距方面,这种基于代理的模型优化了我们所做的假设,摆脱了"燃素""热质""上校"这样的高等级模型。

模拟是一种追踪总体趋势的方法,就像在真实世界一样。但是,包括对个人行为进行详细描述的模型既不能替代"封闭形式"表达(即微分方程式)的更抽象模型,也无法替代数年时间内跟踪一组个体行为变化的纵向研究,它们是互补关系。模拟本身无法预测复杂系统如何随时间演进。然而,要使模拟内容更翔实,模拟个体的可能行为就必须基于可靠数据,且这些数据必须反映真实的个体行为。因此,我们又回到了对高精准调查数据的需求上。

还有一件事需要考虑:抽象化,目的之一是减少模型中的解释因子数量,比如说,营养、健康、生活机遇等关键性因子会因地点、时间不同而造成行为差异。统计学家有各种各样的因子分析工具。但是,只有能够精确地界定这些因子并对其进行测量,它们才有用。因此,我们面临着如何运作这些复杂现象的挑战。

考虑一下市场的"发达"程度。在东亚和东南亚,往往在城市边缘地区圈养家禽和饲养猪。因此对于城市市场,肉类商品链在地理位置和拓扑结构上都较短。此外,城市的销售点密度更大,除了超市和快餐店,还有菜市场(露天鲜肉和农产品市场)和食品摊位。我们已经可以看到这些因子为肉类消费模式提供了另一种解释。如果城市的现金收入较高——确实如此——畜牧产品就有更多的消费者,那么我们想问的是,究竟哪种因素造成了农村和城市肉类消费的差异? 为此,我们需要一种量化市场发展或城市化程度的方法。[1] 与收入一样,市场的城市化扩张显得很突出,且在概念上也很连贯。但与收入不同的是,它很复杂,不能理解成单一数字之类的东西。(不过话又说回来,收入也有其复杂性,只是我们习惯了用单一的术语来表示。)

城市是什么?

前文我一直使用城市、都市和城市化一类的词,仿佛它们是不言而喻的,但事实上这些术语值得进一步解读。[2] 毫无疑问,城市化是当今人类乃至许多其他物种行为中最显著的现象之一。大约在 10 年前,也就是本书撰写之时,城市人口在人类历史上首次超过了农村人口,且增长速度一直比农村人口快。过去 200 年间,全

---

[1] 关于收入的复杂性,参见 Milanovic 2016。
[2] 对于前两段,参见 Sattherthwaite 2007。

球最大城市的平均规模呈现出加速增长趋势,人口超过某个任意阈值(比如 100 万居民)的城市数量的趋势也是如此。在同一时期,城市人口和大城市的地理分布已从北大西洋转移到亚洲及环太平洋地区。中国再次提供了一个范例。

但是,城市发展到底意味着什么?这因地而异,因时而异。作为当代都市化发展典范的城市与 20 世纪中期科幻小说中紧凑、边界分明的大都市几乎毫无相似之处,更不用说像 250 年前的伦敦、东京和北京那样,它们是当时世界上为数不多的百万人口城市。当代大型城市群的特点是马赛克式或带状结构,低密度居民区(通常是农业区)与高密度地区交错分布,公路和铁路网络将外围村庄纳入城市外围,然后再将其纳入行政区域。在其他情况下,随着交通网络、更密集的居住区和工业区以及便利设施的出现,一个新的城市群可能会出现在原来不同城市之间的空隙中,但行政协调明显落后于基础设施。例如,在中国北方,包括北京、天津和河北省的京津冀地区就是这种情况。

世界上的一些地方因移民大量涌入而进行非正规建设(或者,若你喜欢也可用"自主建设"),这推动了城市核心区向外围扩张,新社区也在努力争取市政府的认可,包括自来水和公共汽车服务等设施的扩建。拉丁美洲和南亚的许多城市都是如此。在其他地方,尤其是中国,城市建设一直由国家推动,各省市之间的竞争引发了一场建设热潮。中国内地大片土地上建设的高密度住宅区,因空置率过高,被形象地称为"鬼城"。[1] 非正规经济也在蓬勃发展,与过度建设相辅相成,占用了大量农业用地,使得市政府在提高农业用地效率和居住密度方面面临重重困难。结果,许多城市化进程更像是"郊区化",边缘地区不仅出现在城市核心的外围,而且出现在其内部。[2]

---

[1] He, Mol, and, Lu 2016; Yao, Luo, and Wang 2014; Bloomberg News 2016c.
[2] Abramson 2016.

可以说,当代城市化马赛克和边缘化特质并不是什么新鲜事,不同社会群体、文化、经济活动和社会结构在空间上混合并存。① 即使是今天,漫步在伦敦市中心你也能看到邻近地区明显带有早期村落的特征。简而言之,这种马赛克模式今天更加突出,部分原因是与过去相比,城市化速度更快;部分原因是卫星成像和其他遥感技术让我们对地球表面更大范围的结构一目了然。遥感技术还清楚显示了城市如何成为周边生态系统服务的交汇点,在利用像淡水、洁净空气和农业用地等形式的初级生产力方面汲取了更大范围的资源,却没有为此给予任何短期回馈。但至少在一段时间内,快速发展的城市能够将增加的环境成本**外化**(externalize),其结果就是生态学家所说的**红色循环**(red loops),而非**绿色循环**(green loops)。② 这种恶性循环,实际上是城市发展不顾及周边地区的资源限制,给周边地区、居民以及其他生物带来了难以承受的负担。

要说明这些动态变化,最简单的方法之一就是查询城市地区与人口密度较低地区的人类能源预算,将两者进行对比。一个粗略的答案是,城市消耗的食物能量比其他居住地区多一到两个数量级,在某些情况下,每年每平方米高达10万千卡。③ 这些热量消耗越来越多地来自肉类和其他牲畜产品。

城市周边的牲畜

在第七章,我们探讨了活畜产品经长途运输进入东亚和东南亚的情况,而各国生产的规模和特质有着显著的变化。我们已经提到过这些变化:就城郊养猪场和肉鸡养殖场的兴起而言,中国并

---

① Compare Hillier 2007.
② Cumming et al. 2014.
③ Downey 2016.

非唯一的国家。泰国拥有约700万头猪和2.5亿只鸡,家禽市场高度依赖出口,70%的饲养肉鸡用于出口。在过去20年间,家畜养殖的工业化和市场集中化迅速提高。美国用于工业化家禽生产的策略在泰国和越南也比较常见:合同养殖、纵向一体化以及超过10万只的饲养场。同时,生产者数量与"农场"规模(即生产设施规模,无论是传统意义上的农场还是养殖场)相匹配,曲线图仍呈长尾状(横轴是生产设施规模,纵轴代表生产商数量)。以泰国为例,截至2008年,三分之二的肉鸡或蛋鸡养殖场的饲养规模达到或超过10000只,但绝大多数农场的饲养量不足100只。① 中国作为全球最大的家禽市场,2016年从事家禽生产(包括蛋鸡和肉鸡)的五大企业市场占有份额不到10%。② 但是,这些大型生产商负责行业最先进的创新,包括使用自动化(实质上是遥感无人机)来改善卫生状况。

在上一章,我们看到与其他形式的动物蛋白相比,中国的猪肉消费量一直呈下降趋势。我们可以将过去40年来全球范围的肉鸡崛起描述为一场"小家禽革命"(类似于第三章讨论的"小猎物革命"),特别是在城市地区,鸡肉已经成为动物蛋白的典范。但猪肉仍居于重要地位,全球约一半的猪肉生产和消费都在中国。与上一章看到的情况不同,猪肉消费的增长主要以国内工业化为导向,伴随着市场集中化和纵向一体化。2014年,总部位于香港的万洲国际公司收购了总部位于美国的史密斯·菲尔德食品公司,成为全球最大的猪肉企业。在中国的大型农业企业中,尤其是猪肉和饲料行业,将业务拓展到海外的企业并非仅此一家。

在某种程度上,我们这里看到的是第七章中描述的土地收购现象的另一面——对增值农产品尤其是以动物蛋白为特色的农产品的需求,为中国企业提供了收购世界上其他地区的土地、供应商

---

① Herrero et al. 2013, p. 44; Ahuja 2012; NaRanong 2007; Padungtod, Kadohira, and Hill 2008.
② Ho 2017.

和竞争对手的资本。但从国内来看,外国土地收购只是国家主导推动的农业集约化的一小部分。在过去的 25 年里,中国中央政府明确表示,企业整合和纵向一体化将在这一努力中发挥关键作用。政府为那些愿意承担技术创新和市场扩张相关风险的企业授予了特殊称号——龙头企业。这些企业不仅在监管和融资方面享有优惠,其称号也给他们带来了声誉。[1] 评估龙头企业的重点在于它们作为集成商、加工商和分销商的角色,而不是主要生产商的身份。原料(尤其是大豆)仍然是圈养动物生产的具有限制性的重要环节,饲料加工企业也经历了整合。中国约占全球饲料生产的 20%,其中大部分与圈养养猪业密切相关。[2]

牛奶是第三个集约化的例子,在这个例子中,远程耦合和国内增长的关系更为复杂。中国鲜牛奶消费的增长尤其值得关注,因为它说明了口味和意识形态在塑造饮食习惯方面的作用。[3] 直到最近,中国还没有饮用鲜奶的传统。乳糖不耐受的情况较为常见,许多人不习惯长期饮用鲜奶。然而,喝牛奶意味着现代化,这种关联性促进了牛奶市场的快速增长。2008 年,中国一家大型乳品生产商被发现在液态奶中掺入三聚氰胺,这是一种用于制造热塑性树脂的有机化合物,其氮含量使其在光谱质量检测中能模拟牛奶中的蛋白质含量。超过 30 万人受害,包括 5.4 万名婴儿,少部分人出现急性肾衰竭。此后的几年,中国的牛奶进口量逐年翻番。德国生产商每年向中国出口约 20 万吨液态奶,澳大利亚出口 6 万余吨,新西兰出口 5 万余吨。2016 年,中国宁波的月亮湖投资公司收购了澳大利亚塔斯马尼亚州的大型乳畜牧场企业范迪门斯地,计划每天将鲜奶由霍巴特(Hobart)空运到宁波,并最终销往其他城市,每升 10 至 15 澳元,是澳大利亚售价的 10 倍。在中国,乳制品

---

[1] Schneider 2017.
[2] Yuan 2016.
[3] Wiley 2007; Scott 2016; Gopalan 2017.

行业正在迅速整合。目前,许多重要生产商仍由外国公司控股。

市场集约化——少数企业控制大部分市场——是过去10年里全球食品体系的主要发展方向。就肉类而言,原料生产尤其是大豆的集约化可能与牲畜生产集约化同样重要。[1] 在美国,尽管中等规模的大豆农场在1987年至2007年间翻了一番,但仅仅4家公司控制着全球的大豆和谷物加工。大豆补贴压低了肉类生产成本,或者更确切地说,把成本从生产者和消费者身上转嫁到了纳税人身上。在中国,市场集约化还处于早期阶段,政府在进行企业整合中起着不同作用,赋予民营企业特权——这是一种反向操作。目前还不清楚的是,像价格扭曲这种概念在开拓市场方面和国家发挥核心作用的地方是否具有同样意义。但显而易见的是,增加动物蛋白的消费,特别在城市地区,一直是国家和民营企业优先考虑的事项。

收入、贫困、健康、移民

把话题转到人们吃什么以及他们是如何获取食物之前,我想先讨论一些影响城市生活的因素,首先是收入和移民状况。像中国这样的国家,城市化一直是国家发展战略的重点,这里我们最好先了解两件事。第一,就居民收入而言,城市更富裕吗?第二,如果城市更富裕,这会对城市居民和居住在人口密度较低的边远地区的人的生活机会(包括营养状况)产生什么影响?经济学家普遍认为城市的收入往往更高。但是,贫困本身似乎也在城市化:无论人们选择哪种收入标准来定义贫困,生活在城市中的贫困人口比例都在增加。贫困的城市化给定义带来了挑战,因为城市地区的

---

[1] Howard 2016, pp.105-106.

现金收入往往更高,但生活成本也更高。①

对于刚到城市的人而言,情况尤其如此,他们失去了在家乡拥有的大部分非现金权利,包括获得粮食的权利(比如说,种植粮食的土地,或营养紧张时能给他们提供支持的亲属关系),但他们还没有在城市建立起社交网络来弥补这些损失。城市移民面临着尤其不稳定的生活状态:哪怕是短暂地突然失去住处、食物和其他基本必需品,都可能给他们带来前所未有的脆弱感。前面我提到过中国的农村贫困已从普遍性现象转变为暂时性现象,但这与贫困的城市化有何关系?城市化正在通过往农村汇款、技能转移和返乡移民网络等途径来减少农村贫困,这也确实减少了农村贫困人口的数量。但城市化并没有给城市地区生活的移民带来富裕,甚至稳定的收入。因此,让我们首先来看看城市内部以及城市与农村地区之间的收入不平等。

在第七章,我曾指出收入分层本身正在成为一种全球现象。也就是说,各个国家不同社会阶层购买力的差距,正变得比富国和穷国之间购买力的差距更为明显。对于中国出现的这种现象,经济学家布兰科·米拉诺维奇(Branko Milanovic)将之主要归因于中国的收入增长。② 对于生活在那里的人来说,这种新的、更高收入类型的收入不平等是什么样的呢?

总的来说,自20世纪80年代中期中央政府开始重视城市发展以来,中国居民收入不平等的现象日益严重。一项长期国民收入调查——中国家庭收入调查(China Household Income Project, CHIP)——数据显示,目前中国居民收入差距的常用衡量标准(基尼系数和泰尔指数)高于世界整体水平。③ 农村居民收入差距的增速明显高于城市。很多情况下,地理位置很关键:东—西部梯度占

---

① Ravallion et al. 2007; Samman 2013; Tacoli 2013. 移民倾向于自我选择使他们更像城市中的人的特征,例如,更年轻、受过更好的教育、受抚养人更少(Wang, Wan, and Yang 2014)。
② Milanovic 2016.
③ Wang et al. 2014.

整个收入不平等的30%,财富主要集中在沿海城市。即使在中央政府将城市发展作为其战略发展的关键之前,情况就是如此,但沿海与内陆之间的差距越来越大。从某种程度上而言,这也是沿海城市更容易进入远方市场的必然结果。

城市内部情况则不同。国家为加快特定城市的发展而授予的优惠行政权限也起到了减少城市层面收入不平等的作用。正是因为这些称号——经济特区、开放城市——使特定城市更容易吸引外资,同时也赋予它们一定自主权:不受中央规划限制及推行相关社会政策。[1] 因此,获得优先发展权的城市在实施收入再分配政策,包括最低工资、收入补贴和失业保险等方面,总体上比其他城市更成功。虽然没能扭转城市收入不平等的普遍状况,但一定程度上起到了遏制作用。城市收入不平等的影响也许通过住房更能体现出来,在21世纪头十年,住房成本在收入中所占的比例与收入不平等(即基尼系数)密切相关。[2]

城市化和收入不平等又是如何影响人们健康的?从广义上讲,生活在城市比生活在人口稀少地区更健康,原因有很多——收入更高,获得先进医疗服务的机会也更大。但是,生活在城市也有其自身要付出的健康代价。在世界范围内,城市居民患精神疾病的风险较高,他们还受到空气污染的影响,这并不是某个城市所特有的现象,也不仅限于生活在新兴世界的人们。根据2016年世界卫生组织估计,地球上80%以上的城市居民短期或持续性地暴露在有害空气颗粒物中。在中国,2000年至2010年间因细颗粒物(PM2.5)导致的过早死亡风险增加了40%以上,所有死亡原因中(中风、慢性阻塞性肺病、肺癌、缺血性心脏病),因暴露于PM2.5的死亡人数高达125万例。[3] 同样在中国,城市的自我健康评估

---

[1] Valerio Mendoza 2016.
[2] Zhang 2015.
[3] Xie et al. 2016.

("与同龄人相比,您如何评价自己的健康?优、良、一般、差")往往表现得更糟糕,但这种情况会随着年龄增长而下降。① 这不仅受到收入不平等的影响,也受到性别的影响。老年女性比同龄男性更依赖于家庭的支持,即使在城市,现金养老金原则上已取代亲属关系而成为晚年生活的收入来源。对穷人的影响则包括自我评估的健康水平较低。

收入不平等实际上影响着生活的方方面面,我还可以继续列举,比如,健康和教育状况的代际传递、家庭碳足迹②,等等。③ 但是,在有关中国城市化和生活机会的资料中,有一个因素最常被提及:户口。户籍身份决定了你在哪个行政区域有权享有各种公共资源,从子女教育到医疗保健,再到帮助实施劳动法。即使是在农村人口大规模向城市迁移 30 年后的今天,无论你在大城市生活了多久,也很难获得一些城市的户口——除非你非常富有。2003 年至 2006 年的纵向数据表明,那个时期来到北京的移民往往比城市同龄人更健康,但是几年后这种优势就没有了。有数据显示长住城市的移民血脂含量往往高于农村人口,④这说明那些没有当地户口的人的健康也受到各种因素的影响——饮食和"生活方式",即他们一天的体力劳动和艰苦的工作环境。

户口是中国特有的制度,⑤但失去社交网络和实物权利是全世界城市移民的共同经历。正是这些人创造着我们生活的世界:他们缝制 T 恤、组装手机、制造工业涂料、建设和清洁他们担负不起的新房、在屠宰场包装肉类、在快餐店做服务生。越来越多的人,特别是女性移民,从事照顾年老及体弱者的工作。⑥

---

① Baeten, Wan, and Yang 2013.
② 家庭碳足迹是指一个家庭在一定时间内所产生的温室气体排放量,这些排放主要源于家庭活动,如用电、用水、交通、食物消费、垃圾处理等。——译者注
③ Eriksson, Pan, and Qin 2014; Yang and Qiu 2016; Xu, Han, and Lu 2016.
④ Song and Sun 2016.
⑤ 关于中国因移民和户口身份而造成的职业隔离,见 Zhang and Wu 2017; Fitzgerald et al. 2013.
⑥ Biao, Yeoh, and Toyota 2013.

他们怎么养活自己呢？

从手到口

2016年末，美国总统大选结果尚未揭晓之际，小说家斯蒂芬·马尔什（Stephen Marche）在《洛杉矶书评》上发表了一篇题为《奥巴马时期》的赞颂文章。让我称奇的是，马尔什如何捕捉到了这些年饮食方式的变化，以及食物在富人生活中扮演的新角色：

> 在奥巴马时期，人们的口味变得越发精致：直升机从太平洋渔船上运来现捕获的金枪鱼，上百道品尝菜单上列出了60种葡萄酒，切成薄片的鹿茸摆放在苔藓底菜上。然而，随着潮流变化，人们又长时间沉浸在街头小吃带来的愉悦感中：完美的炸鸡、牛肉三明治、墨西哥玉米饼、拉面、烤饼，等等，这些迷人的珍馐佳肴，都是全球街头小巷农民家庭的日常饮食。①

2016年5月，奥巴马总统来到越南河内的一家小吃店，与厨师出身的美国电视主持人安东尼·波登（Anthony Bourdain）一起品尝传统美食烤肉米粉，这一事件被视为街头美食热的象征。这并不是近年来街头小吃政治化的唯一方式。在很多地方，人们重新想象街头小吃——不含动物成分、富有同情心、对心血管健康影响较小，但同样能给人带来愉悦感——这权当对未来的一种想象。电影《郊游》中，街头小吃象征着悲惨生活。剧中出现一颗生卷心菜，这是街头小吃的对立面，主人公怒不可遏地吞下了它，内心却仍不满意。

---

① Marche 2016.

街头小吃不仅是阶级身份的象征,也是部落文化的展示,甚至是未来替代生活方式的体现,同时还承载着社会评论的功能。那么街头小吃作为一种果腹手段是怎样的呢?就这一点而言,快餐,或来自菜市场、超市、后院菜地、鸡舍的食物又是怎样的呢?我们能列举出城市居民尤其是穷人获得食物的场所吗?

　　让我们先从那些自己种植、饲养,或者在城外有菜地的家庭如何获得食物开始讨论。国家兽医调查往往忽视城市散养农业,但不难想象为什么城市居民会饲养几只鸡或一头猪。[1] 与反刍动物不同,单胃动物能有效地将有机废物转化为食物,而且不占用太多空间。直到最近,在哪些人参与了城市农业生产、城市农业在多大程度上是家庭粮食保障的安全缓冲而不是现金收入来源,以及城市农业如何加强了城市贫民的粮食保障等问题上,人们尚未达成共识。不同国家的农业参与情况大相径庭(印度尼西亚部分地区每 10 户家庭中只有 1 户从事城市农业生产,而在越南有 7 户)。[2] 大多数城市农业以种植农作物为主;畜牧业也不少见,但并不占主导地位。现有数据的主要局限性在于,大多数调查没有区分城市本身和周边地区的农业活动,而只是关注移民亲力而为或通过汇款方式参与的农业活动。在世界上大部分地区,农村—城市支持网络是贫困移民的一种重要社会资本形式,在粮食保障方面尤其如此。[3] 但是,越来越多的非现金支持正朝着相反方向流动,即从城市流向农村,这很大程度是因为气候变化:粮食歉收越发频繁,农村居民发现自己更加依赖于现金来满足他们对粮食的需求。城市的销售网络密度更大,这意味着那里的食品价格往往低于农村(更不用说城市居民的现金收入往往更高)。

　　基于可供维持城市人口的城市土地面积,近期的模型对城市

---

[1] Herrero et al. 2013, Supporting Information, p. 43.
[2] Zezza and Tasciotti 2010.
[3] Tacoli, Bukhari, and Fisher 2013, pp. 17–18.

农业作为粮食保障缓冲的潜能持悲观态度。① 对1980年以来城市农业调查进行全面回顾,可以发现城市农业似乎对家庭成员的整体营养状况或饮食多样性并没有产生持续性影响,对家庭收入的贡献也极其有限。② 这些发现引发了一个问题:城市农业实践者会对什么信号做出反应?(农业是否可能起着某种信号作用,就像我们在第三章看到的那种高热量、有声望的狩猎形式一样?)但结果是,涌入快速发展城市的贫困移民并不能通过自给自足来获得大部分能量、蛋白质以及大量微量营养素。

接下来让我们看看零售点。全球范围内的食品零售业呈市场集中的模式,类似于我们在畜牧业和原料生产中看到的情况。从这方面而言,中国既是典型的成长型市场,也是对全球市场的独特挑战。从供应商的角度看,即使是高度一体化的其他行业(特别是家禽业),市场也呈长尾状,且中央政府也公开宣传其一体化的愿景。从消费者的角度来看,口味、期望和收入仍然高度区域化。一家大型外国零售商煞费苦心地在店内的鲜鱼货架上重现露天菜市场的体验,却并没有引起沿海地区消费者的兴趣。③ 然而,与乳制品行业一样,跨国零售商在中国也取得了进展,尤其自2004年以来,中央政府遵循世贸组织规定放宽了准入条件。同年,日本零售业巨头在北京开设了第一家7-Eleven便利店。④ 在某些情况下,跨国公司收购了中国零售商的股份,并在另一些地方以自己的品牌开设了新门店。零售业的迅速扩张令中国监管机构感到意外。⑤ 他们被迫要面对的问题,从一定意义上而言,就是大规模室内零售业如何从根本上改变了商品供应的环境——例如,一家零售店必须具备多大零售面积才能称得上是超市(6000平方米)?

---

① Badami and Ramankutty 2015.
② Poulsen et al. 2015.
③ Tacconelli and Wrigley 2009. 关于全球零售集中度,参见 Howard 2016, pp. 34-40。
④ Wang 2011; Howard 2016, p.40.
⑤ Wang 2011.

快餐业的情况则更耐人寻味。① 我在前文提到了罗默假说来解释肉类的收入弹性。我将肯德基称为"上校"(colonel),以表达自己对标志性快餐品牌的敬意。但近年来,"上校"在中国的发展并不顺利。第一家肯德基于1987年在北京开业。截至2017年初,肯德基的母公司百胜餐饮集团在中国拥有约7500家门店,其中大部分是肯德基,也有一些是必胜客,还有本土品牌小肥羊和东方既白。虽然不及在美国市场的普及率,但这已经可圈可点。2015年,百胜和麦当劳控制了中国大约38%的快餐市场。然而,它们也在进行对冲。2016年,百胜将其在中国的业务拆分成一家新公司,然后在纽约证券交易所上市。人们普遍认为此举是为了保护母公司免受中国市场未来收入波动的影响。几个月后,麦当劳将其中国业务的一半以上出售给了中国国有企业中信集团,并将另一大部分出售给了私募股权公司凯雷集团。原因有很多:中国大陆和台湾连锁店更了解市场,无论是人们想要的食物,还是他们的支付方式(最重要的是微信支付);年轻、更富裕城市的消费者口味更复杂,而上了年纪的人对快餐则不太感兴趣;美国快餐带来的新鲜感已逐渐消退。但还有一个更深层次的原因,那就是与快餐有关的中国国内新闻报道中,外国快餐品牌也不再置身于食品安全丑闻之外。肉类是快餐的核心,也一直是安全问题的焦点。2012年,肯德基的一家山西供应商被爆出为满足肉鸡45天的生长计划,而在饲养过程中大量添加非治疗性抗生素,这大大损害了消费者对品牌的信任。两年后,上海的另一家供应商被发现重新包装过期未售的肉类。

这些供应链的问题真实说明了动物性食品进入市场的难度。但从流行病学的角度来看,掺假和变质只是次要问题。快餐不注重新鲜水果和蔬菜,而是以肉类和其他动物脂肪食品为主,这确实

---

① Bloomberg News 2016a, 2016b, 2017; Minter 2015; Kaiman 2013.

对健康构成了威胁。近来,关于食物供应的流行病学研究在北美引起了很大反响——有关城市"食物荒漠"(即特定区域或社区缺乏新鲜、多样化食物供应的现象)的新闻报道也开始在中国出现。① 有一项此类研究调查了 12 个大城市的 948 个社区,总面积达 225 平方公里。其主要发现是,每 4 家零售店中就有 3 家不提供任何种类的水果和蔬菜,但有近三分之二的大型零售店提供水果和蔬菜。在"发达"或"城市化"程度较高的城市中,这些大型室内零售商的数量几乎是普通零售商的两倍——这些城市的人均家庭支出和可支配收入较高,交通系统较完善,大学较多,等等。但同样是这些较发达的城市,其西式快餐店的数量也是那些较不富裕、人口较少的城市的两倍多。

也就是说,目前在中国,西式快餐仍然是一种代表富裕的商品。我们不妨了解一下,在过去 20 年里,新增肉类消费中有多少是用于快餐。如果收入增长所带来的肉类消费增长实际上代表的是新兴的廉价肉类消费的增长,那是因为这些肉类是在靠近最终销售点的近郊设施中封闭生产的,并由愿意花大价钱在中国立足的大型跨国公司零售,那么,也许肯德基神秘的促销活动更多地与肉类供应的价格弹性有关,而不是与人类对肉类的内在渴望有关。

最后再来看看菜市场,即素食烹饪书和《疯狂的亚洲富豪》中描述的迷人的全球后巷。在这里,我所说的都是些趣闻轶事而非证据。2018 年春天,当我在修订本书时,我在上海浦东待了 3 个月,试图向中国大学生阐述我的一些观点,他们不以为然。很多时候我在附近散步并重新思考。幸运的是,距离我家不到 5 分钟的地方有一个大型露天菜市场,这可能是上海仅存的同类市场之一。我每天都去那里逛逛,摊主们会猜测我的国籍,一个卖葱油饼的摊主开玩笑说我没有品尝过他家东西。一位同事肯定地告诉我这里

---

① Liao et al. 2016.

比乡下的任何地方要脏乱得多。我的学生们一直对在那儿遇到我感到很惊讶:难道我不喜欢街对面的乐购超市吗?

这个让市政府感到棘手的老菜市场,让我对肉类的制作和销售过程有了更深入的了解。在这里,一整只猪在带锯上完成切割,猪蹄和肝脏就直接摆放在胶合板台面上,苍蝇到处乱飞。罗非鱼在浅盆里翻来覆去,偶尔会掉到水泥地上继续扑腾,费力地喘着气。牛蛙密密麻麻地挤在网袋里,鹅站在高高的笼子里等待买家。有一天,我在办完事回家的路上,抄近路从北门进入市场,当时是下午4点,通常市场里挤满了行人和摩托车。但那天尤其安静,许多摊位关门歇业,小贩们蹲在门口。是什么节日吗?我走到半路,发现警察封锁了主巷道。在警戒线的另一边,一名男子正手持切割枪拆卸一家摊位的入口。是的,就像之前同事说的那样,市政府多年来一直试图以修路为由关闭这家菜市场。但几个月后,我了解到该市场并没有被完全拆除;它只是向南移动,挪到了高速公路边上的未开发地块。

我们仍然面临着如何统计"流动人口"饮食习惯的问题,他们没有当地户口。在这方面,我们的问题多于答案。假设我们正在设计一个代理模型来模拟城市贫民的饮食习惯,那么,我们需要了解怎样才能正确设置模拟参数。这包括谁在购买和准备食物,在哪里准备食物,使用什么工具。在世界上许多地方,供应和准备食物长期以来一直是女性的工作。但是随着女性外出从事有偿劳动,特别是在大城市,她们不得不往返于家庭和工作之间,她们面临着时间和空间贫乏的新负担,尤其是像做饭和其他只能在家里完成的工作。[①] 我们因此开始看到肉类的实际优势。与大米、豆类或根茎类食品相比,肉类生产需要更多的能量、水和其他投入,但准备肉类需要的时间、空间、设备和精力往往更少,甚至不需要烹

[①] Tacoli, Bukhari, and Fisher 2013, p. 18.

饪器皿——简易炭火烤架就足够了。根据你生活的边缘化程度，肉类易腐烂这一事实可能无关紧要；如果没有地方储存食物，那么日常采购就是唯一的选择。肉类的物理特性——热稳定凝胶浓缩了能量、蛋白质和微量元素——非常适合新兴城市中许多生活不稳定的人。肉类将不同生物群落——原料、动物和人——之间的远程耦合浓缩成可以握在手中、边走边吃的东西，这种东西即使不能长期维持营养需求，短期内也可以极大地满足食欲。

我们对城市空间的生态位构建（即生物群落与其环境之间的双向选择）的了解，不如对其他类似现象的了解，比如全新世时期地中海或澳大利亚西部沙漠地带的干旱草原（回顾第三章）。[①] 当涉及城市环境中穷人如何养活自己的问题时，这种无知最为明显。

显而易见的是，将城市化和收入增加带来的肉类消费总量的增加全部或大部分归因于人类进化所带来的内在需求弹性，还为时尚早。城市现在是人们消磨大部分时光的地方，这一事实充分证明了我们在第一章和第二章中所看到的：多样性而非特殊性一直是人类繁衍生息的关键。

营养与不平等

贫困并不是新兴城市化地区的特有现象，粮食不足也不是。2016年的一项研究发现，美国低收入家庭的青少年中，食物短缺并不少见。每个社区的受访者都表示他们知道有人曾通过交易式约会的方式来获取食物。[②] 不久之后，美国农业部报告说，在营养补充援助计划（SNAP）受助者的购买习惯中，高能量饮料和零食占比过高。[③] 然而，更有趣的发现是，营养补充援助计划受助者的购买

[①] Downey 2016.
[②] Popkin, Scott, and, Galvez 2016.
[③] O'Connor 2017.

习惯与美国其他消费者的购买习惯并无太大差异。

诸如此类的发现让我们不得不思考如何界定营养不良的问题。我们在第六章看到过两类营养不良：营养不足（能量缺乏）和微量元素缺乏。[①] 第三类是营养过剩，曾在皮尔巴拉的采矿营地短暂出现，那里的人们食用大量的营地面包（camp bread）和甜茶，几乎不吃其他东西。如今，营养过剩才是媒体关注的焦点。即使在不太富裕的地区，营养过剩、肥胖以及微量元素缺乏正取代营养不足而成为与营养相关的主要健康风险。必须指出的是，中低收入国家中每3名儿童中就有1名面临发育迟缓的危险。

一项针对收入和饮食习惯的大型调查（超过13万名受访者）表明，收入和某种食物之间确实存在弹性关系，即果蔬消费与收入紧密相关。[②] 通过原料补贴、贸易政策以及有利于圈养式畜牧业广泛分布的城市发展模式，肉类和其他来自牲畜的食品的价格已经社会化，但水果和蔬菜的价格并非如此。

牲畜和人类（尤其是不富裕的人），无论是生活在近旁还是生活在地球两端，都发现自己陷入了一个不断加速的剥削和苦难循环中。动物被人类吃掉，人类被他们的生活和工作环境所吞噬。肉类问题带来的挑战与其说是富裕问题，不如说是不平等问题。除非我们认识到，被边缘化的人类和在工业条件下饲养的动物在单一的经济暴力体系中扮演着相互协调的角色，否则我们难以真正解决肉类生产带来的困境，也无法撼动肉类在现代社会中的支配性地位。

[①] Lu, Black, and Richter 2016; Black et al. 2013; NCD Risk Factor Collaboration 2016; Global BMI Mortality Collaboration 2016.
[②] Miller et al. 2016.

终曲　肉食的终结？

"我,不吃肉。"这次她提高了嗓音大声说。

"原来你是素食主义者啊?"社长用豪放的语气问道。"国外有很多严格的素食主义者,国内好像也开始流行吃素了。特别是最近媒体总是报道吃肉的负面消息……要想长寿,必须戒肉,这也不是毫无道理。"

"话虽如此,可一点肉也不吃的话,那人还能活下去吗?"社长夫人面带笑容地附和道。①

人类是否生来便根植着残酷的本性?残暴的体验是不是我们作为物种唯一共享的遗产?我们紧握的尊严是否只是自欺的幻象,只为掩盖这个赤裸真相——每个人都可能被异化为昆虫、豺狼野兽或一摊肉泥?被践踏、被摧残、被屠戮,这莫非人类无法逃脱的本质命运?历史长河中的斑斑血迹,难道不是最确凿的证词?②

本书写的东西很多,但也不可能面面俱到。我在书里完全没有提到水产养殖;③对鲜味(肉类通常具有野味品质)在刺激饱腹感

---

① Han 2015, pp. 22 – 23.
② Han 2016, p. 140.
③ Bostock et al. 2010.

方面的作用只字未提;①也未提及"人造肉"(从活体动物身上提取少量肌肉组织在生物反应器中培养出的肉类)②。有人推崇人造肉,他们梦想着有朝一日人造肉将取代活体动物肉。这值得怀疑。因生理上的限制,组织生长并不能完全达到有机物质转化为肌肉的效果,无论是在牧场、圈养养殖场还是在生物反应器的受控环境中。那些吸引了大量关注的、用于验证概念的人造肉加工厂尚未证明,前两种不可持续的生产方式在第三种受控环境中可以变得可持续。目前,人造肉仍处于肉类经济的边缘。

也许最被我们忽略的是生物多样性。牲畜并不是集约化农业生产模式下唯一遭受基因组损失的物种。我花了7个月的时间撰写本书,其间阅读了大量报告,一个接一个新的、更悲观的报告列举了多种非食用用途的动物种群健康状况,从长颈鹿到猎豹再到除人类以外的大部分灵长类动物。农业扩张是野生动物种群面临的最大威胁,远远超过捕猎和捕鱼,仅次于伐木和城市化。③ 如何评估生物多样性的丧失,目前尚无共识,也很难将其与种植粮食的常规成本(能源、水或污染等)进行比较。但生物多样性的丧失是真实存在的。

因此,尽管我努力使本书内容全面,但它只提供了关于肉食之谜的一个单一视角。这个观点的核心是,肉类的经济暴力与其说与谁买得起、谁买不起有关,不如说与肉类如何从各种形式的经济活动(不仅仅是与食品有关的经济活动)中支撑起一个利益不对称的体系有关。对肉类的需求增长并不只是更富裕的结果,也是随富裕而来的不平等和压迫的结果。

也许我的观点还不够清楚。从一开始,我就希望这本书能有某种不露声色的特质。我希望把那些和我自身兴趣有关的经历排

---

① Hayes et al. 2014.
② Wurgaft 2019.
③ Maxwell et al. 2016; Estrada et al. 2017.

除在外,我不想让那些与我观点不同的读者有疏离感。正如第六章中看到的那样,吃什么是我们最私密的事之一,如果我们的饮食行为被别人观察,会产生一种尤其令人不安的感觉。在饮食方面,观察几乎总是意味着评判。没有任何其他方面的行为会有这样的问题,即使是性行为也不例外。因为与性行为或者睡觉、处理金钱相比,吃饭是我们在他人面前做的事情。素食者会感到肉食者对他们的评判,而肉食者即使占了绝大多数,在素食者面前也常常感到处于守势,正如本章开头的第一处导语,引用了韩国小说家韩江在其作品《素食者》中的一段对话,表现得非常清楚。我不想让任何人带着防御心态来阅读我的这本书,尤其是因为这本书并不是从信念开始,而是从怀疑开始的。

除了少数情况,我坚持素食已有 25 年,坚持纯素或植物性饮食则超过 19 年。最初为什么放弃吃肉,我说不出原因,只是觉得这值得尝试。但在放弃食用其他动物源性食物后,原因就很明确了。如今可以用"生态足迹"来解释,但当时我是站在"公平"的角度来考虑:希望限制自己对地球资源的索取,从而让更多的人享受到我认为是理所当然的生活质量。我希望自己的生活方式能代表认可 K-选择(即对环境影响较小的低生育率)的人类,而不是 r-选择(即高生育率)的人类。

我对自己的选择与世界上遥远地方人们的生活机会之间的关系感到困惑,但有一点我很清楚:我这样做并不是出于对动物解放的关心。事实上,动物解放主义者让我有点不解,他们对世界的看法似乎过于狭隘,不愿考虑环境和经济等相关因素。我想,也许在某些情况下,如果所谓的"道德"意味着最小限度地消耗资源,以及最大化所有生物的生活机会,那么人类吃掉动物可能是最符合道德的做法。对于我这种生活在城市的人而言,选择素食就有意义,但在鱼类资源丰富而耕地很少的地方,素食主义可能就不太适用(我经常拿挪威举例,但后来,当我在挪威海岸的一家山羊牧场工作,了解到食物从一个地方运到另一个地方的成本并不是其总成本的主要组成部分时,我不得不改变我的观点)。动物解放主义者忽视了这一点。在我看来,他们的观点有一种自以为是的普世主义倾向。但事实上,我并没有注意到我自己的推理和他们的推理一样都带有粗糙的结果主义的印记。

时光荏苒。我学会了烹饪,也明白了蛋白质和维生素 B12 的重要性。选择素食是我成年后的既定事实,影响着我关于饮食、穿衣和照顾自己所做的每一个决定。然后,奇怪的事情发生了。在我坚持纯素饮食大约 10 年后,我不再确定自己为什么要这样做。我的意思要从两个方面来说。首先,我不再确定我过去的理由是否仍然成立。其次,我不再确定过去的理由仍然是我选择素食的原因。一路走来,我对自己的行为在推动人类实现更具包容性的公平方面所起的或未能起的作用有了更现实的认识。同时,在随后的几年里我逐渐成了一个动物解放主义者:至少,我致力于更广泛地理解人类之外其他动物的利益。

当时,我意识到牲畜在澳大利亚殖民化过程中所扮演的角色。这在帝国历史上并不是什么新话题。但历史学家把牲畜视为环境史的主要因素,也就是说,在把美洲、非洲、亚洲和太平洋岛屿上人类居住的生物群落改造成利于粮食生产的环境的过程中,牲畜起了主要作用。农民和牧民身份取代了觅食者是一个普遍现象,这在澳大利亚可以看到,同时也能看到别的现象:牲畜不仅重塑了这片土地,还重塑了人类的生活。这里的"人类"不是指随便什么人,而是《狩猎的人类》里的狩猎者原型——早期人类。对于研究人类行为的生态学者来说,在该学科的早期,澳大利亚北部和西部的原住民觅食者代表着最接近类型标本的人群,在人们的记忆中,这个社会一直在以一种与更新世晚期以来基本相同的方式谋生。

这里,我想我们可以写一本书:牲畜集约化使一些人丧失了原有生活习惯，而以往诸多关于肉类在人类历史中的作用、肉类的全球商品化以及对被剥夺者意味着什么的论断，恰是以这些习惯为依据的，可实际上这些论断多有谬误。澳大利亚是世界主要牲畜产品出口国之一，其牲畜经济正在应对长达 17 年的干旱影响，这一背景为我的研究提供了一个现实环境。我可以阐明自己对环境正义、动物福利以及对人类行为经济约束之间关系的理解，或许能帮助其他人批判性看待这些问题。因此，这本书最初是为了弄清楚两件事。就个人而言，我想知道自己是否还有成为素食者的合理理由。但更重要的是，我想看看自己是否能为解释人类与其他脊椎动物之间关系提供更丰富的推理意见，不仅仅是常见的动物解放主义论点，还考虑到不同种类动物（包括人类）在我们的世界中扮演着不同的经济和伦理上的角色。我认为说动物在某些关键方面"和我们一样"还远远不够，我想表明的是，动物和被边缘化的人类在单一的经济暴力体系中不得不相互协调。他们彼此争斗，互相排斥，以至于在捍卫一方的利益——生存空间、良好的饮食和免受压迫——时，我们最终践踏了另一方的利益。

同时，正如韩江的《素食者》中社长夫人对英惠所说的"没有肉活不下去"的观点暗示了肉食在人类进化中所扮演的角色，但我想表明的是，这种观点严重误解了生物学与人类命运之间的关系。实际上，早期人类对肉食所表现出的策略灵活性，恰恰说明我们不应该急于认为当前肉类消费的激增是由于收入增加而释放的需求弹性，也不应该认为一个没有肉类的世界永远不可能实现。没有人会担心如何将即将成为肉类消费主要场所的新兴城市转变为类似于上新世—更新世的大草原。进化条件不是指过去的行为决定了未来的行为，而是在更广泛的意义上，我们带着过去创造环境的能力和责任进入新的环境。就人类营养生态位而言，这些能力包括惊人的饮食多样性。而责任倾向于对生态位的固守——人类为自己的行为挖了一个如此深的通道，以至于不恰当地限制了未来行为可能涉足的范围。① 这种局限性在于当现有通道不再富有成效时,固步自封会使人们无法设想一个新的管道,即一个新的生态位。

毫无疑问,人类构建其生态位的动态环境正在发生变化,而且变化速度即使在耗尽当前生态位之前,也很难甚至不可能建立一个新的生态位。如果这是一场危机,那么这不仅是一场"环境"的危机,也是一场资本主义的危机。② 事实证明,资本主义对生态位即将耗尽的信号置若罔闻。

肉类经济只是导致当前全球资本主义一系列危机的因素之一,但它比我们想象的更为重要。最近一项旨在探究未来人类饮食的不同情景对环境和健康造成影响的研究得出结论:只有在严格的纯素食主义情景下,即全球放弃动物性食品,食品生产和分配才能在一定程度上对气候稳定做出贡献,符合目前与食物相关的温室气体排放比例。③

该研究还发现,减少肉类消费给人类健康带来的价值效益将大于与气候变化相关的排放效益。就与健康和环境有关的两种效益而言,在世界上的不富裕地区,减少肉类和其他动物源性食品的饮食所带来的总效益会更大,但在富裕国家,人均效益会更大。也就是说,从人口层面来看,贫穷国家和新兴国家受益更大;但从个人或家庭层面来看,富裕国家的消费者更有动力克服影响其饮食习惯的经济和文化因素。

减少肉类消费带来的"相关健康"的效益超过了"环境"效益,并且富裕国家的人均效益高于贫穷国家和新兴国家,这一发现似乎为下面的观点提供了支持:驱使行为发生改变的是自身利益,而不是社交关系疏远的他人利益。我在序曲中指出,不久以前,还可

---

① 参见 Caporael, Griesemer, and Wimsatt 2013。
② Streeck 2016.
③ Springmann et al. 2016.

以想象富裕国家的消费者会为了远方他人的利益而改变他们的饮食行为,或者至少他们会根据对自身利益的理解,从更广泛的意义上来理解他们从不曾谋面的远方之人的繁荣中获益。今天的世界,人们不会为了远方他人的利益而放弃任何东西,更不用说他们心仪的食物,这种情况近似天方夜谭。但是,如果仅仅因为利己主义是我们手头的工具,就认为利己主义足以带来避免资源枯竭所需的变革,那就大错特错了。

肉类危机,与其造成的更大危机一样,并不是消费者行为的危机。事实上,将政治责任归结为作为消费者所做的选择是问题的一部分。个人决定放弃动物性食品不会对世界大部分地区人类和动物遭受压迫的状况产生明显影响,但可能会产生其他有价值的影响,比如减少碳足迹和减少造成动物痛苦的残忍行为。如果富裕国家中有足够多的人如此行动起来,这可能会使本国或其他地方圈养动物产生的利润有所减少。但是,假如正如我所说的那样,全球肉类经济的发展之路不是由贪得无厌的需求铺就的,而是相反,由产量增加不再受到先前需求的严格约束(如果之前有约束的话)铺就的,那么我们为什么要指望消费者偏好的变化能够控制现在的生产呢?原料补贴和污染成本的外化,加上价值链的延展和模糊化,使得除少数人外,所有人都看不到畜牧业生产的残酷性,肉类的成本已经社会化,其在消费者销售点的价格已降至历史最低点。放弃吃肉有很多好处,但我们需要认识到消费者行动主义的局限性。放弃吃肉并不会改变环境,不会改变电影《郊游》里的主人公或全世界8亿生活在极度贫困中的人如何养活自己和家人的环境。回想一下序曲中引用的英国查塔姆研究所的研究:家庭层面的肉类需求弹性,即使存在,也是在富裕国家。正如我在前一章所论述的,总需求弹性的原因明显过于复杂,不能简单地归结为与生俱来的渴望。

谈到危机,无论是资本主义危机、气候变化危机还是肉类需求日益增长所带来的危机,都存在着一种危险,那就是默许我们能透视未来远景。为未来 100 年提供详细设想是不切实际的。但我确信如果人类能够活到 2119 年,那个时代食用动物可能不常见或根本闻所未闻。要做到这一点,生态环境资源耗竭的压力必须发挥作用。但仅有压力是不够的。我们还需要认识到,为食用而饲养的动物所遭受的暴力实际上是经济暴力,这种暴力与以无节制的积累为名而对大部分人类实施的暴力是一脉相承的。

请注意,在第三章研究的觅食社会中,肉类过去是、现在依然是平等主义的指标。与此相反,在第二部分研究的社会中,无论你是赞同收入弹性理论还是赞同我提出的替代方案,肉类都成了不平等的指标。当我们开始从肉类在经济暴力体系中扮演的角色来看待不吃肉的道德意义时,我们才能想象肉食时代将如何终结。

街头素食小吃店之旅的几个月后,我来到了老挝。接下来的几周我主要吃木瓜沙拉,这时我发现自己无法正常工作了。我开始觉得不能不吃肉。我事先预料到了这种可能性,但真的发生时,我还是感到非常沮丧——正如我所说的,这些年来我坚持素食的原因已经发生了变化。我和朋友去了我们在万象住处附近的一家露天摊位,这家摊位有顶棚但没有墙壁,厨房在前面,冰箱里放着瓶装水和常见啤酒,还摆着一排排塑料桌椅。我们点了一条鱼,很可能是鲮鱼。鱼上桌时嘴里含着一株柠檬草,外面裹了层面包屑,烤得焦黄。鱼肉给我带来的生理上的缓解作用几乎是瞬间的,对此我充满了悲伤但也满怀感激。我不认为这条鱼是自愿供我享用的。即便如此,我还是感激它,尽管我意识到我的感激是自私的:鱼对此并没有发言权。事后回想起来,可以说我当时太大意了,如果事先做好准备,我就可以不用吃肉。但实际上我一直既小心又认真地在丰沙湾(Phonsavan)边陲小镇的便利店货架上寻找燕麦片和烤杏仁,冒着几乎在街头摔倒的危险。鱼可能不是一种礼物,但它能在众多食物中受欢迎,又确实是一种礼物。对此我心怀感激——感激我能够将鱼的身体融入自己的身体,恢复了体力。

想象一下这样一个世界:人类不再从动物身上获取任何生存所需的资源。这样的世界意味着人类与动物之间经济上的必然性和不稳定性,已被人类之间以及人类与其他生物之间的相互尊重所取代。与基于健康、碳足迹或动物感觉而停止食用肉类的观点相比,这种设想更为激进。但是,人类的历史与过去的生态位截然不同——从异亲养育、合作养育到饮食多样化、驯化,再到城市化。我们这个时代的基本政治问题,正如本章开头的第二处引语引用的韩江在《人类行为》中的一段话所暗示的那样,人类是否本质上就是残忍的,是否注定要将彼此物化,甚至将他者视为可以随意处置的"一摊肉泥"?如果要对这一问题做出否定的回答,就必须在饮食等方面做出与以往任何时代都截然不同的改变。

参考文献

Abramson, D. 2016. "Periurbanization and the Politics of Development-as-City-Building in China."(《中国周边城市化和城市建设发展的政治》). *Cities*(《城市》)53:156–162.

Adams, C. (1990)2015. *The Sexual Politics of Meat: A Feminist Vegetarian Critical Theory*(《肉食的性政治:女性主义素食批判理论》). London: Bloomsbury.

Adolph, W. 1944. "The Protein Problem of China."(《中国的蛋白质问题》). *Science*(《科学》)100:1–4.

Ahuja, V., ed. 2012. *Asian Livestock: Challenges and Opportunities*(《亚洲畜牧业:挑战与机遇》). Rome: Food and Agriculture Organization.

Aiello, L., and P. Wheeler. 1995. "The Expensive-Tissue Hypothesis: The Brain and Digestive System in Human and Primate Evolution."(《高代价组织假说:人类与灵长类动物进化中的大脑和消化系统》). *Current Anthropology*(《当代人类学》)36:199–221.

Alston, L., E. Harris, and B. Mueller. 2012. "The Development of Property Rights on Frontiers: Endowments, Norms, and Politics."(《前沿产权的发展:禀赋、规范和政治》). *Journal of Economic History*(《经济史杂志》)72: 741–770.

Altman J., and M. Hinkson, eds. 2007. *Coercive Reconciliation: Stabilise, Normalise, Exit Aboriginal Australia*(《强制和解:稳定、正常化、退出澳大利亚原住民》). Melbourne: Arena.

Andersson, C., and D. Read. 2016. "The Evolution of Cultural Complexity: Not by the Treadmill Alone."(《文化复杂性的演变:不是仅靠跑步机》). *Current Anthropology*(《当代人类学》)57:261–286.

Antón, S., and J. Snodgrass. 2012. "Origins and Evolution of Genus Homo: New Perspectives."(《人属的起源和进化:新视角》). *Current Anthropology*(《当代人类学》)53:S479–S496.

Appelbaum, B. 2016. "A Little-Noticed Fact about Trade: It's No Longer Rising."(《关于贸易的一个鲜为人知的事实:它不再上升》). *New York Times*(《纽约时报》) October 30. www. nytimes. com/2016/10/31/upshot/a-little-noticed-fact-about-trade-its-no-longer-rising. html.

Appleby, M., V. Cussen, L. Garcés, L. Lambert, and J. Turner. 2008. *Long Distance Transport and Welfare of Farm Animals*(《农场动物的长途运输和福利》). Wallingford, UK: CABI.

Asouti, E., and D. Fuller. 2013. "A Contextual Approach to the Emergence of Agriculture in Southwest Asia: Reconstructing Early Neolithic Plant-Food Production."(《西南亚农业兴起的背景方法:重建新石器时代早期植物食品生产》). *Current Anthropology*(《当代人类学》)54:299–345.

Attwell, L., K. Kovarovic, and J. Kendal. 2015. "Fire in the Plio-Pleistocene: The Functions of Hominin Fire Use, and the Mechanistic, Developmental and Evolutionary Consequences."(《上新世的火灾:人类火灾使用的功能,以及机械、发展和进化的后果》). *Journal of Anthropological Sciences*(《人类学杂志》)93:1–20.

Attwood, B. 2005. *Telling the Truth about Aboriginal History*(《讲述原住民历史的真相》). Sydney: Allen & Unwin.

Aung M., and Y. Chang. 2014. "Temperature Management for the Quality Assurance of a Perishable Food Supply Chain."(《易腐食品供应链质量保证的温度管理》). *Food Control*(《食品控制》)40:198–207.

Badami M., and N. Ramankutty N. 2015. "Urban Agriculture and Food Security: A Critique Based on an Assessment of Urban Land Constraints."(《城市农业和粮食安全:基于城市土地限制评估的批判》). *Global Food Security*(《全球粮食安全》)4:8–15.

Baeten, S., T. Van Ourti, and E. van Doorslaer. 2013. "Rising Inequalities in Income and Health in China: Who Is Left Behind?"(《中国收入和健康不平等加剧:谁被甩在后面》). *Journal of Health Economics*(《卫生经济学杂志》)32:1214–1229.

Bailey, R., A. Froggat, and L. Wellesley. 2014. *Livestock—Climate Change's Forgotten Sector: Global Public Opinion on Meat and Dairy Consumption*(《畜牧业——气候变化被遗忘的部门:全球公众对肉类和乳制品消费的看法》). London: Chatham House.

Bajželj, B., K. Richards, J. Allwood, P. Smith, J. Dennis, E. Curmi, and C. Gilligan. 2014. "Importance of Food-Demand Management for Climate Mitigation."(《粮食需求管理对气候减缓的重要性》). *Nature Climate Change*(《自然气候变化》)4:924–929

Baker, D., and E. Enahoro. 2014. "Policy Analysis and Advocacy for

Livestock-Based Development: The Gap between Household-Level Analysis and Higher-Level Models."(《畜牧业发展的政策分析和倡导:家庭层面分析与更高层面模型之间的差距》). *Food Policy*(《食品政策》)49:361 – 364.

Bartlett, L., D. Williams, G. Prescott, A. Balmford, R. Green, A. Eriksson, P. Valdes, J. Singarayer, and A. Manica. 2016. "Robustness Despite Uncertainty: Regional Climate Data Reveal the Dominant Role of Humans in Explaining Global Extinctions of Late Quaternary Megafauna."(《尽管存在不确定性,但仍具有稳健性:区域气候数据揭示了人类在解释晚第四纪巨型动物的全球灭绝方面的主导作用》). *Ecography*(《生态学》)39:152 – 161.

Beck, J., and S. Sieber. 2010. "Is the Spatial Distribution of Mankind's Most Basic Economic Traits Determined by Climate and Soil Alone?"(《人类最基本经济特征的空间分布是否仅由气候和土壤决定?》). *PLoS One*(《公共科学图书馆一号》)5(5):e10416.

Beck, K., C. Conlon, R. Kruger, and J. Coad. 2014. "Dietary Determinants of and Possible Solutions to Iron Deficiency in Young Women Living in Industrialized Countries: A Review."(《生活在工业化国家的年轻女性缺铁的饮食决定因素和可能的解决方案:综述》). *Nutrients*(《营养素》)6:3747 – 3776.

Behrensmeyer, A. 2006. "Climate Change and Human Evolution."(《气候变化和人类进化》). *Science*《科学》311:476 – 478.

Benedict, F. 1906. "The Nutritive Requirements of the Body."(《身体的营养需求》). *American Journal of Physiology*(《美国生理学杂志》)16:409 – 439.

Benedict, F. 1918. "Physiological Effects of a Prolonged Reduction in Diet on Twenty-Five Men."(《长期减少饮食对 25 名男性的生理影响》). *Proceedings of the American Physiological Society*(《美国生理学会会刊》)57:479 – 490.

Berndt, R., and C. Berndt. 1952. *From Black to White in South Australia*(《南澳大利亚从黑人到白人》). Melbourne: Cheshire.

Berndt, R., and C. Berndt. 1986. *End of an Era: Aboriginal Labour in the Northern Territory*(《一个时代的终结:北领地的原住民劳工》). Canberra: Australian Institute of Aboriginal Studies.

Berson, J. 2014. "The Dialectal Tribe and the Doctrine of Continuity."(《方言部落和连续性学说》). *Comparative Studies in Society and History*(《社会与历史比较研究》)56:381 – 418.

Berson, J. 2015. *Computable Bodies: Instrumented Life and the Human Somatic Niche*(《可计算体:工具化生命和人类躯体生态位》). London: Bloomsbury.

Berson, J. 2017. "The Topology of Endangered Languages."(《濒危语言的

拓扑结构》). *Signs and Society*(《标志与社会》)5:96-123.

Biao, X., B. Yeoh, and M. Toyota, eds. 2013. Return:Nationalizing Transnational Mobility in Asia(《回归:亚洲跨国流动的国家化》). Durham, NC:Duke University Press.

Biolsi T. 1995. "The Birth of the Reservation:Making the Modern Individual among the Lakota."(《保留地的诞生:在拉科塔人中培养现代人》). *American Ethnologist*(《美国民族学家》)22:28-53.

Bird, D., R. Bliege Bird, B. Codding, and N. Taylor. 2016. "A Landscape Architecture of Fire:Cultural Emergence and Ecological Pyrodiversity in Australia's Western Desert."(《火的景观建筑:澳大利亚西部沙漠的文化涌现和生态多样性》). *Current Anthropology*(《当代人类学》)57:S65-S79.

Bird, D., B. Codding, R. Bliege Bird, D. Zeanah, and C. Taylor. 2013. "Megafauna in a Continent of Small Game:Archaeological Implications of Martu Camel Hunting in Australia's Western Desert."(《小型动物大陆中的巨型动物:澳大利亚西部沙漠马图骆驼狩猎的考古意义》). *Quaternary International*(《第四纪国际》)297:155-166.

Black, R., C. Victora, S. Walker, Z. Bhutta, P. Christian, M. de Onis, M. Ezzati, et al. 2013. "Maternal and Child Undernutrition and Overweight in Low-Income and Middle-Income Countries."(《低收入和中等收入国家的母婴营养不足和超重》). *Lancet*(《柳叶刀》)382:427-451.

Bliege Bird, R. 2015. "Disturbance, Complexity, Scale:New Approaches to the Study of Human-Environment Interactions."(《干扰、复杂性、规模:人与环境相互作用研究的新方法》). *Annual Review of Anthropology*(《人类学年度回顾》)44:241-257.

Bliege Bird R., and D. Bird. 2008. "Why Women Hunt:Risk and Contemporary Foraging in a Western Desert Aboriginal Community."(《为什么女性狩猎:西部沙漠原住民社区的风险和现代觅食》). *Current Anthropology*(《当代人类学》)49:655-693.

Bloomberg News. 2015. "China Pork Price Jump Seen Faltering as Big Farms Boost Output."(《随着大型农场提高产量,中国猪肉价格上涨步履蹒跚》). *Bloomberg News*(《彭博新闻》)September 2. www.bloomberg.com/news/articles/2015-09-02/china-pork-price-jump-seen-faltering-as-big-farms-boost-output.

Bloomberg News. 2016a. "China Starts to Lose Its Taste for McDonald's and KFC."(《中国开始失去对麦当劳和肯德基的口味》). *Bloomberg News*(《彭博新闻》) August 3. www.bloomberg.com/news/articles/2016-08-03/china-starts-to-loses-its-taste-for-mcdonald-s-and-kfc.

Bloomberg News. 2016b. "Has Yum Worked Out How Fast-Food Firms Can Crack China?"(《百胜是否研究出快餐公司如何打入中国市场?》). *Bloomberg*

News(《彭博新闻》) October 31. www.bloomberg.com/news/articles/2016-10-31/yum-s-spinoff-offers-roadmap-for-western-brands-in-china-market.

Bloomberg News. 2016c. "Easing China's Housing Bubble Has Unintended Side Effects."(《缓解中国的房地产泡沫会产生意想不到的副作用》). *Bloomberg News*(《彭博新闻》) December 29. www.bloomberg.com/news/articles/2016-12-29/china-s-megacity-housing-bubble-cure-has-small-town-side-effects.

Bloomberg News. 2017. "McDonald's Sells Control of China Business to Citic, Carlyle."(《麦当劳将中国业务的控制权出售给中信、凯雷》). *Bloomberg News*(《彭博新闻》) January 9. www.bloomberg.com/news/articles/2017-01-09/mcdonald-s-sells-control-of-china-business-to-citic-carlyle.

Blome, M., A. Cohen, C. Tryon, A. Brooks, and J. Russell. 2012. "The Environmental Context for the Origins of Modern Human Diversity: A Synthesis of Regional Variability in African Climate 150,000 – 30,000 Years Ago."(《现代人类多样性起源的环境背景:15万至3万年前非洲气候区域变异性综述》). *Journal of Human Evolution*(《人类进化杂志》)62:563 – 592.

Boserup, E. 1965. *The Conditions of Agricultural Growth: The Economics of Agrarian Change under Population Pressure*(《农业增长的条件:人口压力下的土地变化经济学》). London: Allen & Unwin.

Bostock, J., B. McAndrew, R. Richards, K. Jauncey, T. Telfer, K. Lorenzen, D. Little, et al. 2010. "Aquaculture: Global Status and Trends."(《水产养殖:全球现状和趋势》). *Philosophical Transactions of the Royal Society B*(《皇家学会哲学会刊B辑》)365:2897 – 2912.

Boyce, J. 2010. *Van Diemen's Land*(《范迪门之地》). Melbourne: Black.

Boyd, W. 2001. "Making Meat: Science, Technology, and American Poultry Production."(《制作肉类:科学、技术和美国家禽生产》). *Technology and Culture*(《技术与文化》)42:631 – 664.

Bradsher, K. 2016. "In Australia, China's Appetite Shifts from Rocks to Real Estate."(《在澳大利亚,中国的兴趣从岩石乐转向房地产》). *New York Times*(《纽约时报》) September 24. www.nytimes.com/2016/09/25/business/international/australia-china-mining-port-hedland.html.

Bramble, D., and D. Lieberman. 2004. "Endurance Running and the Evolution of Homo."(《耐力跑与进化人》). *Nature*(《自然》)432:345 – 352.

Branley, A., and N. Hermant. 2014. "Basics Card Users Buying Banned Cigarette with Welfare, Bartering Groceries for Cash and Alcohol."(《基础卡使用者用福利金购买违禁香烟,用杂货换取现金和酒精》). ABC News, September 1. www.abc.net.au/news/2014-08-31/welfare-recipients-skirting-around-income-management-rules/5708012.

Braun, D. 2013. "The Behavior of Plio-Pleistocene Hominins: Archaeological Per-spectives."(《更新世类人的行为:考古学观点》). In *Early Hominin Paleoecology*(《古人类生态学》), edited by M. Sponheimer, J. Lee-Thorp, K. Reed, and P. Ungar, 325 – 351. Boulder: University of Colorado Press.

Brewster, D., and P. Morris. 2015. "Indigenous Child Health: Are We Making Progress?"(《原住民儿童健康:我们取得进展了吗?》). *Journal of Paediatrics and Child Health*(《儿科与儿童健康杂志》)51:40 – 47.

Brown, D. (1970) 1991. *Bury My Heart at Wounded Knee: An Indian History of the American West*(《魂归伤膝谷:美国西部印第安人史》). London: Vintage.

Bruckner, S., A. Albrecht, B. Petersen, and J. Kreyenschmidt. 2012. "Influence of Cold Chain Interruptions on the Shelf Life of Fresh Pork and Poultry."(《冷链中断对新鲜猪肉和家禽保质期的影响》). *International Journal of Food Science and Technology*(《国际食品科学与技术杂志》)47: 1639 – 1646.

Bulliet, R. 2007. *Hunters, Herders, and Hamburgers: The Past and Future of Human-Animal Relationships*(《猎人、牧民和汉堡包:人与动物关系的过去和未来》). New York: Columbia University Press.

Bunn, H. 2007. "Meat Made Us Human."(《肉使我们成为人类》). In *Evolution of the Human Diet: The Known, the Unknown, and the Unknowable*(《人类饮食的进化:已知、未知和不可知》), edited by P. Ungar, 191 – 201. Oxford: Oxford University Press.

Cairney, S., and K. Dingwall. 2010. *Journal of Paediatrics and Child Health*(《儿科和儿童健康杂志》)46:510 – 515.

Calcagno, J., and A. Fuentes, eds. 2012. "What Makes Us Human? Answers from Evolutionary Anthropology."(《是什么让我们成为人类:进化人类学的答案》). *Evolutionary Anthropology*(《进化人类学》)21:182 – 194.

Capling, A. 2008. "Preferential Trade Agreements as Instruments of Foreign Policy: An Australia-Japan Free Trade Agreement and Its Implications for the Asia Pacific Region."(《作为外交政策工具的优惠贸易协定:澳大利亚—日本自由贸易协定及其对亚太地区的影响》). *Pacific Review*(《太平洋评论》)21:27 – 43.

Caporael, L., J. Griesemer, and W. Wimsatt, eds. 2013. *Developing Scaffolds in Evolution, Culture, and Cognition*(《发展进化、文化和认知的支架》). Cambridge, MA: MIT Press.

Carlson, B., and J. Kingston 2007. "Docosahexaenoic Acid Biosynthesis and Dietary Contingency: Encephalization without Aquatic Constraint."(《二十二碳六

烯酸生物合成和膳食条件:无水生限制的大脑化》). *American Journal of Human Biology*(《美国人类生物学杂志》)19:585 – 588.

Campbell, M., and S. Kennedy. 2017. "Davos Wonders If It's Part of the Problem."(《达沃斯想知道这是不是问题的一部分》). *Bloomberg Businessweek* (《彭博商业周刊》) January 13. www.bloomberg.com/politics/articles/2017-01-13/davos-wonders-if-it-s-part-of-the-problem.

Cauvin, J. 2001. *The Birth of the Gods and the Origins of Agriculture*(《众神的诞生和农业的起源》). Translated by T. Watkins. Cambridge: Cambridge University Press.

Chi, Z., and H. Hung. 2013. "Jiahu 1: Earliest Farmers beyond the Yangtze River."(《贾湖遗址 1:长江以外最早的农民》). *Antiquity*(《古代》)87:46 – 63.

Chittenden, R. 1904. *Physiological Economy in Nutrition*(《营养中的生理经济学》). New York: Stokes. Clapp, S. 2016. Food, 2nd ed. London: Polity.

Clark, J., and A. Kandel. 2013. "The Evolutionary Implications of Variation in Human Hunting Strategies and Diet Breadth during the Middle Stone Age of South-ern Africa."(《南非中石器时代人类狩猎策略和饮食范围变化的进化意义》). *Current Anthropology*(《当代人类学》)54:S269 – S287.

Clarkson, C., Z. Jacobs, B. Marwick, R. Fullagar, L. Wallis, M. Smith, R. Roberts, et al. 2017. "Human Occupation of Northern Austalia by 65,000 Years Ago."(《6.5 万年前人类对澳大利亚北部的占领》). *Nature*(《自然》)547:306 – 310.

Clements, F. 1942. "Rickets in Infants Aged under One Year: The Incidence in an Australian Community and a Consideration of the Aetiological Factors."(《一岁以下婴儿佝偻病:澳大利亚社区的发病率和对病因的考虑》). *Medical Journal of Australia*(《澳大利亚医学杂志》) March 21:336 – 346.

Cleveland, D. 2013. *Balancing on a Planet: The Future of Food and Agriculture*(《平衡星球:粮食和农业的未来》). Berkeley: University of California Press.

Cohen, D. 2011. "The Beginnings of Agriculture in China: A Multiregional View."(《中国农业的起源:多区域视角》). *Current Anthropology*(《当代人类学》)52:S273 – S293.

Cohen, J. 1995. *How Many People Can the Earth Support?* (《地球能养活多少人?》). New York: Norton.

Collard, M., B. Buchanan, and M. O'Brien. 2013. "Population Size as an Explanation for Patterns in the Paleolithic Archaeological Record: More Caution Is

Needed."(《用人口规模解释旧石器时代考古记录中的模式:需要更加谨慎》). *Current Anthropology*(《当代人类学》)54:S388-396.

Conard, N., J. Serangeli, U. Böhner, B. Starkovich, C. Miller, B. Urban, and T. Van Kolfschoten. 2015. "Excavations at Schöningen and Paradigm Shifts in Human Evolution."(《舍宁根发掘与人类进化范式的转变》). *Journal of Human Evolution*(《人类进化杂志》)89:1-17.

Cordain, J., L., Miller, S. Eaton, N. Mann, S. Holt, and J. Speth. 2000. "Plant-Animal Subsistence Ratios and Macronutrient Energy Estimations in Worldwide Hunter-Gatherer Diets."(《全球狩猎采集饮食中的植物—动物生存率和常量营养素能量估计》). *American Journal of Clinical Nutrition*(《美国临床营养学杂志》)71:682-692.

Cronon, W. 1991. *Nature's Metropolis: Chicago and the Great West*(《自然的大都市:芝加哥和大西部》). New York: Norton.

Cucchi, T., A. Hulme-Beaman, J. Yuan, and K. Dobney. 2011. "Early Neolithic Pig Domestication at Jiahu, Henan Province, China: Clues from Molar Shape Analyses Using Geometric Morphometric Approaches."(《中国河南省贾湖新石器时代早期的猪驯化:使用几何形态计量学方法分析臼齿形状的线索》). *Journal of Archaeological Science*(《考古科学杂志》)38:11-12.

Cullather, N. 2010. *The Hungry World: America's Cold War Battle against Poverty in Asia*(《饥饿的世界:美国在亚洲与贫困的冷战斗争》). Cambridge, MA: Harvard University Press.

Cumming, G., A. Buerkert, E. Hoffmann, E. Schlecht, S. von Cramon-Taubadel, and T. Tscharntke. 2014. "Implications of Agricultural Transitions and Urbanization for Ecosystem Services."(《农业转型和城市化对生态系统服务的影响》). *Nature*(《自然》)515:50-57.

Cunnane, S., and M. Crawford. 2014. "Energetic and Nutritional Constraints on Infant Brain Development: Implications for Brain Expansion during Human Evolution."(《婴儿大脑发育的能量和营养限制:人类进化过程中大脑化的影响》). *Journal of Human Evolution*(《人类进化杂志》)77:88-98.

David, L., C. Maurice, R. Carmody, D. Gootenberg, J. Button, B. Wolfe, A. Ling, et al. 2014. "Diet Rapidly and Reproducibly Alters the Human Gut Microbiome."(《饮食快速且可重复地改变人类肠道微生物组》). *Nature*(《自然》)505:559-563.

Dean, M. 2016. "Measures of Maturation in Early Fossil Hominins: Events at the First Transition from Australopiths to Early Homo."(《古人类化石的成熟度测量:从南方古猿到早期人类的第一次过渡时发生的事件》). *Philosophical Transactions of the Royal Society B*(《皇家学会哲学会刊B辑》)371:20150234.

Defraeye, T., P. Cronjé, T. Berry, U. Opara, A. East, M. Hertog,

P. Verboven, and B. Nicolai. 2015. "Towards Integrated Performance Evaluation of Future Packaging for Fresh Produce in the Cold Chain."(《面向冷链新鲜农产品未来包装的综合性能评估》). *Food Science and Technology*(《食品科学与技术》)44:201-225.

DeMallie, R. 1982. "The Lakota Ghost Dance: An Ethnohistorical Account."(《拉科塔鬼舞:民族历史记述》). *Pacific Historical Review*(《太平洋历史评论》)51:385-405.

Dennell, R., and W. Roebroeks. 2005. "An Asian Perspective on Early Human Dispersal from Africa."(《从非洲早期人类传播的亚洲视角》). *Nature*(《自然》)438:1099-1104.

Dias, R., C. Detry, and N. Bicho. 2016. "Changes in the Exploitation Dynamics of Small Terrestrial Vertebrates and Fish during the Pleistocene-Holocene Transition in the SW Iberia: A Review."(《伊比利亚西南部更新世—全新世过渡期间小型陆生脊椎动物和鱼类的开发动态变化:综述》). *Holocene*(《全新世》)26:964-984.

Domínguez-Rodrigo, M., and C. Musiba. 2010. "How Accurate Are Paleoecological Reconstructions of Early Paleontological and Archaeological Sites?"(《早期古生物和考古遗址的古生态重建有多准确》). *Evolutionary Biology*(《进化生物学》)37:128-140.

Downey, G. 2016. "Being Human in Cities: Phenotypic Bias from Urban Niche Construction."(《在城市中做人:来自城市利基建设的表型偏差》). *Current Anthropology*(《当代人类学》)57:S52-S64.

Dunne, J., R. Evershed, M. Salque, L. Cramp, S. Bruni, K. Ryan, S. Biagetti, and S. di Lernia. 2012. "First Dairying in Green Saharan Africa in the Fifth Millennium BC."(《公元前五千年在绿色撒哈拉非洲的第一次乳制品生产》). *Nature*(《自然》)486:390-394.

Dye, A., and S. La Croix. 2013. "The Political Economy of Land Privatization in Argentina and Australia, 1810-1850: A Puzzle."(《阿根廷和澳大利亚土地私有化的政治经济学,1810—1850年:一个谜题》). *Journal of Economic History*(《经济史杂志》)73:901-936.

Eaton, S., and M. Konner. 1985. "Paleolithic Nutrition: A Consideration of Its Nature and Current Implications."(《旧石器时代的营养:对其性质和当前影响的考虑》). *New England Journal of Medicine*(《新英格兰医学杂志》)312:283-289.

Eaton, S., S. Eaton III, and M. Konner. 1997. "Paleolithic Nutrition Revisited: A Twelve-Year Retrospective on Its Nature and Implications."(《旧石器时代的营养重新审视:对其性质和影响的十二年回顾》). *European Journal of Clinical Nutrition*(《欧洲临床营养杂志》)51:207-216.

Ellegren, H., and N. Galtier. 2016. "Determinants of Genetic Diversity." (《遗传多功能性的决定因素》). *Nature Reviews Genetics*(《自然评论遗传学》)17:422-433.

Ellis, E. 2015. "Ecology in an Anthropogenic Biosphere."(《人为生物圈中的生态学》). *Ecological Monographs*(《生态》)85:287-331.

El Zaatari, S., F. Grine, P. Ungar, and J-J. Hublin. 2016. "Neandertal versus Modern Human Dietary Responses to Climatic Fluctuations."(《尼安德特人与现代人类对气候波动的饮食反应》). *PLoS One*(《《公共科学图书馆一号》》)11(4):e0153277.

El Zaatari, S., and J-J. Hublin. 2014. "Diet of Upper Paleolithic Modern Humans: Evidence from Microwear Texture Analysis."(《旧石器时代晚期现代人类的饮食:来自微磨痕纹理分析的证据》). *American Journal of Physical Anthropology*(《美国体质人类学杂志》)153:570-581.

Eriksson, T., J. Pan, and X. Qin. 2014. "The Intergenerational Inequality of Health in China."(《中国健康的代际不平等》). *China Economic Review*(《中国经济评论》)31:392-409.

Estrada, A., P. Garber, A. Rylands, C. Roos, E. Fernandez-Duque, A. Di Fiore, K. Nekaris, et al. 2017. "Impending Extinction Crisis of the World's Primates: Why Primates Matter."(《世界灵长类动物即将灭绝的危机:为什么灵长类动物很重要》). *Science Advances*(《科学进展》)3e1600946.

Evershed, R., S. Payne, A. Sherratt, M. Copley, J. Coolidge, D. Urem-Kotsu, K. Kotsakis, et al. 2008. "Earliest Date for Milk Use in the Near East and Southeastern Europe Linked to Cattle Herding."(《与放牧有关的近东和东南欧牛奶使用的最早日期》). *Nature*(《自然》)455:528-531.

Fekete, K., E. Györei, S. Lohner, E. Verduci, C. Agostini, and T. Decsi. 2015. "Long-Chain Polyunsaturated Fatty Acid Status in Obesity: A Systematic Review and Meta-Analysis."(《肥胖中的长链多不饱和脂肪酸状况:系统评价和综合分析》). *Obesity Reviews*(《肥胖评论》)16:488-497.

Ferguson, S. 2011. "A Bloody Business."(《血腥的生意》)Four Corners. ABC, May 30. www.abc.net.au/4corners/special_eds/20110530/cattle/.

Finch, C., and C. Stanford. 2004. "Meat-Adaptive Genes and the Evolution of Slower Aging in Humans."(《肉食适应性基因和人类缓慢衰老的进化》). *Quarterly Review of Biology*(《生物学季刊》)79:3-50.

Fiorenza, L., S. Benazzi, A. Henry, D. Salazar-García, R. Blasco, A. Picin, S. Wroe, and O. Kullmer. 2015. "To Meat or Not to Meat? New Perspectives on Neanderthal Ecology."(《吃肉还是不吃肉? 尼安德特人生态的新视角》). *Yearbook of Physical Anthropology*(《自然人类学年鉴》)156:43-

71.

Fisher, D., S. Blomberg, and I. Owens. 2002. "Convergent Maternal Care Strategies in Ungulates and Macropods."(《有蹄类和巨脚类动物趋同的母性护理策略》). *Evolution*(《进化》)56:167 – 176.

Fitzgerald, A. 2010. "A Social History of the Slaughterhouse: From Inception to Contemporary Implications."(《屠宰场的社会历史:从开始到当代的影响》). *Research in Human Ecology*(《人类生态学研究》)17:58 – 69.

Fitzgerald, S., X. Chen, H. Qu, and M. Sheff. 2013. "Occupational Injury amongst Migrant Workers in China: A Systematic Review."(《中国农民工的职业伤害:系统回顾》). *Injury Prevention*(《伤害预防》)19:348 – 354.

FLW Protocol Steering Committee. 2016. *Food Loss and Waste Accounting and Reporting Standard*(《粮食损失、浪费核算和报告标准》). Washington, DC: World Resources Institute.

Foley, J., N. Ramankutty, K. Brauman, E. Cassidy, J. Gerber, M. Johnston, N. Mueller, et al. 2011. "Solutions for a Cultivated Planet."(《栽培星球的解决方案》). *Nature*(《自然》)478:337 – 342.

Foley, R. 2016. "Mosaic Evolution and the Pattern of Transitions in the Hominin Lineage."(《马赛克进化和人类世系的过渡模式》). *Philosophical Transactions of the Royal Society B*(《皇家学会哲学学会刊 B 辑》)371:20150244.

Foley, R., L. Martin, M. Mirazón Lahr, and C. Stringer. 2016. "Major Transitions in Human Evolution."(《人类进化的重大转变》). *Philosophical Transactions of the Royal Society B*(《皇家学会哲学学会刊 B 辑》)371:20150229.

Fontanals-Coll, M., M. Eulàlia Subirà, M. Díaz-Zorita Bonilla, and J. Gibaja. 2016. "First Insights into the Neolithic Subsistence Economy in the North-East Iberian Peninsula: Paleodietary Reconstruction through Stable Isotopes."(《对伊比利亚半岛东北部新石器时代自给经济的初步观察:通过稳定同位素进行的古生物重建》). *American Journal of Physical Anthropology*(《美国体质人类学杂志》)2016:1 – 15.

Food and Agriculture Organization. 2011. "*Energy-Smart" Food for People and Climate*(《人类和气候的"能源智能"食品》). Rome: Food and Agriculture Organization.

Ford, L. 2011. *Settler Sovereignty: Jurisdiction and Indigenous People in America and Australia, 1788 – 1836*(《定居者主权:美国和澳大利亚的管辖权和原住民,1788—1836》). Cambridge, MA: Harvard University Press.

Ford, L., and B. Salter. 2008. "From Pluralism to Territorial Sovereignty: The 1816 Trial of Mowwatty in the Superior Court of New South Wales."(《从多元主义到领土主权:1816 年新南威尔士州高等法院对莫瓦蒂的审判》). *Indigenous Law Journal*(《原住民法律杂志》)7:67 – 86.

Foxhall, K. 2011. "From Convicts to Colonists: The Health of Prisoners and the Voyage to Australia, 1823 – 53."(《从罪犯到殖民者:囚犯的健康和澳大利亚航行》). *Journal of Imperial and Commonwealth History*(《帝国和英联邦历史杂志》)39:1 – 19.

Fuentes, A. 2016. "The Extended Evolutionary Synthesis, Ethnography, and the Human Niche: Toward an Integrated Anthropology."(《扩展进化综合、民族志和人类生态位:走向综合人类学》). *Current Anthropology*(《当代人类学》)57:S13 – S26.

Fuentes, A., and P. Wiessner. 2016. "Reintegrating Anthropology: From Inside Out."(《重新整合人类学:从内到外》). *Current Anthropology*(《当代人类学》)57:S3 – S12.

Fumagalli, M., I. Moltke, N. Grarup, F. Racimo, P. Bjerregaard, M. Jørgensen, T. Korneliussen, et al. 2015. "Greenlandic Inuit Show Genetic Signatures of Diet and Climate Adaptation."(《格陵兰因纽特人显示饮食和气候适应的遗传特征》). *Science*(《科学》)349:1343 – 1347.

Gale, F., J. Hansen, and M. Jewison. 2015. "China's Demand for Agricultural Imports."(《中国对农产品进口的需求》). *USDA Economic Information Bulletin*(《美国农业部经济信息公报》)No.(EIB-136)39, February. Washington, DC: US Department of Agriculture.

Gamble, C., J. Gowlett, and R. Dunbar. 2011. "The Social Brain and the Shape of the Paleolithic."(《社会大脑和旧石器时代的形状》). *Cambridge Archaeological Journal*(《剑桥考古学杂志》)21:115 – 135.

Gao, X. 2013. "Paleolithic Cultures in China: Uniqueness and Divergence."(《中国旧石器时代文化:独特性与差异性》). *Current Anthropology*(《当代人类学》)54:S358 – S370.

Gerber, P., H. Steinfeld, B. Henderson, A. Mottet, C. Opio, J. Dijkman, A. Falcucci, and G. Tempio. 2013. *Tackling Climate Change through Livestock: A Global Assessment of Emissions and Mitigation Options*(《通过畜牧业应对气候变化:排放和减缓方案的全球评估》). Rome: Food and Agriculture Organization.

Gewertz, D., and J. Errington J. 2010. *Cheap Meat: Flap Food Nations in the Pacific Islands*(《廉价肉类:太平洋岛屿的快餐国家》). Berkeley: University of California Press.

Global BMI Mortality Collaboration. 2016. "Body-Mass Index and All-Cause Mortality: Individual-Participant-Data Meta-Analysis of 239 Prospective Studies in Four Continents."(《体重指数和全因死亡率:四大洲239项前瞻性研究的个体参与者数据元分析》). *Lancet*(《柳叶刀》)388:776 – 786.

Gopalan, N. 2017. "Mengniu Should Have Gone Organic."(《蒙牛应该走

向有机》). *Bloomberg News*(《彭博新闻》) January 5. www.bloomberg.com/gadfly/articles/2017-01-05/china-mengniu-should-have-gone-organic.

Gould, R. 1980. *Living Archaeology*(《活考古学》). Cambridge: Cambridge University Press.

Graeber, D. 2011. *Debt: The First 5,000 Years*(《债: 5000 年债务史》). New York: Melville House.

Greenfield, H. 2010. "The Secondary Products Revolution: The Past, the Present, and the Future."(《二次产品革命:过去、现在和未来》). *World Archaeology*(《世界考古学》)42:29-54.

Griffith, M. 2000. "Apostles of Abstinence: Fasting and Masculinity during the Progressive Era."(《禁欲的使徒:进步时代的禁食和阳刚之气》). *American Quarterly*(《美国季刊》)52:599-638.

Guillier, L., S. Duret, H.-M. Hoang, D. Flick, and L. Onrawee. 2016. "Is Food Safety Compatible with Food Waste Prevention and Sustainability of the Food Chain?"(《食品安全与食物链的食物浪费预防和可持续性兼容吗?》). *Procedia Food Science*(《食品科学》)7:125-128.

Guyer, J. 2004. *Marginal Gains: Monetary Transactions in Atlantic Africa*(《边际收益:大西洋非洲的货币交易》). Chicago: University of Chicago Press.

Habgood, P., and N. Franklin. 2008. "The Revolution That Didn't Arrive: A Review of Pleistocene Sahul."(《尚未到来的革命:更新世的萨胡尔回顾》). *Journal of Human Evolution*(《人类进化杂志》)55:187-222.

Haggard, S., and M. Noland. 2009. *Famine in North Korea: Markets, Aid, and Reform*(《朝鲜饥馑:市场、援助和改革》). New York: Columbia University Press.

Haidle, M. 2010. "Working-Memory Capacity and the Evolution of Modern Cognitive Potential: Implications from Animal and Early Human Tool Use."(《工作记忆容量和现代认知潜能的演变:动物和早期人类工具使用的影响》). *Current Anthropology*(《当代人类学》)51:S149-S166.

Hamilton, A. 1980. "Dual Social Systems, Technology, Labour and Women's Secret Rites in the Eastern Western Desert of Australia."(《澳大利亚东西部沙漠中的双重社会制度、技术、劳动和妇女秘密仪式》). *Oceania*(《大洋洲》)51:4-19.

Han, K. 2015. *The Vegetarian*(《素食主义者》). Translated by D. Smith. London: Portobello.

Han, K. 2016. *Human Acts*(《人类行为》). Translated by D. Smith. London: Portobello.

Hardy, B. 2010. "Climatic Variability and Plant Food Distribution in Pleistocene Europe: Implications for Neanderthal Diet and Subsistence."(《更新

世欧洲的气候变化和植物食物分布:对尼安德特人饮食和生存的影响》). *Quaternary Science Reviews*(《第四纪科学评论》)29:662–679.

Hawkes, K. 2012. "Grandmothers and Their Consequences."(《祖母及其影响》). *Evolutionary Anthropology*(《进化人类学》)21:189.

Hawkesworth, S., A. Dangour, D. Johnston, K. Lock, N. Poole, J. Rushton, R. Uauy, and J. Waage. 2010. "Feeding the World Healthily: The Challenge of Measuring the Effects of Agriculture on Health."(《以健康方式养活世界:衡量农业对健康影响的挑战》). *Philosophical Transactions of the Royal Society B*(《皇家学会哲学会刊 B 辑》)365:3083–3097.

Hayes, M., E. Mietlicki-Baase, S. Kanoski, and B. De Jonghe. 2014. "Incretins and Amylin: Neuroendocrine Communication between the Gut, Pancreas and Brain in Control of Food Intake and Blood Glucose."(《内分泌素和淀粉样蛋白:控制食物摄入量和血糖的肠道、胰腺和大脑之间的神经内分泌沟通》). *Annual Review of Nutrition*(《营养年度回顾》)34:237–260.

He, G., A. Mol, and Y. Lu. 2016. "Wasted Cities in Urbanizing China."(《中国城市化中的废弃城市》). *Environmental Development*(《环境发展》)18:2–13.

Heath, M., and D. Petrie. 2016. "China's Economic Revolution Is Showing Up Allover Australia."(《中国的经济革命正在澳大利亚各地出现》). *Bloomberg News*(《彭博新闻》)March 27. www.bloomberg.com/news/articles/2016-03-27/view-4-000-miles-from-china-shows-economic-revolution-underway.

Henry, A., A. Brooks, and D. Piperno. 2014. "Plant Foods and the Dietary Ecology of Neanderthals and Early Modern Humans."(《植物食品以及尼安德特人和早期现代人类的饮食生态学》). *Journal of Human Evolution*(《人类进化杂志》)69:44–54.

Herrero, M., and P. Thornton. 2013. "Livestock and Global Food Change: Emerging Issues for Sustainable Food Systems."(《牲畜和全球粮食变化:可持续粮食系统的新问题》). *Proceedings of the National Academy of Sciences USA*(《美国国家科学院院刊》)110:20878–20881.

Herrero, M., P. Havlik, H. Valin, A. Notenbaert, M. Rufino, P. Thornon, M. Blümmel, F. Weiss, D. Grace, and M. Obersteiner. 2013. "Biomass Use, Production, Feed Efficiencies, and Greenhouse Gas Emissions from Global Livestock Systems."(《全球畜牧系统的生物质使用、生产、饲料效率和温室气体排放》). *Proceedings of the National Academy of Sciences USA*(《美国国家科学院院刊》)110:20888–20893.

Herrero, M., S. Wirsenius, B. Henderson, C. Rigolot, P. Thornton, P. Havlík, I. de Boer, and P. Gerber. 2015. "Livestock and the Environment: What Have We Learned in the Past Decade?"(《牲畜与环境:我们在过去十年中

学到了什么?》). *Annual Review of Environment and Resources*(《环境与资源年度回顾》)40:177 – 202.

Hess, M. 1994. "Black and Red: The Pilbara Pastoral Workers' Strike, 1946."(《黑色和红色:皮尔巴拉牧区工人罢工,1946 年》). *Aboriginal History*(《原住民历史》)18:65 – 83.

Hillier, B. 2007. *Space Is the Machine: A Configurational Theory of Architecture*(《空间是机器:建筑的配置理论》). London: Space Syntax.

Hipsley, E., ed. 1950. *Report of the New Guinea Nutrition Survey Expedition 1947*(《1947 年新几内亚营养调查远征报告》). Canberra: Commonwealth Department of External Territories.

Ho, P. 2017. "Robot Nannies Look After 3 Million Chickens in Coops of the Future."(《机器人保姆在未来的鸡舍里照顾 300 万只鸡》). *Bloomberg News*(《彭博新闻》) January 12. www.bloomberg.com/news/articles/2017-01-12/china-tries-nanny-robots-to-keep-chickens-healthy.

Honeychurch, W. 2014. "Alternative Complexities: The Archaeology of Pastoral Nomadic States."(《另类复杂性:牧区游牧国家的考古学》). *Journal of Archaeological Research*(《考古研究杂志》)22:277 – 326.

Honeychurch, W., and C. Makarewicz. 2016. "The Archaeology of Pastoral Nomadism."(《牧区游牧考古学》). *Annual Review of Anthropology*(《人类学年度评论》)45:341 – 359.

Horowitz, R. 2006. *Putting Meat on the American Table: Taste, Technology, Transformation*(《将肉类放在美国餐桌上:口味、技术、转型》). Baltimore: Johns Hopkins University Press.

Howard, P. 2016. *Concentration and Power in the Food System: Who Controls What We Eat?* (《食品系统中的集中和权力:谁控制我们吃的东西?》). London: Bloomsbury.

Howe, P., H. Mattill, and P. Hawk. 1912. "Fasting Studies: VI. Distribution of Nitrogen during a Fast of One Hundred and Seventeen Days."(《禁食研究:117 天禁食期间氮的分配》). *Journal of Biological Chemistry*(《生物化学杂志》)11:103 – 127.

Hrdy, S. 2012. "Comes the Child before the Man: Development's Role in Producing Selectable Variation."(《孩子先于人:发展在产生可选择的变化中的作用》). *Evolutionary Anthropology*(《进化人类学》)21:188.

Hublin, J-J. 2015. "The Modern Human Colonization of Western Eurasia: When and Where?"(《西欧亚大陆的现代人类殖民:何时何地》). *Quaternary Science Reviews*(《第四纪科学评论》)118:194 – 210.

Hutchinson, S. 1996. *Nuer Dilemmas: Coping with Money, War and the State*(《努尔困境:应对金钱、战争和国家》). Berkeley: University of California

Press.

Ingold, T. 2000. *The Perception of the Environment: Essays on Livelihood, Dwelling and Skill*(《环境感知:关于生计、住宅和技能的论文》). London: Routledge.

International Institute of Refrigeration. 2009. "The Role of Refrigeration in Worldwide Nutrition."(《制冷在全球营养中的作用》) www. iifiir. org/userfiles/ file/publications/notes/NoteFood_05_EN. pdf.

Isenberg, A. 2000. *The Destruction of the Bison: An Environmental History, 1750 – 1920*(《野牛的毁灭:环境史,1750—1920》). Cambridge: Cambridge University Press.

Isler, K., and C. Van Schaik. 2014. "How Humans Evolved Large Brains: Comparative Evidence."(《人类如何进化出硕大大脑:比较证据》). *Evolutionary Anthropology*(《进化人类学》)23:65 – 75.

Jin, J., and S. Maren. 2015. "Prefrontal-Hippocampal Interactions in Memory and Emotion."(《记忆和情感中的前额叶—海马相互作用》). *Frontiers in Systems Neuroscience*(《系统神经科学前沿》)9:170.

Jing, Y., R. Flad, and L. Yunbing. 2008. "Meat-Acquisition Patterns in the Neolithic Yangzi River Valley, China."(《中国新石器时代长江流域的肉类获取模式》). *Antiquity*(《古代》)82:351 – 366.

Johnson, C., S. Rule, S. Haberle, A. Kershaw, G. Merna McKenzie, and B. Brook. 2015. "Geographic Variation in the Ecological Effects of Extinction of Australia's Pleistocene Megafauna."(《澳大利亚更新世巨型动物灭绝对生态影响的地域差异》). *Ecography*(《生态学》)39:109 – 116.

Jones, J., R. Bliege Bird, and D. Bird. 2013. "To Kill a Kangaroo: Understanding the Decision to Pursue High-Risk/High-Gain Resources."(《杀死袋鼠:理解追求高风险/高收益资源的决定》). *Proceedings of the Royal Society*(《皇家学会会刊》)280:20131210.

Kaiman, J. 2013. "China's Fast-Food Pioneer Struggles to Keep Customers Saying 'YUM!'"(《中国快餐先锋努力让顾客说"好吃!"》). *Guardian*(《卫报》)January 4. www. the guardian. com/world/2013/jan/04/china-fast-food-pioneer.

Karasov, W., C. Martínez del Rio, and E. Caviedes-Vidal. 2011. "Ecological Physiology of Diet and Digestive Systems."(《饮食和消化系统的生态生理学》). *Annual Review of Physiology*(《生理学年度评论》)73:69 – 93.

Karesh, W., A. Dobson, J. Lloyd-Smith, J. Lubroth, M. Dixon, M. Bennett, S. Aldrich, et al. 2012. "Ecology of Zoonoses: Natural and Unnatural Histories."(《人畜共患病生态:自然和非自然历史》). *Lancet*(《柳叶刀》)380:1936 – 1945.

Katz, D., and S. Meller. 2014. "Can We Say What Diet Is Best for Health?"(《我们能说什么饮食对健康最有利吗?》). *Annual Review of Public Health*(《公共卫生年度评论》)35:83–103.

Ke, B. 2002. *Perspectives and Strategies for the Livestock Sector in China over the Next Three Decades. Livestock Policy Discussion Paper No. 7*(《未来三个十年中国畜牧业的前景和战略(畜牧政策讨论文件第7号)》). Rome: Food and Agriculture Organization.

Kearney, J. 2010. "Food Consumption Trends and Drivers."(《食品消费趋势和驱动因素》). *Philosophical Transactions of the Royal Society B*(《皇家学会哲学会刊B辑》)365:2793–2807.

Keen, I. 2006. "Constraints on the Development of Enduring Inequalities in late Holocene Australia."(《澳大利亚全新世晚期持久不平等发展的制约因素》). *Current Anthropology*(《当代人类学》)47:7–38.

Kelly, J. 1963. "The Transport of Cattle in Northern Australia."(《澳大利亚北部的牛运输》). *Australian Quarterly*(《澳大利亚季刊》)35:16–31.

Kelly, J. 1971. *Beef in Northern Australia*(《澳大利亚北部的牛肉》). Canberra: Australian National University Press.

Kelso, J. 2010. "Metastable Mind."(《元稳态思维》). In *Cognitive Architecture: From Biopolitics to Noopolitics*(《认知架构:从生物政治学到新政治学》), edited by D. Hauptmann and W. Neidich, 117–138. Rotterdam: 2010.

Kenny, R. 2007. *The Lamb Enters the Dreaming: Nathanael Pepper and the Ruptured World*(《羔羊进入梦境:纳撒尼尔·佩珀和破裂的世界》). Melbourne: Scribe.

Kim, S., and K. Park. 2016. "Hanjin Shipping Files for Court Protection after Revamp Rejected."(《韩进海运改制遭拒后申请法院保护》). *Bloomberg News*(《彭博新闻》) August 31. www.bloomberg.com/news/articles/2016-08-31/hanjin-shipping-files-for-court-protection-after-revamp-rejected-isinaafe.

Kleiber, M. (1961) 1975. *The Fire of Life: An Introduction to Animal Energetics*(《生命之火:动物能量学导论》). Huntington, NY: Krieger.

Kuhn, S. 2013. "Roots of the Middle Paleolithic in Eurasia."(《欧亚大陆旧石器时代中期的根源》). *Current Anthropology*(《当代人类学》)54: S255–S268.

Kuo, J-C., and M-C. Chen. 2010. "Developing an Advanced Multi-Temperature Joint Distribution System for the Food Cold Chain."(《为食品冷链开发先进的多温联合配送系统》). *Food Control*(《食品控制》)21:559–566.

Kuzawa, C. 1998. "Adipose Tissue in Infancy and Childhood: An Evolutionary Perspective."(《婴儿期和儿童期的脂肪组织:进化的观点》). *Yearbook of Physical Anthropology*(《体质人类学年鉴》)41:177–209.

Kuzawa, C., and J. Bragg. 2012. "Plasticity in Human Life History Strategy: Implications for Contemporary Human Variation and the Evolution of the Genus Homo."(《人类生活史战略中的可塑性:对当代人类变异和人属进化的影响》). *Current Anthropology*(《当代人类学》)53:S369–S382.

Kuzawa, C., H. Chugani, L. Grossman, L. Lipovich, O. Muzik, P. Hof, D. Wildman, C. Sherwood, W. Leonard, and N. Lange. 2014. "Metabolic Costs and Evolutionary Implications of Human Brain Development."(《人类大脑发育的代谢成本和进化意义》). *Proceedings of the National Academy of Sciences USA*(《美国国家科学院院刊》)111:13010–13015.

Landau, R., and K. Jacoby. 2016. *V Street: 100 Globe-Hopping Plates on the Cutting Edge of Vegetable Cooking*(《素食街头小吃:100道全球蔬菜烹饪前沿菜肴》). San Francisco: Morrow.

Lane, D., and D. Richardson. 2014. "The Active Role of Vitamin C in Mammalian Iron Metabolism: Much More Than Just Enhanced Iron Absorption!"(《维生素C在哺乳动物铁代谢中的积极作用:不仅仅是增强铁吸收!》). *Free Radical Biology and Medicine*(《自由基生物学和医学》)75:69–83.

Larder, N., S. Sippel, and G. Lawrence. 2015. "Finance Capital, Food Security Narratives and Australian Agricultural Land."(《金融资本、粮食安全叙事和澳大利亚农业用地》). *Journal of Agrarian Change*(《土地变化杂志》)15:492–603.

Larson, G. 2011. "Genetics and Domestication: Important Questions for New Answers."(《遗传学和驯化:新答案的重要问题》). *Current Anthropology*(《当代人类学》)52:S485–S495.

Larson, G., and D. Fuller. 2014. "The Evolution of Animal Domestication."(《动物驯化的演变》). *Annual Review of Ecology, Evolution, and Systematics*(《生态学、进化和系统学年度评论》)45:115–136.

Laughlin, W. 1968. "Hunting: An Integrated Biobehavior System and Its Evolutionary Importance."(《狩猎:综合生物行为系统及其进化重要性》). In *Man the Hunter*(《狩猎的人类》), edited by R. Lee and I. DeVore, 304–320. Chicago: Aldine.

Layman, D., T. Anthony, B. Rasmussen, S. Adams, C. Lynch, G. Brinkworth, and T. Davis. 2015. "Defining Meal Requirements for Protein to Optimize Metabolic Roles of Amino Acids."(《定义蛋白质的膳食要求以优化氨基酸的代谢作用》). *American Journal of Clinical Nutrition*(《美国临床营养学杂志》)101:1330S–1338S.

Leach, H. 1999. "Intensification in the Pacific: A Critique of the Archaeological Cri-teria and Their Application."(《太平洋地区的集约化:对考古标准及其应用的批判》). *Current Anthropology*(《当代人类学》)40:311–339.

Leach, H. 2003. "Human Domestication Reconsidered."(《重新考虑人类驯化》). *Current Anthropology*(《当代人类学》)44:349-368.

Leonard, W. 2012. "Laboratory and Field Methods for Measuring Human Energy Expenditure."(《测量人类能源支出的实验室和现场方法》). *American Journal of Human Biology*(《美国人类生物学杂志》)24:372-384.

Leonard, W., J. Snodgrass, and M. Robertson. 2007. "Effects of Brain Evolution on Human Nutrition and Metabolism."(《大脑进化对人类营养和代谢的影响》). *Annual Review of Anthropology*(《人类学年度评论》)27:311-327.

Lee, A., S. Rainow, J. Tregenza, L. Tregenza, L. Balmer, S. Bryce, M. Paddy, J. Sheard, and D. Schomburgk. 2016. "Nutrition in Remote Aboriginal Communities: Lessonsfrom Mai Wiru and the Anangu Pitjantjatjara Yankutjatjara Lands."(《偏远原住民社区的营养状况》). *Australia New Zealand Journal of Public Health*(《澳大利亚新西兰公共卫生杂志》)40:S81-S88.

Lee, R., and I. DeVore. 1968. "Problems in the Study of Hunter-Gatherers."(《狩猎—采集者研究中的问题》). In *Man the Hunter*(《狩猎的人类》), edited by R. Lee and I. DeVore, 3-12. Chicago: Aldine.

Lewis, J., and S. Harmand. 2016. "An Earlier Transition for Stone Tool Making: Implications for Cognitive Evolution and the Transition to Homo."(《石材工具制造的早期转变:对认知进化和向人类过渡的影响》). *Philosophical Transactions of the Royal Society B*(《皇家学会哲学学刊B辑》)371:20150233.

Li, T. 2015. Transnational Farmland Investment: A Risky Business."(《跨国农田投资:一项有风险的业务》). *Journal of Agrarian Change*(《土地变化杂志》)15:560-568.

Liao, C., Y. Tan, C. Wu, S. Wang, C. Yu, W. Cao, W. Gao, J. J. Lv, and L. Li. 2016. "City Level of Income and Urbanization and Availability of Food Stores and Food Service Places in China."(《中国城市收入和城市化水平与食品店和餐饮服务场所的可获得性》). *PLoS One*(《公共科学图书馆一号》)11(3):e0148745.

Liu, Y., Y. Hu, and Q. Wei. 2013. "Early to Late Pleistocene Human Settlements and the Evolution of lithic Technology in the Nihewan Basin, North China: A Macro-scopic Perspective."(《华北泥河湾盆地早更新世至晚更新世人类聚落与石器技术的演变:宏观视角》). *Quaternary International*(《第四纪国际》)295:204-214.

Lu, C., M. Black, and L. Richter. 2016. "Risk of Poor Development in Young Chil-dren in Low-Income and Middle-Income Countries: An Estimation and Analysis at the Global, Regional, and Country Level."(《低收入和中等收入国家儿童发展不良的风险:全球、区域和国家层面的估计和分析》). *Lancet Global Health*(《柳叶刀全球健康》)4:e916-e922.

Lusk, G. 1906. *The Elements of the Science of Nutrition*(《营养科学的要素》). Philadelphia: Saunders.

Ma, J., M. Karlsen, M. Chung, P. Jacques, R. Saltzman, C. Smith, C. Fox, and N. McKeown. 2016. "Potential Link between Excess Added Sugar Intake and Ectopic Fat: A Systematic Review of Randomized Controlled Trials." (《过量添加糖摄入量与异位脂肪之间的潜在联系:随机对照试验的系统评价》). *Nutrition Reviews*(《营养评论》)74:18–32.

McArthur, M. 1960. "Food Consumption and Dietary Levels of the Aborigines at the Settlements."(《定居点原住民的食物消费和膳食水平》). In *Records of the American-Australian Scientific Expedition to Arnhem Land*(《美澳阿纳姆地科学考察队记录》), vol. 2, Anthropology and Nutrition, edited by C. Mountford, 14–26. Melbourne: Melbourne University Press.

McCarthy, F., and M. McArthur. 1960. "The Food Quest and the Time Factor in Aboriginal Economic Life."(《原住民经济生活中的食物探索和时间因素》). In *Records of the American-Australian Scientific Expedition to Arnhem Land* (《美澳阿纳姆地科学考察队记录》), vol. 2, Anthropology and Nutrition, edited by C. Mountford, 145–194. Melbourne: Melbourne University Press.

McCay, D. 1912. *The Protein Element in Nutrition*(《营养中的蛋白质元素》). London: Edward Arnold.

McClure, S. 2015. "The Pastoral Effect: Niche Construction, Domestic Animals, and the Spread of Farming in Europe."(《田园效应:生态位建设、家畜和农业在欧洲的传播》). *Current Anthropology*(《当代人类学》)56:901–910.

McClure, S., L. Molina Balaguer, and J. Bernabeu Auban. 2008. "Neolithic Rock Art in Context: Landscape History and the Transition to Agriculture in Mediterranean Spain."(《新石器时代岩石艺术的背景:地中海西班牙的景观历史和向农业的过渡》). *Journal of Anthropological Archaeology* (《人类学考古学杂志》)27:326–337.

Macholdt, E., V. Lede, C. Barbieri, S. Mpoloka, H. Chen, M. Slatkin, B. Pakendorf, and M. Stoneking. 2014. "Tracing Pastoralist Migrations to Southern Africa with Lactase Persistence Alleles."(《用乳糖酶持久性等位基因追踪向南部非洲迁移的牧民》). *Current Biology*(《当代生物学》)24:875–879.

Mack, M., P. Dittmer, M. Veigt, M. Kus, U. Nehmiz, and J. Kreyenschmidt. 2014. "Quality Tracing in Meat Supply Chains."(《肉类供应链中的质量追踪》). *Philosophical Transactions of the Royal Society A*(《皇家学会哲学会刊 A 辑》)372:20130308.

Malhi, Y., C. Doughty, M. Galetti, F. Smith, J-C. Svenning, and J. Terborgh. 2016. "Megafauna and Ecosystem Function from the Pleistocene to the

Anthropocene."(《从更新世到人类世的巨型动物和生态系统功能》). *Proceedings of the National Academy of Sciences USA*(《美国国家科学院院刊》) 113:838 – 846.

Marche, S. 2016."The Obama Years."(《奥巴马时期》). *Los Angeles Review of Books*(《洛杉矶书评》) November 30. lareviewofbooks.org/article/the-obama-years/.

Marom, N., and G. Bar-Oz. 2013."The Prey Pathway:A Regional History of Cattle(Bos taurus) and Pig(Sus scrofa) Domestication in the Northern Jordan Valley, Israel."(《猎物途径:以色列约旦河谷北部的牛和猪驯化的区域历史》). *PLoS One*(《公共科学图书馆一号》)8(2):e55958.

Martens, C., and D. Seals. 2016."Practical Alternatives to Chronic Calorie Restriction for Optimizing Vascular Function with Ageing."(《优化老化血管功能的长期热量限制实用替代方案》). *Journal of Physiology*(《生理学杂志》)594:7177 – 7195.

Maslin, M., and B. Christensen B. 2007."Tectonics, Orbital Forcing, Global Climate Change, and Human Evolution in Africa."(《非洲的构造、轨道强迫、全球气候变化和人类进化》). *Journal of Human Evolution*(《人类进化杂志》)53:443 – 464.

Mason, J., R. Hay, J. Holt, J. Seaman, and M. Bowden. 1974."Nutritional Lessons from the Ethiopian Drought."(《埃塞俄比亚干旱的营养教训》). *Nature*(《自然》)248:647 – 650.

Maxwell, S., R. Fuller, T. Brooks, and J. Watson. 2016."The Ravages of Guns, Nets and Bulldozers."(《枪炮、渔网和推土机的肆虐》). *Nature*(《自然》)536:143 – 145.

Mekonnen, M., and A. Hoekstra. 2012."A Global Assessment of the Water Footprint of Farm Animal Products."(《农场动物产品水足迹的全球评估》). *Ecosystems*(《生态系统》)15:401 – 415.

Meltzer, D. 2015."Pleistocene Overkill and North American Mammalian Extinctions."(《更新世过度杀戮和北美哺乳动物灭绝》). *Annual Review of Anthropology*(《人类学年度评论》)44:33 – 53.

Mengoni Goñalons, G. 2008."Camelids in Ancient Andean Societies:A Review of the Zooarchaeological Evidence."(《古代安第斯社会中的骆驼科动物:动物考古证据回顾》). *Quaternary International*(《第四纪国际》)185:59 – 68.

Merlan, F. 2005."Indigenous Movements in Australia."(《澳大利亚的土著运动》). *Annual Review of Anthropology*(《人类学年度评论》)34:473 – 494.

Milanovic, B. 2016. *Global Inequality:A New Approach for the Age of Globalization*(《全球不平等:全球化时代的新方法》). Cambridge, MA:Harvard

University Press.

Miller, V., S. Yusuf, C. Chow, M. Dehghan, D. Corsi, K. Lock, B. Popkin, et al. 2016. "Availability, Affordability, and Consumption of Fruits and Vegetables in 18 Countries across Income Levels: Findings from the Prospective Urban Rural Epidemiology(PURE) Study."(《18个国家不同收入水平的水果和蔬菜的可用性、可负担性和消费量:前瞻性城乡流行病学研究的结果》). *Lancet Global Health*(《柳叶刀全球健康》)4:e695-e703.

Milton, K. 1999. "Hypothesis to Explain the Role of Meat-Eating in Human Evolution."(《解释食肉在人类进化中的作用的假说》). *Evolutionary Anthropology*(《进化人类学》)8:11-21.

Minter, A. 2015. "Fast Food Loses Its Sizzle in China."(《快餐在中国失去了热度》). *Bloomberg News*(《彭博新闻》)October 22. www.bloomberg.com/view/articles/2015-10-22/u-s-fast-food-chains-lose-their-sizzle-in-china.

Mintz, S. 1985. *Sweetness and Power: The Place of Sugar in Modern History*(《甜味和力量:糖在现代历史中的地位》). New York: Penguin.

Mitchell, T. 2011. *Carbon Democracy: Political Power in the Age of Oil*(《碳民主:石油时代的政治权力》). London: Verso.

Moeller, A., Y. Li, E. Ngole, S. Ahuka-Mundeke, E. Lonsdorf, A. Pusey, M. Peeters, B. Hahn, and H. Ochman. 2014. "Rapid Changes in the Gut Microbiome during Human Evolution."(《人类进化过程中肠道微生物组的快速变化》). *Proceedings of the National Academy of Sciences USA*(《美国国家科学院院刊》)111:16431-16435.

Moore, S., M. O'Dea, N. Perkins, A. Barnes, and A. O'Hara. 2014. "Mortality of Live Export Cattle on Long-Haul Voyages: Pathologic Changes and Pathogens."(《长途航行中出口活牛的死亡率:病理变化和病原体》). *Journal of Veterinary Diagnostic Investigations*(《兽医诊断研究杂志》)26:252-265.

Muehlenbein, M. 2016. "Disease and Human/Animal Interactions."(《疾病和人/动物相互作用》). *Annual Review of Anthropology*(《人类学年度评论》)45:395-416.

Mulvaney, L., and J. Skerritt. 2016. "China May Purchase U. S. Beef in 2016 after 12-Year Ban."(《中国可能在12年禁令后于2016年购买美国牛肉》). *Bloomberg News*(《彭博新闻》)January 29. www.bloomberg.com/news/articles/2016-01-29/china-may-resume-u-s-beef-imports-in-2016-ending-12-year-ban.

Murdock, G. 1967. "Ethnographic Atlas: A Summary."(《民族志地图集:总结》). *Ethnology*(《民族学》)6:109-236.

Murphy, S. 2009. "Free Trade in Agriculture: A Bad Idea Who's Time Is Done."(《农业自由贸易:时过境迁的馊主意》). *Monthly Review*(《每月评

论》)61(3). monthlyreview. org/2009/07/01/free-trade-in-agriculture-a-bad-idea-whose-time-is-done/.

Nadasdy, P. 2007. "The Gift in the Animal: The Ontology of Hunting and Human-Animal Sociality."(《动物的礼物:狩猎和人类—动物社会性的本体论》). *American Ethnologist*(《美国民族学家》)34:25 – 43.

Nadasdy, P. 2016. "First Nations, Citizenship and Animals, or Why Northern Indigenous People Might Not Want to Live in Zoopolis."(《原住民、公民身份和动物,或为什么北方原住民可能不想住在动物邦城》). *Comparative Studies in Society and History*(《社会与历史比较研究》)49:1 – 20.

Naito, Y., Y. Chikaraishi, D. Drucker, N. Ohkouchi, P. Semal, C. Wißing, and H. Bocherens. 2016. "Ecological Niche of Neanderthals from Spy Cave Revealed by Nitrogen Isotopes of Individual Amino Acids in Collagen."(《通过胶原蛋白中单个氨基酸的氮同位素揭示斯皮洞穴尼安德特人的生态位》). *Journal of Human Evolution*(《人类进化杂志》)93:82 – 90.

Nakajima, T., M. Nakajima, and T. Yamazaki. 2010. "Evidence for Fish Cultivation during the Yayoi Period in Western Japan."(《日本西部弥生时代鱼类养殖的证据》). *International Journal of Osteoarchaeology*(《国际骨考古学杂志》)20:127 – 134.

NaRanong, V. 2007. "Structural Changes in Thailand's Poultry Sector and Its Social Implications."(《泰国家禽业的结构变化及其社会影响》). In *Poultry in the 21st Century: Avian Influenza and Beyond*(《21 世纪的家禽:禽流感及以后》). Rome: Food and Agriculture Organization.

National Archives of Australia. A1658 4/1/6. "Aboriginals—General Dietary Survey—Aboriginal Settlements."(《原住民——一般膳食调查——原住民聚居地》)

National Archives of Australia. E51 1971/1881. "Meetings on Nutrition of Aboriginal Infants and Preschool Children."(《原住民婴儿和学龄前儿童营养会议》)

Navarrete, A., C. van Schaik, and K. Isler. 2011. "Energetics and the Evolution of Human Brain Size."(《能量学和人类大脑大小的演变》). *Nature*(《自然》)480:91 – 93.

NCD Risk Factor Collaboration. 2016. "Trends in Adult Body-Mass Index in 200 Countries from 1975 to 2014: A Pooled Analysis of 1698 Population-Based Measurement Studies with 19. 2 Million Participants."(《1975—2014 年 200 个国家的成人体重指数趋势:对 1698 项基于人口的测量研究的汇总分析,涉及 1920 万个参与者》). *Lancet*(《柳叶刀》)387:1377 – 1396.

Neubauer, S., and J-J. Hublin. 2012. "The Evolution of Human Brain Development."(《人类大脑发育的进化》). *Evolutionary Biology*(《进化生物

学》)39:568–586.

Ngabidj, G., and B. Shaw. 1981. *My Country of the Pelican Dreaming: The Life of an Australian Aborigine of the Gadjerong, Grant Ngabidj, 1904–1977 As Told to Bruce Shaw*(《我的鹈鹕梦之国》). Canberra: Australian Institute of Aboriginal Studies.

Niemitz, C. 2010. "The Evolution of the Upright Posture and Gait: A Review and a New Synthesis."(《直立姿势和步态的演变:回顾和新综述》). *Naturwissenschaften*(《自然科学》)97:241–263.

Niezen, R. 2017. *Truth and Indignation: Canada's Truth and Reconciliation Commission on Indian Residential Schools*, 2nd ed. (《真相与愤怒:加拿大印第安寄宿学校真相与和解委员会》). Toronto: University of Toronto Press.

Nowell, A. 2010. "Working Memory and the Speed of Life."(《工作记忆和生命的速度》). *Current Anthropology*(《当代人类学》)51:S121–S133.

O'Brien, M., and K. Laland. 2012. "Genes, Culture, and Agriculture: An Example of Human Niche Construction."(《基因、文化和农业:人类生态位构建的一个例子》). *Current Anthropology*(《当代人类学》)53:434–470.

Obregon-Tito, A., R. Tito, J. Metcalf, K. Sankaranarayanan, J. Clemente, L. Ursell, Z. Xu, et al. 2015. "Subsistence Strategies in Traditional Societies Distinguish Gut Microbiomes."(《传统社会的生存策略区分了肠道微生物组》). *Nature Communications*(《自然通讯》)6:6505.

O'Connor, A. 2017. "In the Shopping Cart of a Food Stamp Household: Lots of Soda."(《食品券家庭的购物车中:大量苏打水》). *New York Times*(《纽约时报》) January 13. www.nytimes.com/2017/01/13/well/eat/food-stamp-snap-soda.html.

Oma Armstrong, K. 2010. "Between Trust and Dominance: Social Contracts between Humans and Animals."(《信任与支配之间:人类与动物之间的社会契约》). *World Archaeology*(《世界考古学》)42:175–187.

Ostler, J. 1996. "Conquest and the State: Why the United States Employed Massive Military Force to Suppress the Lakota Ghost Dance."(《征服与国家:为什么美国使用大量军事力量来压制拉科塔人的鬼舞》). *Pacific Historical Review*(《太平洋历史评论》)65:217–248.

Ostler, J. 2001. "The Last Buffalo Hunt and Beyond: Plains Sioux Economic Strategies in the Early Reservation Period."(《最后的水牛狩猎及其后:苏族平原早期保留地的经济战略》). *Great Plains Quarterly*(《大平原季刊》)21:115–130.

Outram, A., N. Stear, R. Bendrey, S. Olsen, A. Kasparov, V. Zaibert, N. Thorpe, and R. Evershed. 2009. "The Earliest Horse Harnessing and Milking."(《最早的马驯养和挤奶》). *Science*(《科学》)323:1332–1335.

Padungtod, P., M. Kadohira, and G. Hill. 2008. "Livestock Production and Foodborne Diseases from Food Animals in Thailand."(《泰国的牲畜生产和食用动物引起的食源性疾病》). *Journal of Veterinary Medicine and Science*(《兽医学与科学杂志》)70:873–879.

Pachirat, T. 2011. *Every Twelve Seconds: Industrialized Slaughter and the Politics of Sight*(《每十二秒:工业化屠宰和视觉政治》). New Haven: Yale University Press.

Paterson, A. 2010. "Hunter-Gatherer Interactions with Sheep and Cattle Pastoralists from the Australian Arid Zone."(《猎人—采集者与澳大利亚干旱区的绵羊和牛牧民的互动》). In *Desert Peoples: Archaeological Perspectives*(《沙漠民族:考古学视角》), edited by P. Veth, M. Smith, and P. Hiscock, 276–292. London: Wiley.

Pearson, O. 2013. "Hominin Evolution in the Middle-Late Paleolithic."(《旧石器时代中晚期的人类进化》). *Current Anthropology*(《当代人类学》)54:S221–S233.

Pedersen, M. 2001. "Totemism, Animism, and North Asian Indigenous Ontologies."(《图腾主义、万物有灵论和北亚土著本体论》). *Journal of the Royal Anthropological Institute*(《皇家人类学研究所杂志》)n. s. 7:411–427.

Pelegrin, J. 2009. "Cognition and the Emergence of Language: A Contribution from Lithic Technology."(《认知和语言的出现:来自石器技术的贡献》). In *Cognitive Archaeology and Human Evolution*(《认知考古学与人类进化》), edited by S. de Beaune, F. Coolidge, and T. Wynn, 95–108. Cambridge: Cambridge University Press.

Pelletier, N., and P. Tyedmers. 2010. "Forecasting Potential Global Environmental Costs of Livestock Production 2000–2050."(《预测2000—2050年畜牧生产的潜在全球环境成本》). *Proceedings of the National Academy of Sciences USA*(《美国国家科学院院刊》)107:18371–18374.

Pew Commission on Industrial Farm Animal Production. 2008. *Putting Meat on the Table: Industrial Farm Animal Production in America*(《把肉放在桌子上:美国的工业农场动物生产》). Philadelphia: Pew Charitable Trusts.

Phillips, C., and E. Santurtun. 2013. "The Welfare of Livestock Transported by Ship."(《船运牲畜的福利》). *Veterinary Journal*(《兽医杂志》)196:309–314.

Phillips-Silver, J., and P. Keller. 2012. "Searching for Roots of Entrainment and Joint Action in Early Musical Interactions."(《在早期音乐互动中寻找夹带和联合行动的根源》). *Frontiers in Human Neuroscience*(《人类神经科学前沿》)6:26.

Piketty, T. 2014. *Capital in the Twenty-First Century*(《二十一世纪的资

本》). Translated by A. Goldhammer. Cambridge, MA: Harvard University Press.

Pitts, J. 2005. *A Turn to Empire: The Rise of Imperial Liberalism in Britain and France*(《转向帝国：英国和法国帝国自由主义的兴起》). Princeton: Princeton University Press.

Pollan, M. 2009. "Why Bother?"(《为什么要麻烦?》) In *Food, Inc.: How Industrial Food Is Making Us Sicker, Fatter and Poorer-and What You Can Do about It*(《食品公司：工业化食品如何让我们变得更病、更胖、更穷，以及你能做些什么》), edited by K. Weber, 169–177. New York: Public Affairs.

Pontzer, H. 2012. "Ecological Energetics in Early Homo."(《早期人类的生态能量学》). *Current Anthropology*(《当代人类学》)53: S346–S358.

Pontzer, H. 2015. "Energy Expenditure in Humans and other Primates: A New Synthesis."(《人类和其他灵长类动物的能量消耗：一种新的综合》). *Annual Review of Anthropology*(《人类学年度评论》)44: 169–178.

Pontzer, H., D. Raichlen, A. Gordon, K. Schroepfer-Walker, B. Hare, M. O'Neill, K. Muldoon, et al. 2014. "Primate Energy Expenditure and Life History."(《灵长类动物能量消耗和生命史》). *Proceedings of the National Academy of Sciences USA*(《美国国家科学院院刊》)111: 1433–1437.

Popkin, S., M. Scott, and M. Galvez. 2016. *Impossible Choices: Teens and Food Insecurity in America*(《不可能的选择：美国的青少年和粮食不安全》). Washington, DC: Urban Institute.

Potts, R. 2012a. "Environmental and Behavioral Evidence Pertaining to the Evolution of Early Homo."(《与早期人类进化有关的环境和行为证据》). *Current Anthropology*(《当代人类学》)53: S299–S317.

Potts, R. 2012b. "Evolution and Environmental Change in Early Human Prehistory."(《古人类史前史的进化与环境变化》). *Annual Review of Anthropology*(《人类学年度评论》)41: 151–167.

Poulsen, M., P. McNab, M. Clayton, and R. Neff. 2015. "A Systematic Review of Urban Agriculture and Food Security Impacts in Low-Income Countries." (《低收入国家城市农业和粮食安全影响的系统回顾》). *Food Policy*(《食品政策》)55: 131–146.

Price, C., J. Weitz, V. Savage, J. Stegen, A. Clarke, D. Coomes, P. Dodds, et al. 2012. "Testing the Metabolic Theory of Ecology."(《测试生态学的代谢理论》). *Ecology Letters*(《生态快报》)15: 1465–1474.

Provenza, F., M. Meuret, and P. Gregorini. 2015. "Our Landscapes, Our Livestock, Ourselves: Restoring Broken Linkages among Plants, Herbivores, and Humans with Diets That Nourish and Satiate."(《我们的风景、我们的牲畜、我们自己：通过营养和饱足的饮食，恢复植物、食草动物和人类之间断裂的联

系》).Appetite(《食欲》)95:500 – 519.

Raichlen, D., and J. Polk. 2013. "Linking Brains and Brawn: Exercise and the Evolution of Human Neurobiology."(《连接大脑和肌肉:运动和人类神经生物学的进化》).Proceedings of the Royal Society B(《皇家学会会刊 B 辑》)280:20122250.

Ravallion, M., S. Chen, and P. Sangraula. 2007. "The Urbanization of Global Poverty."(《全球贫困的城市化》).World Bank Research Digest(《世界银行研究文摘》)1(4):1, 8.

Read, P. 2003. "How Many Separated Aboriginal Children?"(《有多少离散的原住民儿童》).Australian Journal of Politics and History(《澳大利亚政治与历史杂志》)49:155 – 163.

Reid, K. 2003. "Setting Women to Work: The Assignment System and Female Convict Labor in Van Diemen's Land, 1820 – 1839."(《让女性工作:1820—1839 年范迪门土地上的分配制度和女性囚犯劳动》).Australian Historical Studies(《澳大利亚历史研究》)34:1 – 25.

Roberts, A., and S. Thorpe. 2014. "Challenges to Human Uniqueness: Bipedalism, Birth and Brains."(《人类独特性的挑战:双足行走、出生和大脑》).Journal of Zoology(《动物学杂志》)292:281 – 289.

Roebroeks, W., and M. Soressi. 2016. "Neandertals Revised."(《改变的尼安德特人》).Proceedings of the National Academy of Sciences USA(《美国国家科学院院刊》)113:6372 – 6379.

Romer, P. 2016. "Trouble with Macroeconomics."(《宏观经济学的问题》). Update [blog post], September 21. paulromer. net/trouble-with-macroeconomics-update/.

Rose, C. 1994. Property and Persuasion: Essays on the History, Theory, and Rhetoric of Ownership(《财产和说服:关于所有权的历史、理论和修辞的论文》). Boulder, CO: Westview.

Rose, D. 1992. Dingo Made Us Human: Life and Land in an Australian Aboriginal Culture(《野狗使我们成为人类:澳大利亚原住民文化中的生活和土地》). Cambridge: Cambridge University Press.

Rosenberg, K. 2012. "How We Give Birth Contributes to the Rich Social Fabric That Underlies Human Society."(《我们如何生育有助于构成人类社会基础的丰富社会结构》).Evolutionary Anthropology(《进化人类学》)21:190.

Roussel, M., M. Soressi, and J-J. Hublin. 2016. "The Châtelperronian Conundrum: Blade and Bladlet Lithic Technologies from Quinçay, France."(《夏特伯龙难题:来自法国昆塞的刀片和细石器技术》).Journal of Human Evolution(《人类进化杂志》)95:13 – 32.

Rowse, T. 1998. White Flour, White Power: From Rations to Citizenship in

Central Australia(《白面粉,白色力量:从澳大利亚中部的口粮到公民身份》). Cambridge: Cambridge University Press.

Ryan, L. 2013. "The Black Line in Van Diemen's Land: Success or Failure?"(《范迪门的黑线:成功还是失败?》). *Journal of Australian Studies*(《澳大利亚研究杂志》)37:1 – 8.

Sahlins, M. (1972) 2000. *Culture in Practice: Selected Essays*(《实践中的文化:论文选集》). New York: Zone.

Samman, E., ed. 2013. "Eradicating Global Poverty: A Noble Goal, But How Do We Measure It?"(《消除全球贫困:一个崇高的目标,但我们如何衡量它?》). *Development Progress*(《发展进程》) June 1. London: Overseas Development Institute.

Sassen, S. 2006. *Territory, Authority, Rights: From Medieval to Global Assemblages*(《领土、权威、权利:从中世纪到全球组合》). Princeton: Princeton University Press.

Sassen, S. 2013. "Land Grabs Today: Feeding the Disassembling of National Territory."(《今日土地掠夺:助长国家领土的分解》). *Globalizations*(《全球化》) 10:25 – 46.

Sattherthwaite, D. 2007. *The Transition to a Predominantly Urban World and Its Underpinnings*(《向主要城市世界的过渡及其基础》). London: International Institute for Environment and Development.

Sayers, K., M. Raghanti, and C. Lovejoy. 2012. "Human Evolution and the Chimpanzee Referential Doctrine."(《人类进化与黑猩猩参照学说》). *Annual Review of Anthropology*(《人类学年度评论》) 41:119 – 138.

Schieffelin, E., and R. Crittenden, eds. 1991. *Like People You See in a Dream: First Contact in Six Papuan Societies*(《就像你在梦中看到的人:六个巴布亚社会的第一次接触》). Stanford: Stanford University Press.

Schneider, M. 2017. "Dragon Head Enterprises and the State of Agribusiness in China."(《龙头企业与中国农业综合企业状况》). *Journal of Agrarian Change*(《土地变化杂志》) 17:3 – 21.

Schneyer, J. 2011. "Commodity Traders: The Trillion Dollar Club."(《商品交易者:万亿美元俱乐部》). Reuters(路透社) October 28. www.reuters.com/article/us-commodities-houses-idUSTRE79R4S320111028.

Schwartz, G. 2012. "Growth, Development, and Life History throughout the Evolution of Homo."(《整个人类进化过程中的生长、发展和生活史》). *Current Anthropology*(《当代人类学》) 53:S395 – S408.

Scott, J. 2009. *The Art of Not Being Governed: An Anarchist History of Upland Southeast Asia*(《不受治理的艺术:东南亚高地的无政府主义历史》). New Haven: Yale University Press.

Scott, J. 2016. "Tasmania to Get First Direct Flight to China (But Only for Milk)."［《塔斯马尼亚将首次直飞中国（但仅限牛奶）》］. *Bloomberg News*（《彭博新闻》）October 26. www. bloomberg. com/news/articles/2016-10-26/tasmania-to-get-first-direct-flight-to-china-but-only-for-milk.

Sedgman, P. 2015. "Australia Signs Agreement to Feed China's Surging Cattle Demand."(《澳大利亚签署协议以满足中国不断增长的牛肉需求》). *Bloomberg News*(《彭博新闻》) July 20. www. bloomberg. com/news/articles/2015-07-20/australia-signs-agreement-to-feed-china-s-surging-cattle-demand.

Sen, A. 1981. *Poverty and Famines: An Essay on Entitlement and Deprivation*（《贫困和饥荒：关于权利和剥夺的论文》）. Oxford: Oxford University Press.

Shannon, L., R. Boyko, M. Castelhano, E. Corey, J. Hayward, C. McLean, M. White, et al. 2015. "Genetic Structure of Village Dogs Reveals a Central Asia Domestication Origin."(《乡村犬的遗传结构揭示了中亚驯化起源》). *Proceedings of the National Academy of Sciences USA*(《美国国家科学院院刊》) 112:13639 – 13644.

Shea J. 2011. "Homo sapiens Is as Homo sapiens Was: Behavioral Variability Versus Behavioral Modernity in Paleolithic Archaeology."(《智人如昔：旧石器时代考古学中的行为变异性与行为现代性》). *Current Anthropology*(《当代人类学》) 52:1 – 35.

Sheridan, T. 2007. "Embattled Ranchers, Endangered Species, and Urban Sprawl: The Political Ecology of the New American West."(《陷入困境的牧场主、濒危物种和城市蔓延：新美国西部的政治生态》). *Annual Review of Anthropology*(《人类学年度评论》) 36:121 – 138.

Sherman, H. 1950. *The Nutritional Improvement of Life*(《生命的营养改善》). New York: Columbia University Press.

Shipman, P. 2010. "The Animal Connection and Human Evolution."(《动物联系和人类进化》). *Current Anthropology*(《当代人类学》) 51:519 – 538.

Skillen, J. 2008. "Closing the Public Lands Frontier: The Bureau of Land Management, 1961 – 1969."(《关闭公共土地边界：土地管理局,1961—1969年》). *Journal of Policy History*(《当代人类学》) 20:419 – 445.

Smil, V. 2014. "Eating Meat: Constants and Changes."(《吃肉：常数和变化》). *Global Food Security*(《全球粮食安全》)3: 67 – 71.

Smith, B. 2001. "Low-Level Food Production."(《低水平粮食生产》). *Journal of Archaeological Research*(《考古研究杂志》)9:1 – 43.

Smith, P. 2016. "Suicide Crisis among Indigenous Australians Tests Rural Services."(《澳大利亚原住民的自杀危机考验着农村服务》). *British Medical*

Journal(《英国医学杂志》)354:4652.

Smith, P., and R. Smith. 1999. "Diets in Transition: Hunter-Gatherer to Station Diet and Station Diet to the Self-Select Store Diet."(《转型中的饮食:猎人—采集者到站饮食和到自选商店饮食》). *Human Ecology*(《人类生态学》) 27:115–133.

Solomon, H. 2015. "'The Taste No Chef Can Give': Processing Street Food in Mumbai."(《"厨师无法提供的味道":在孟买加工街头食品》). *Cultural Anthropology*(《文化人类学》) 30:65–90.

Song, Y., and W. Sun. 2016. "Health Consequences of Rural-to-Urban Migration: Evidence from Panel Data in China."(《农村向城市迁移的健康后果:来自中国小组数据的证据》). *Health Economics*(《卫生经济学》) 25:1252–1267.

Specht, J. 2016. "The Rise, Fall, and Rebirth of the Texas Longhorn: An Evolutionary History."(《得克萨斯长角牛的兴起、衰落和重生:进化史》). *Environmental History*(《环境史》) 21:43–363.

Springmann, M., H. Godfray, M. Rayner, and P. Scarborough. 2016. "Analysis and Valuation of the Health and Climate Change Cobenefits of Dietary Change."(《饮食变化对健康和气候变化的协同效益的分析和评估》). *Proceedings of the National Academy of Sciences USA*(《美国国家科学院院刊》) 113:4146–4151.

Stanner, W. (1966)1978. *White Man Got No Dreaming: Essays 1938–1973*(《白人没有做梦:1938—1973 年的论文》). Canberra: Australian National University Press.

Starmer, E., and T. Wise. 2007. "Feeding at the Trough: Industrial Livestock Firms Saved ＄35 Billion from Low Feed Prices."(《在低谷饲养:工业畜牧企业从饲料低价中节省了 350 亿美元》). Policy Brief No. 07–03. Cambridge, MA: Global Development and Environment Institute, Tufts University. www.ase.tufts.edu/gdae/Pubs/rp/PB07-03FeedingAtTroughDec07.pdf

Steinfeld, H., P. Gerber, T. Wassenaar, V. Castel, M. Rosales, and C. de Haan. 2006. *Livestock's Long Shadow: Environmental Issues and Options*(《家畜的长影:环境问题和选择》). Rome: Food and Agriculture Organization.

Stevens, F. 1974. *Aborigines in the Northern Territory Cattle Industry*(《北领地养牛业的原住民》). Canberra: Australian Institute of Aboriginal Studies.

Stiner, M. 2013. "An Unshakable Middle Paleolithic? Trends versus Conservatism in the Predatory Niche and Their Social Ramifications."(《不可动摇的旧石器时代中期?掠夺性生态位的趋势与保守主义及其社会后果》). *Current Anthropology*(《当代人类学》) 54:S288–S304.

Stiner, M., R. Barkai, and A. Gopher. 2009. "Cooperative Hunting and Meat Sharing 400–200 kya at Qesem Cave, Israel."(《以色列奎舍姆洞穴的合作狩猎和肉类分享：40—20 万年前》). *Proceedings of the National Academy of Sciences USA*(《美国国家科学院院刊》) 106:13207–13212.

Stiner, M., N, Munro, and T. Surovell T. 2000. "The Tortoise and the Hare: Small-Game Use, the Broad-Spectrum Revolution, and Paleolithic Demography."(《乌龟和野兔：小游戏的使用、广谱革命和旧石器时代的人口统计学》). *Current Anthropology*(《当代人类学》) 41:39–79.

Streeck, W. 2016. *How Will Capitalism End?* (《资本主义将如何终结?》) London: Verso.

Stringer, D. 2016. "China May Have a Thing or Two to Teach Australia about Wool."(《关于羊毛，中国或将向澳大利亚传授一些经验》). *Bloomberg News*(《彭博新闻》) May 23. www.bloomberg.com/news/articles/2016-05-23/china-tycoon-saves-australia-lambs-to-show-perks-of-foreign-cash.

Ströhle, A., and A. Hahn. 2011. "Diets of Modern Hunter-Gatherers Vary Substantially in Their Carbohydrate Content Depending on Ecoenvironment: Results from an Ethnographic Analysis."(《现代狩猎—采集者的饮食在碳水化合物含量上有很大差异，这取决于生态环境：人类学分析的结果》). *Nutrition Research*(《营养研究》) 31:429–435.

Tacconelli, W., and N. Wrigley. 2009. "Organizational Challenges and Strategic Responses of Retail TNCs in Post-WTO-Entry China."(《加入 WTO 后零售跨国公司的组织挑战与战略应对》). *Economic Geography*(《经济地理学》) 85:49–73.

Tacoli, C., B. Bukhari, and S. Fisher S. 2013. *Urban Poverty, Food Security and Climate Change*(《城市贫困、粮食安全和气候变化》). London: International Institute for Environment and Development.

Tatoian, E. 2015. "Animals in the Law: Occupying a Space between Legal Personhood and Personal Property."(《法律中的动物：占据法人资格和个人财产之间的空间》). *Journal of Environmental Law and Litigation*(《环境法与诉讼杂志》) 31:147–166.

Temple, D. 2010. "Patterns of Systemic Stress during the Agricultural Transition in Prehistoric Japan."(《史前日本农业转型期间的系统性压力模式》). *American Journal of Physical Anthropology*(《美国体质人类学杂志》) 142:112–124.

Terrell, J., J. Hart, S. Barut, N. Cellinese, A. Curet, T. Denham, C. Kusimba, et al. 2003. "Domesticated Landscapes: The Subsistence Ecology of Plant and Animal Domestication."(《驯化景观：动植物驯化的生存生态学》). *Journal of Archaeological Method and Theory*(《考古方法与理论杂志》)

10:323-368.

Thomas, J., Robinson L, Armitage R. 2016. "'Australian Cattle' Being Bludgeoned to Death in Vietnam Sparks Government Investigation."(《"澳大利亚牛"在越南被打死引发政府调查》). ABC News, June 16. www.abc.net.au/news/2016-06-16/australian-cattle-bludgeoned-with-sledgehammer-in-vietnam/7516326.

Thornton, P. 2010. "Livestock Production: Recent Trends, Future Prospects."(《牲畜生产：近期趋势，未来前景》). *Philosophical Transactions of the Royal Society B*(《皇家学会哲学会刊 B 辑》) 365:2853-2867.

Tilman, D., and M. Clark. 2014. "Global Diets Link Environmental Sustainability and Human Health."(《全球饮食将环境可持续性与人类健康联系起来》). *Nature*(《自然》) 515:518-522.

Tobler, R., A. Rohrlach, J. Soubrier, P. Bover, B. Llamas, J. Tuke, N. Bean, et al. 2017. "Aboriginal Mitogenomes Reveal 50,000 Years of Regionalism in Australia."(《原住民微基因组揭示澳大利亚五万年的地域主义》). *Nature*(《自然》) 544:180-184.

Tomasello, M. 2008. *Origins of Human Communication*(《人类交流的起源》). Cambridge, MA: MIT Press.

Tonkinson, R. 1974. *Aboriginal Victors of the Desert Crusade*(《沙漠十字军的原住民胜利者》). Menlo Park, CA: Cummings.

Tresset, A., and J-D. Vigne. 2011. "Last Hunter-Gatherers and First Farmers of Europe."(《欧洲最后的狩猎—采集者和第一批农民》). *Comptes Rendues Biologies*(《生物学期刊》) 334:182-189.

Trut, L., I. Oskina, and A. Kharlamova. 2009. "Animal Evolution during Domestication: The Domesticated Fox as a Model."(《驯化过程中的动物进化：作为模型的驯化狐狸》). *Bioessays*(《生物论文》) 31:349-360.

Tsai, M., director. 2013. *Stray Dogs*(《流浪狗》). Homegreen Films, digital video.

Ungar, P. 2012. "Dental Evidence for the Reconstruction of Diet in African Early Homo."(《非洲早期人类饮食重建的牙齿证据》). *Current Anthropology*(《当代人类学》) 53:S318-S329.

Ungar, P., F. Grine, and M. Teaford. 2006. "Diet in Early Homo: A Review of the Evidence and a New Model of Adaptive Versatility."(《古人类的饮食：证据回顾和适应性多功能性的新模型》). *Annual Review of Anthropology*(《人类学年度评论》) 35:209-228.

Ungar, P., and M. Sponheimer. 2011. "The Diets of Early Hominins."(《古人类的饮食》). *Science*(《科学》) 334:190-193.

Ungar, P., and M. Sponheimer. 2013. "Hominin Diets."(《古人类的饮

食》). In *A Companion to Paleoanthropology* (《古人类学》), edited by D. Begun, 165 – 182. Hoboken, NJ: Wiley.

Valerio Mendoza, O. 2016. "Preferential Policies and Income Inequality: Evidence from Special Economic Zones and Open Cities in China."(《优惠政策和收入不平等:来自中国经济特区和开放城市的证据》). *China Economic Review* (《中国经济评论》) 40:228 – 240.

Vallverdú, J., M. Vaquero, I. Cáceres, E. Allué, J. Rosell, P. Saladié, G. Chacón, et al. 2010. "Sleeping Activity Area within the Site Structure of Archaic Human Groups: Evidence from Abric Romaní Level N Combustion Activity Areas."(《古代人类群体遗址结构内的睡眠活动区:来自阿布里克-罗曼尼 N 级燃烧活动区的证据》). *Current Anthropology*(《当代人类学》) 51:137 – 145.

Vander Stichele, M. 2012. "Challenges for Regulators: Financial Players in the (Food) Commodities Derivatives Markets."(《监管机构面临的挑战:(食品)商品衍生品市场中的金融参与者》). SOMO Briefing Paper, November. Amsterdam: Stichting Onderzoek Multinationale Ondernemingen (Centre for Research on Multinational Corporations).

Van Wijk, M. 2014. "From Global Economic Modeling to Household Level Analyses of Food Security and Sustainability: How Big Is the Gap and Can We Bridge It?"(《从全球经济模型到家庭层面的粮食安全和可持续性分析:差距有多大,我们能弥补吗?》). *Food Policy*(《食品政策》) 49:378 – 388.

Vermeulen, S., B. Campbell, and J. Ingram. 2012. "Climate Change and Food Systems."(《气候变化和粮食系统》). *Annual Review of Environment and Resources*(《环境与资源年度评论》) 37:195 – 222.

Vigne, J-D. 2011. "The Origins of Animal Domestication and Husbandry: A Major Change in the History of Humanity and the Biosphere."(《动物驯化和畜牧业的起源:人类和生物圈历史的重大变化》). *Comptes Rendues Biologies*(《生物学期刊》) 334:171 – 181.

Vigne, J-D. 2015. "Early Domestication and Farming: What Should We Know or Do for a Better Understanding?"(《早期驯化和农业:为了更好地理解,我们应该知道什么或做什么?》). *Anthropozoologica*(《人类动物学》) 50:123 – 150.

Vigne, J-D., and D. Helmer. 2007. "Was Milk a 'Secondary Product' in the Old World Neolithisation Process? Its Role in the Domestication of Cattle, Sheep and Goats."(《牛奶是旧大陆新石器化过程中的"次要产品"吗? 牛奶在牛、绵羊和山羊驯化中的作用》). *Anthropozoologica*(《人类动物学》) 42:9 – 40.

Villmoare, B., W. Kimbel, C. Seyoum, C. Campisano, W. DiMaggio, J. Rowan, D. Braun, J. Arrowsmith, and K. Reed. 2015. "Early Homo at 2.8

Ma from Ledi-Geraru, Afar, Ethiopia."(《来自埃塞俄比亚阿法尔州里地—葛拉卢的2.8万年前的古人类》). *Science*(《科学》) 347:1352 – 1355.

Wagner, J., S. Archibeque, and D. Feuz. 2014. "The Modern Feedlot for Finishing Cattle."(《用于育肥牛的现代饲养场》). *Annual Review of Animal Biosciences*(《动物生物科学年度评论》) 2:535 – 554.

Walker, A., M. Zimmerman, and R. Leakey. 1982. "A Possible Case of Hypervitaminosis A in Homo erectus."(《直立人维生素A过多症的一个可能案例》). *Nature*(《自然》) 296:248 – 250.

Wang, C., G. Wan, and D. Yang. 2014. "Income Inequality in the People's Republic of China: Trends, Determinants, and Proposed Remedies."(《中国的收入不平等:趋势、决定因素和建议的补救措施》). *Journal of Economic Surveys*(《经济调查杂志》) 28:686 – 708.

Wang, E. 2011. "Understanding the 'Retail Revolution' in Urban China: A Survey of Retail Formats in Beijing."(《了解中国城市的"零售革命":北京零售业态调查》). *Services Industry Journal*(《服务业杂志》) 31:169 – 194.

Ward, P. 2016. "Transient Poverty, Poverty Dynamics, and Vulnerability to Poverty: An Empirical Analysis Using a Balanced Panel from Rural China."(《暂时性贫困、贫困动态和贫困脆弱性:使用中国农村均衡小组的实证分析》). *World Development*(《世界发展》) 78:541 – 553.

Warinner, C., and C. Lewis. 2015. "Microbiome and Health in Past and Present Human Populations."(《过去和现在人类的微生物组与健康》). *American Anthropologist*(《美国人类学家》) 117:740 – 741.

Waterlow, J. 1986. "Metabolic Adaptation to Low Intakes of Energy and Protein."(《对低能量和蛋白质摄入量的代谢适应》). *Annual Review of Nutrition*(《营养年度评论》) 6:495 – 526.

Weaver, J. 1996. "Beyond the Fatal Shore: Pastoral Squatting and the Occupation of Australia, 1826 to 1852."(《超越致命的海岸:牧区占领和澳大利亚的占领,1826—1852年》). *American Historical Review*(《美国历史评论》) 101:981 – 1007.

Webster, P. 2016. "Canada's Indigenous Suicide Crisis."(《加拿大的原住民自杀危机》). *Lancet*(《柳叶刀》) 387:2494.

Weigel, M. 2016. "Slow Wars."(《缓慢的战争》) n + 1 25. nplusonemag.com/issue-25/essays/slow-wars/.

Weis, T. 2013. "The Meat of the Global Food Crisis."(《全球粮食危机的实质》). *Journal of Peasant Studies*(《农民研究杂志》)40:65 – 85.

Weise, K. 2015. "Inside Queensland's Brutal Cattle Cull."(《昆士兰野牛淘汰的内幕》). *Bloomberg News*(《彭博新闻》) www.bloomberg.com/features/2015-global-drought-stories/#australia.

Weiss, L., E. Thurbon, and J. Mathews. 2006. "Free Trade in Mad Cows: How to Kill a Beef Industry."(《疯狂的牛肉自由贸易：如何扼杀牛肉产业》). *Australian Journal of International Affairs*(《澳大利亚国际事务杂志》) 60:376–399.

Wellesley, L., C. Happer, and A. Froggat. 2015. *Changing Climate, Changing Diets: Pathways to Lower Meat Consumption*(《气候变化与饮食变化：降低肉类消费的途径》). London: Chatham House.

Weyrich, L., S. Duchene, J. Soubrier, L. Arriola, B. Llamas, J. Breen, A. Morris, et al. 2017. "Neanderthal Behaviour, Diet, and Disease Inferred from Ancient DNA in Dental Calculus."(《从牙齿化石中的 DNA 推断出的尼安德特人行为、饮食和疾病》). *Nature*(《自然》) 544:357–361.

White, R. 1983. *The Roots of Dependency: Subsistence, Environment, and Social Change among the Choctaws, Pawnees, and Navajos*(《依赖的根源：乔克托人、波尼人和纳瓦霍人的生存、环境和社会变革》). Lincoln: University of Nebraska Press.

White, S. 2011. "From Globalized Pig Breeds to Capitalist Pigs: A Study in Animal Cultures and Evolutionary History."(《从全球化猪种到资本主义猪：动物文化和进化史研究》). *Environmental History*(《环境史》) 16:94–120.

Whitley, A. 2015. "The Real Cattle Class: Cows Fly to China on 747s."(《真正的牛类：奶牛乘坐 747 飞机飞往中国》). *Bloomberg News*(《彭博新闻》) November 8. www.bloomberg.com/news/articles/2015-11-08/the-real-cattle-class-747-full-of-cows-feeds-china-beef-craving.

Whitley, A. 2016. "China's Money Could Help Kill Two Cows Every Minute in Australia."(《中国的钱可以帮助澳大利亚每分钟杀死两头牛》). *Bloomberg News*(《彭博新闻》) March 29. www.bloomberg.com/news/articles/2016-03-29/china-s-money-could-help-kill-two-cows-every-minute-in-australia.

Wiessner, P. 2014. "Embers of Society: Firelight Talk among the Ju/'hoansi Bushmen."(《社会的余烬》). *Proceedings of the National Academy of Sciences USA*(《美国国家科学院院刊》) 111:14027–14035.

Wild, R., and P. Anderson. 2007. Ampe Akelyernemane Meke Mekarle: "Little Children Are Sacred."(《小孩子是神圣的》). Report of the Northern Territory Board Inquiry into the Protection of Aboriginal Children from Sexual Abuse. Darwin: Northern Territory Government.

Wiley, A. 2007. "The Globalization of Cow's Milk Production and Consumption: Biocultural Perspectives."(《牛奶生产和消费的全球化：生物文化视角》). *Ecology of Food and Nutrition*(《食物与营养生态学》) 46:281–312.

Willerslev, R., P. Vitebsky, and A. Alekseyev. 2014. "Sacrifice as the Ideal Hunt: A Cosmological Explanation for the Origin of Reindeer

Domestication."(《作为理想狩猎的牺牲:驯鹿驯化起源的宇宙论解释》). *Journal of the Royal Anthropological Association*(《皇家人类学协会杂志》) n. s. 21:1-23.

Wilson, P. 1988. *The Domestication of the Human Species*(《人类物种的驯化》). New Haven: Yale University Press.

Wilson, W. 1951a. *Dietary Survey of Aboriginals in the Northern Territory*(《北部地区原住民饮食调查》). Canberra: Commonwealth Department of Health.

Wilson, W. 1951b. *Dietary Survey of Aboriginals in Western Australia, 1951*(《西澳大利亚原住民饮食调查,1951 年》). Canberra: Commonwealth Department of Health.

Woodburn, J. 1982. "Egalitarian Societies."(《平等主义社会》). *Man*(《男子》) n. s. 17:431-451.

Wrangham, R., J. Jones, G. Laden, D. Pilbeam, and N. Conklin-Brittain. 1999. "The Raw and the Stolen: Cooking and the Ecology of Human Origins."(《生的和被盗的:烹饪和人类起源的生态学》). *Current Anthropology*(《当代人类学》) 40:567-594.

Wright, W., and S. Muzzatti. 2007. "Not in My Port: The 'Death Ship' of Sheep and Crimes of Agri-Food Globalization."(《不在我的港口:绵羊的"死亡之船"和农业食品全球化的罪行》). *Agriculture and Human Values*(《农业与人类价值》) 24:133-145.

Wroe, S., J. Field, M. Archer, D. Grayson, G. Price, J. Louys, J. Faith, G. Webb, I. Davidson, and S. Mooney. 2013. "Climate Change Frames Debate over the Extinction of Megafauna in Sahul (Pleistocene Australia-New Guinea)."(《气候变化引发有关萨胡尔大陆巨型动物灭绝的辩论(更新世澳大利亚—新几内亚)》). *Proceedings of the National Academy of Sciences USA*(《美国国家科学院院刊》) 110:8777-8781.

Wurgaft, B. 2019. *Meat Planet: Artificial Flesh and the Futures of Food*(《肉食星球:人造肉和食物的未来》). Berkeley: University of California Press.

Wurz, S. 2013. "Technological Trends in the Middle Stone Age of South Africa between MIS 7 and MIS 3."(《MIS 7 和 MIS 3 之间南非中石器时代的技术趋势》). *Current Anthropology*(《当代人类学》) 54:S305-S319.

Wynn, T., and F. Coolidge. 2010. "Beyond Symbolism and Language."(《超越象征主义和语言》). *Current Anthropology*(《当代人类学》) 51:S5-S16.

Xie, R., C. Sabel, X. Lu, W. Zhu, H. Kan, C. Nielsen, and H. Wang. 2016. "Long-Term Trend and Spatial Pattern of PM2.5 Induced Premature Mortality in China."(《中国 PM2.5 诱发早产儿死亡率的长期趋势和空间模

式》). *Environment International*(《环境国际》) 97:180 – 186.

Xu, X., L. Han, and X. Lu. 2016. "Household Carbon Inequality in Urban China, Its Sources and Determinants."(《中国城市家庭碳不平等及其来源和决定因素》). *Ecological Economics*(《生态经济学》) 128:77 – 86.

Yang, J., and M. Qiu. 2016. "The Impact of Education on Income Inequality and Intergenerational Mobility."(《教育对收入不平等和代际流动的影响》). *China Economic Review*(《中国经济评论》) 37:110 – 125.

Yang, P. 2016. "The History of the Shanghai Containerized Freight Index (SCFI)."(《上海集装箱货运指数(SCFI)的历史》). Flexport Blog. www.flexport.com/blog/shanghai-containerized-freight-index-scfi-history/.

Yao, S., D. Luo, and J. Wang. 2014. "Housing Development and Urbanization in China."(《中国住房发展与城镇化》). *World Economy*(《世界经济》) 37:481 – 500.

Yuan, H. 2016. "China Eats So Much Pork These Feed Producers Became Billion-aires."(《中国吃这么多猪肉,这些饲料生产商成了亿万富翁》). *Bloomberg News*(《彭博新闻》) May 11. www.bloomberg.com/news/articles/2016-05-11/china-eats-so-much-pork-these-feed-producers-became-billionaires.

Zappia, N. 2016. "Revolutions in the Grass: Energy and Food Systems in Continental North America, 1763 – 1848."(《草地上的革命:北美大陆的能源和食品系统,1763—1848 年》). *Environmental History*(《环境史》) 21:30 – 53.

Zeder, M. 2012. "The Domestication of Animals."(《动物的驯化》). *Journal of Anthropological Research*(《人类学研究杂志》)68:161 – 190.

Zeder, M. 2016. "Domestication as a Model System for Niche Construction Theory."(《驯化是利基构建理论的模型系统》). *Evolutionary Ecology*(《进化生态学》) 30:325 – 348.

Zezza, A., and L. Tasciotti. 2010. "Urban Agriculture, Poverty, and Food Security: Empirical Evidence from a Sample of Developing Countries."(《城市农业、贫困和粮食安全:来自发展中国家样本的实证证据》). *Food Policy*(《食品政策》) 35:265 – 273.

Zhang, C. 2015. "Income Inequality and Access to Housing: Evidence from China."(《收入不平等和住房获取:来自中国的证据》). *China Economic Review*(《中国经济评论》) 36:261 – 271.

Zhang, J., G. Harbottle, C. Wang, and Z. Kong. 1999. "Oldest Playable Musical Instruments Found at Jiahu Early Neolithic Site in China."(《中国贾湖早期新石器时代遗址发现的最古老的可演奏乐器》). *Nature*(《自然》) 401:366 – 368.

Zhang, Z., and X. Wu. 2017. "Occupational Segregation and Earnings Inequality: Rural Migrants and Local Workers in China."(《职业隔离和收入不

平等:中国的农民工和当地工人》). *Social Science Research*(《社会科学研究》)61:57 – 74.

Zhuang, Y. 2015. "Neolithisation in North China: Landscape and Geoarchaeological Perspectives."(《华北新石器时代:景观和地质考古学视角》). *Environmental Archaeology*(《环境考古学》) 20:251 – 264.

Zilio, C. 2014. "Moving toward Sustainability in Refrigeration Applications for Refrigerated Warehouses."(《冷藏库制冷应用向可持续发展迈进》). *HVAC&R Research* 20:1 – 2.

中文版后记

一年的时间,变化竟然如此之大。写这篇后记的时候,是2020年的11月,厨房窗外的景色和四年前一样,我当时站在同一张厨房操作台前,写着《肉食之谜》的第六章"同化"。次年1月,当我再回到这张临时书桌上写第七章和第八章时,变化还没有这么大。然而,自《肉食之谜》在英语世界问世以来的13个月里,关于动物性食物在我们的生活中所起的作用或者应该起到什么作用的问题,我们的观念已经发生了巨大变化——这里,我再一次很自信地使用了广义的"我们",因为它唤起了大多数人在某些方面的共同经历。

观念转变的部分原因是新冠病毒介入了我们的生活。窗外的情景没有太多变化,但所有商店入口处的标志提醒人们必须戴上口罩才能入内,必须遵守店内对顾客流量的严格限定,以及不要触碰任何不打算购买的物品。这是在柏林,生活还算正常。我在纽约度过了上半年,那里局势变得愈发紧张——正如我写的那样,局势再次恶化。杰西(我的同居人,本书序曲中提到)目前居住在犹他州的盐湖城,那里日常生活的方方面面都在一定程度上受到了疫情的影响。

现在回想起来,关于牲畜工业化经营所造成的人畜共患病的威胁,本书竟然几乎没有关注。第七章结尾的文字至多算是延伸思考,而不是论点,只是讨论了人类与我们赖以生存的群居脊椎动物之间"更亲密的耦合"形式。我写道:"如今,地方性人畜共患病是造成人类衰弱和死亡的最大原因,每年约有 10 亿人患病,其中大部分集中在世界较贫穷地区。与此同时,高致命性流行病对富裕和不那么富裕地区的居民都构成了越来越大的威胁。高致命性人畜共患病(如禽流感)的风险增加,这与圈养模式下的饲养密度增加、牲畜基因多样性的减少以及生理耐受性降低密切相关。"

在第八章的结尾,我提到了城郊菜市场的污秽、肮脏,而不是市政当局为控制这些市场所做的努力——尽管我对小贩是绝对同情的,尽管看到许多摊位售卖的动物被捕获、被宰杀,我也感到痛苦。但我没有追问现在看来一个很明显的问题:如果其中的一种人畜共患病发展成人传人的蔓延性趋势,结果会怎么样? 如果人畜共患病导致的体弱和死亡在富裕世界里变得越发明显,出现第七章所描述的远程商品链经济陷入近乎停滞的境地,又会怎么样?

我在《肉食之谜》中一而再再而三地错过了讨论流行病的机会。在第四章讨论动物驯化的营养意义时,我写道:"成群饲养动物使人类接触到一系列新的人畜共患病。今天,人类 60% 的传染病是由其他群居脊椎动物中的病原体引起的。我们听到的往往是家畜流行病(错了,实际上是人畜共患病),也就是说,在人之间的传播率很高。但从历史上来看,地方性动物疾病,即动物传染到人类的稳定传播模式的病原体,占了人类慢性传染性疾病的大部分,驯养的畜群是主要来源。"

这里,我再次强调了点滴效应,即一次性持续接触跨物种的新型病原体,甚至没有费心描述如果一个或数个此类事件发生突变而导致病原体在人之间传播,将会发生什么。我只见树木不见森林,或者你也可以说,只见羊不见羊群。

去年发生的另一个变化,是我在思考肉食问题的 9 年多时间里没有预见到的。一年前,我应邀为一家财经报纸撰写专栏文章:

如果你认为我们已经进入了后肉食时代，这可以理解。今年4月，"Impossible Foods"公司（美国人造肉汉堡生产商）宣布了终极品牌合作伙伴：汉堡王。几周后"Impossible Foods"的竞争对手"Beyond Meat"（植物肉生产商）在纳斯达克上市，发行价为25美元，以69美元收盘。麦当劳已宣布与雀巢公司合作，在其零售店推出植物肉。泰森食品公司计划推出自己的"替代蛋白产品"。与此同时，非洲猪瘟的爆发对价值1280亿美元的中国猪肉市场造成严重破坏。关于植物性饮食对健康益处的研究不断涌现——最近，美国一项对16000多名参与者跟踪近9年的前瞻性研究发现，坚持植物性饮食可把心力衰竭的风险降低40%。

这些信号并不都指向同一个方向。泰森食品公司可能正在测试"蛋白块"，但同时也在泰国收购肉鸡饲养棚。巴西亚马逊地区的原住民发现自己深受政府困扰，后者渴望国外增加对牧场和饲料生产投资。中国蒙牛乳业与可口可乐公司签署了一份为期12年、价值30亿美元的协议，成为国际奥委会的官方"饮料合作伙伴"。

还有，当阿诺·施瓦辛格（Arnold Schwarzenegger）和综合格斗（MMA）冠军詹姆斯·威尔克斯（James Wilks）在纪录片《素食者联盟》（The Game Changers）的镜头中夸赞植物性饮食的优点时，不难想象，正如我的一位同事所言，大型蛋白质食品公司（Big Protein）的首席执行官们会惊慌失措（他用了一个更生动的说法）。

我接着提醒说，植物性蛋白的新供应商们"占据的只是蛋白质市场的一小部分"，并拿我在浦东的经历作为对比。

在过去的 10 年里,北大西洋和环太平洋地区富有的消费者已经养成了恋食癖,正如斯蒂芬·马奇在《洛杉矶图书评论》(*Los Angeles Review of Books*)中写道:"来自全球后巷迷人的土特产美食。"我们正努力调和街头小吃的乐趣和对健康崇拜之间的关系——而不是对肉类生产环境和道德成本日益增长的不安——为新型蛋白质创造市场机会。

在投资的狂热中消失的是人们针对如何满足他们的蛋白质需求而做出的选择。我们往往认为,肉类的收入弹性很强——随着收入的增加,对肉类的需求也会增加。如果我们受到压制,可能会参照觅食者的历史——"狩猎的人类"与生俱来的渴望来解释肉类的收入弹性。细察之下,这两种说法都不成立。如果说有什么意义的话,廉价的肉类正支撑着人们(通常是移民)不稳定的生活,他们通常做着环境不佳、耗费体力的地产开发工作。

"一个富有的世界,"我总结道,"不一定是肉食的世界。但是,要达到所有人都享用可持续的饮食蛋白质,动物不会在圈养中生活,我们需要一个比食品技术更开阔的视角来看待肉食问题。"否则,"对人类和食用动物而言,我们就需要把肉食看作经济正义的挑战"。

因此,我不会像以前那样盲目地面对人畜共患病的威胁。我看到了一些事情正在发生变化,变化的速度比我或其他任何人想象的都要快。("plant-forward"餐厅是曼哈顿东村一家备受赞誉的餐厅,餐厅老板于 2019 年 6 月向我解释了他们为什么开设素食汉堡店:"在过去的 15 年里,人们每隔一两年就会告诉我们,今年还是这样,今年就是这样。但今年,情况确实发生了变化。")

事实上,两年里我为《肉食之谜》找到了一家出版商,然而一位又一位编辑宣称广大读者对此话题并不感兴趣,甚至我的经纪人也鼓励我以流行新闻的"轻肉食"风格重写这本书,然而我担心自己会错过高峰,错过肉食问题——以及肉食之后是什么的问题——突然引起公众注意的时候,担心当这本书最终面世时,人们会耸耸肩,似乎它的结论是显而易见的。

即便如此,在一年前我未发表的专栏文章中,我的语气仍然是憧憬未来——公众广泛接受植物蛋白,更不用说对植物蛋白的热情了。那么,四天前的《金融时报》又是怎么写的呢?"中国意识到需要更绿色的饮食。"作者克里斯蒂安·谢泼德(Christian Shepherd)在对北京的报道中,描述了一些中国食品体系活动家的努力,他们鼓励中国消费者从空气和水污染的角度系统地看待营养改革的必要性。在中国,以植物蛋白替代动物蛋白的接受度似乎正在增长。毫无疑问,大流行病、政府的反食品浪费运动以及中国最近做出的到2060年实现碳中和的承诺,都在为植物蛋白的发展助力。中国也在这些发展中与时俱进。

全球绿色转型虽在推进,但难阻肉类消费的惯性增长,峰值尚远远未至,更不用说我在《肉食之谜》结尾时所希望的那种跨物种的友好了。但是,如果说大流行病是给世界带来一次转变的契机,那么也许在更多的地方有更多的人会被感动,会因此而意识到我们的粮食系统给所有被其裹挟的生灵(无论是什么物种)所带来的残酷伤害。

乔希·贝尔森

"同一颗星球"丛书书目

01 水下巴黎
   [美]杰弗里·H.杰克逊 著 姜智芹 译

02 横财:全球变暖 生意兴隆
   [美]麦肯齐·芬克 著 王佳存 译

03 消费的阴影:对全球环境的影响
   [加拿大]彼得·道维尼 著 蔡媛媛 译

04 政治理论与全球气候变化
   [美]史蒂夫·范德海登 主编 殷培红 冯相昭 等译

05 被掠夺的星球:我们为何及怎样为全球繁荣而管理自然
   [英]保罗·科利尔 著 姜智芹 王佳存 译

06 政治生态学:批判性导论(第二版)
   [美]保罗·罗宾斯 著 裴文 译

07 自然的大都市:芝加哥与大西部
   [美]威廉·克罗农 著 黄焰结 程香 王家银 译

08 尘暴:20世纪30年代美国南部大平原
   [美]唐纳德·沃斯特 著 侯文蕙 译

09 环境与社会:批判性导论
   [美]保罗·罗宾斯 [美]约翰·欣茨 [美]萨拉·A.摩尔 著 居方 译

10 危险的年代:气候变化、长期应急以及漫漫前路
　　[美]大卫·W.奥尔 著 王佳存 王圣远 译

11 南非之泪:环境、权力与不公
　　[美]南希·J.雅各布斯 著 王富银 译 张瑾 审校

12 英国鸟类史
　　[英]德里克·亚尔登 [英]翁贝托·阿尔巴雷拉 著 周爽 译

13 被入侵的天堂:拉丁美洲环境史
　　[美]肖恩·威廉·米勒 著 谷蕾 李小燕 译

14 未来地球
　　[美]肯·希尔特纳 著 姜智芹 王佳存 译

15 生命之网:生态与资本积累
　　[美]詹森·W.摩尔 著 王毅 译

16 人类世的生态经济学
　　[加]彼得·G.布朗 [加]彼得·蒂默曼 编 夏循祥 张劼颖 等译

17 中世纪的狼与荒野
　　[英]亚历山大·普勒斯科夫斯基 著 王纯磊 李娜 译

18 最后的蝴蝶
　　[美]尼克·哈达德 著 胡劭骥 王文玲 译

19 水悖论
　　[美]爱德华·B.巴比尔 著 俞海杰 译

20 卡特里娜:一部 1915—2015 年的历史
　　[美]安迪·霍洛维茨 著 刘晓卉 译

21 城市卫生史
　　[美]马丁·梅洛西 著 赵欣 译

22 另类享乐主义
　　[英]凯特·索珀 著 何啸锋 王艳秋 译

23 新环境伦理学:地球生命的下一个千年
　　[美]霍尔姆斯·罗尔斯顿 著
24 肉食之谜:动物、人类以及食物的深度历史
　　[美]乔希·贝尔森 著 张向阳 冯辉 译